大型综合校园项目进度总控管理理论与操作指南

何维荣　主　编

中国建筑工业出版社

图书在版编目（CIP）数据

大型综合校园项目进度总控管理理论与操作指南 /
何维荣主编 . -- 北京：中国建筑工业出版社，2024.
11. -- ISBN 978-7-112-30468-4

Ⅰ. TU244.3-62

中国国家版本馆 CIP 数据核字第 20243D3R65 号

本书在编写时注重理论与实践相结合，系统地介绍了大型综合校园项目的进度控制管理方法，归纳总结提炼了项目进度总控的优秀做法。结合进度总控管理理论与实际案例，对项目进度总控过程中的技术创新与经验进行了较强的系统性、知识性、实践性研究分析，提出大型综合校园项目进度总控六个核心：系统工期理念、精细管控体系、抓取关键要素、数字工具应用、质量安全保障、强调执行决心，并且运用实践与案例进行解释说明。全书内容全面、翔实，具有较强的指导性和可操作性，可供建设行业相关从业人员参考使用。

责任编辑：季　帆　王砾瑶
责任校对：赵　力

大型综合校园项目进度总控管理理论与操作指南

何维荣　主　编

＊

中国建筑工业出版社出版、发行（北京海淀三里河路9号）
各地新华书店、建筑书店经销
北京光大印艺文化发展有限公司制版
建工社（河北）印刷有限公司印刷

＊

开本：787毫米×1092毫米　1/16　印张：22　字数：394千字
2024年12月第一版　　2024年12月第一次印刷
定价：98.00元
ISBN 978-7-112-30468-4
（43828）

编 委 会

主　　　编　何维荣
总 策 划　陈海明　张云鹤
副 主 编　黄　磊　林为贤　黄　薇　刘少华　柏永春　葛有文
　　　　　赖伟豪　田怀伍　简丽金　诸建友　武玉帅　戴裕华

参 编 人 员

深圳市建筑工务署工程管理中心	何广宇	邵智敏	刘　啸
	侯志波	吴龙梁	彭志涵
	马三化	张　哲	舒　骞
	张建球	魏文鹤	孙　娟
	方棵逸		
上海建科工程咨询有限公司	张伟忠	傅楚光	张艺源
	郑　毅	李醒春	刘　阳
	饶巧玉	夏　婧	武　爱
	蔡俊慧	杨培荣	吕　桥
	吴维峰	韦仕环	张建辉
	张　申	叶秋菲	曾祥燕
	许慧岑	谢桂林	阮正壮
	王景彬	杨　阳	
深圳市华阳国际工程设计股份有限公司	郑攀登	李海宏	谢加骐
	杨　毅	胡　炜	
中建二局第三建筑工程有限公司	黎中文	闫海萌	黄源鑫
	刘小波		
上海宝冶集团有限公司	陈正欢	周晶晶	郝东东
	黄　永	徐　芳	黄洪凯
中建科工集团有限公司	汤　磊	黄明华	罗梓渊
	李　勇	杨锡雄	赵建华

校　　　对　　　　　　　　　　　　　　宋　磊　邓仝垚　张开贤

前言

在这个日新月异的时代，教育作为社会进步的基石，其基础设施建设与运营模式正经历着前所未有的变革。随着教育理念的深化与技术的飞速发展，大型综合校园项目作为集教学、科研、生活、文化交流于一体的复杂系统，不仅承载着培养未来人才的重任，更是推动教育现代化、智能化、绿色化的前沿阵地。因此，如何高效、有序地推进这类项目的规划、设计、施工全过程，确保项目质量、进度、成本及安全等多维度目标的均衡实现，成为亟待解决的重要课题。

《大型综合校园项目进度总控管理理论与操作指南》一书，正是在此背景下应运而生。本书旨在系统梳理并深入探讨大型综合校园项目进度管理的核心理念、方法论与实践策略，通过融合项目管理、系统工程、信息技术等多学科理论，为项目管理者提供一套行之有效的工具集和决策支撑框架。

书中首先阐述了大型综合校园项目的特性与挑战，解释了进度总控的理论背景、运用方法以及对大型综合校园项目的影响要素；随后介绍了进度总控相关的原理基础及如何应用，深入探讨了进度规划、进度控制、资源调配、风险管理、沟通协调等核心环节的理论基础，并结合校园类案例展现理论的重要性；接着系统梳理并解释了总控体系的搭建及实操技巧，并为读者详细论述大型综合校园项目进度总控要点及方法；之后，重点介绍并强调了进度总控工具（如BIM、三图两曲线等）在提升项目管理效率与精准度方面的关键作用；最后，通过细致剖析国内某大型综合校园项目的实际案例、认真介绍项目管理团队在实践中所获得的显著成效与经验，展示了进度总控管理理论在实际项目中的应用成效并分享了经验教训，为读者提供了宝贵的参考与启示。

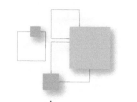

　　本书在编写时注重理论与实践相结合，系统地介绍了大型综合校园项目的进度控制管理方法，归纳总结提炼了项目进度总控的优秀做法。结合进度总控管理理论与实际案例，对项目进度总控过程中的技术创新与经验进行了较强的系统性、知识性、实践性研究分析，提出大型综合校园项目进度总控六个核心：系统工期理念、精细管控体系、抓取关键要素、数字工具应用、质量安全保障、强调执行决心。运用实践与案例进行解释说明，得到了诸多人员的理解和支持，在此表示衷心感谢。最后，还要感谢出版社领导和编辑等工作人员为本书出版所付出的辛勤劳动。同时，真诚地欢迎广大读者对本书提出修改补充与更新完善的意见。

目录

第一篇　大型综合校园项目进度总控概述

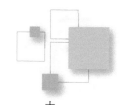

第二篇　大型综合校园项目进度总控理论基础

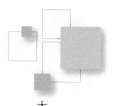

第七篇　典型案例研究

第一篇

大型综合校园项目
进度总控概述

第 1 章

总体概述

1.1　大型综合校园项目

大型综合校园项目通常指的是包含多个建筑单体、配套设施及景观工程，规模大、周期长、参建单位多、技术要求高、对国民教育影响深远的大型教育设施建设项目。

在物理环境建设层面，这类项目涵盖了教学楼、实验室、图书馆、宿舍、食堂、体育馆等多个功能区域，规模大、周期长，对施工建设技术要求高。

在参建单位管理层面，这类项目一般包括政府部门、建设单位、监理单位、勘察设计单位、总承包单位、分包商、供货商、营运方等，涉及的信息量大。从项目立项到实施期间都会产生海量的信息，这些信息对项目建设决策的正确性和科学性有较大影响。因此，信息处理与沟通之间的高效衔接尤为重要。

1.2　项目管理总控

项目总控是指利用现代信息技术为手段，对大型建设工程进行信息的收集、加工和传输，用经过处理的信息流指导和控制项目建设的物质流，支持项目决策者进行策划、协调和控制的管理组织模式。

（1）理论背景

1997 年，德国 GIB 工程事务所 Peter Greiner 教授来华进行专题学术交流，其中一份报告里介绍了一种全新的大中型建设工程组织模式——项目总控（Project Controlling）。该报告指出：项目总控，它与传统项目管理中的目标控制概念不尽相同。该模式是通过一个高层次的顾问班子的工作，为项目最高决策者提供信息支持，它的日常工作主要是从事项目信息处理，工作的成果是控制报告。这是项目总控首次作为一种建设工程组织模式被提出。

（2）理论发展

项目总控（Project Controlling）模式是 Controlling 理论在建设项目实施中的应用。而运用于企业管理中的 Controlling 理论是指"以独立和公正的方式，对生产经营活动进行综合协调，围绕企业的生产经营目标——利润进行系统规划，以使企业形成一种可靠安全的控制机制。"这一理论以面向决策的信息处理为主要任务，将其运用于建设项目管理后，便逐步形成了项目总控（Project Controlling）模式。

一般认为，现代项目管理的思想体系大致经历了两个发展过程，最早的形成时间可追溯至 20 世纪 50 年代。

第一个过程是 20 世纪 50 ~ 80 年代。这个时期中的代表性项目管理手段有 PERT 技术、WBS 技术和盈余分析技术等，它们侧重于范围管理、时间管理、费用管理和人力资源管理。

第二个过程是 20 世纪 80 年代至今。在这个时期中，项目管理的理念逐渐扩大；项目管理的重点也不断扩展到更多内涵；项目管理知识得以体系化；项目管理的范畴增加了风险管理、质量管理、沟通管理、采购管理和集成管理等内容，形成九大知识领域，并出现了众多项目管理理论，如项目全寿命管理（Lifecycle Management）、工程管理信息化、项目控制论、项目协同学等。

国内项目总控的研究开始于 1997 年，由丁士昭教授及同济大学工程管理研究所的研究人员共同研究，几年来研究成果包括项目总控的理论基础、管理思想、组织结构、方法手段等内容。近些年来许多学者也结合实际案例撰写了大量有关项目总控的书籍和文献，并结合大型建设项目予以应用研究。

（3）重要意义

根据德国 IPB 资料显示："一个项目靠采用先进的技术或技术装备只能使工程利润提高 3% ~ 5%。而依靠管理方式却能使利润增加 10% ~ 20%。先进的项目管理模式将大力促进工程项目管理水平的提高。"项目总控作为国际上的新型管理模式，能有效促进大型综合校园建设项目的提升。对于大型综合校园建设项目在进度目标、控制方面存在的问题，项目总控理论可以提供较为显著的帮助。

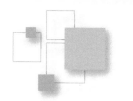

1.3 进度总控及重要性

进度总控是对整个项目进度的全面控制和管理，包括项目计划的制定、执行、监控和调整。它要求项目管理者对项目的各个阶段进行全面把握，确保项目能够按照预定的时间轴顺利推进，及时发现并解决问题，以保证项目的成功完成。

同时，进度总控对于大型综合校园项目的成功也至关重要，其重要性体现在以下几个方面：

（1）帮助项目团队全面把握项目的进度情况，及时发现并解决问题，避免项目延期。

（2）通过合理的进度安排和优化，提高资源的利用效率，降低项目成本。

（3）提高项目的透明度和可预测性，增强项目相关方的信心和满意度。

1.4 进度总控周边关联

进度总控与项目管理的其他要素密切相关，如质量管理、成本管理、风险管理等。

（1）项目的进度安排需要充分考虑到质量和成本的要求，以确保项目在按时完成的同时，也能达到预期的质量标准和成本控制目标。

（2）进度总控与风险管理相结合，可以及时识别和应对可能影响项目进度的风险因素。

1.5 现代信息技术应用

随着信息技术的发展，现代项目管理越来越依赖于各种信息技术工具。在进度总控中，现代信息技术如项目管理软件、大数据分析、物联网技术等被广泛应用，以提高项目管理的效率和准确性。这些技术可以帮助项目团队实时监控项目进度，及时发现并解决问题，优化资源配置，从而提高项目的成功率。

第 2 章

进度总控内容

2.1 信息收集与处理

信息是项目进度管理的基础。在项目的各个阶段尤其是项目前期，需要收集大量的数据和信息，包括设计图纸、施工计划、材料供应情况等。这些信息需要经过处理和分析，转化为对进度管理有用的数据，以便进行后续的决策和规划。

在信息收集过程中，需要注意以下几点：

（1）建立有效的沟通机制，与各相关部门和单位保持密切联系，确保及时获取最新的信息。

（2）对收集到的信息进行整理和分类，建立信息数据库，以便查询和分析。处理收集到的信息时，需要运用专业的项目管理工具和方法，对信息进行深入分析，如采用项目管理软件、BIM 技术等，实现信息的自动化收集和处理。

（3）对进度数据进行挖掘和分析，找出潜在的问题和风险。

（4）将数据转化为可视化的图表和报告，便于决策者进行直观的了解和决策。

2.2 项目计划制定

在大型综合校园进度总控中，项目计划制定是非常重要的一环。它涉及整个项目的目标、任务、时间、资源等方面的规划和安排，是确保项目顺利进行的关键。应用现代工程管理技术提升投资全过程管理效能，最大限度利

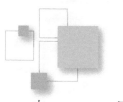

用空间和时间的穿插，加强项目实施全周期科学管理是项目计划制定的核心内容。在制定项目计划时，需要注意以下几点：

（1）对项目进行详细的调研和分析。了解校园的规模、功能需求、建设标准等，确定项目的范围和重点。这包括确定校园建设的具体目标，如宿舍楼、教学楼、图书馆、体育馆等设施的建设，以及确定项目的时间范围和预算限制。

（2）根据项目目标和需求进行详细的任务分解，制定项目的全周期网络计划和全周期进度安排。根据项目的目标和任务，确定各个阶段的时间节点和关键里程碑，如报批报建阶段、招标采购阶段、设计阶段、施工阶段、验收阶段等。同时，合理安排各个专业的工作顺序和协调配合，确保项目的顺利进行。

（3）确定资源需求计划和成本预算（白皮书投资计划）。包括人力、物力和财力等资源的需求并进行合理的分配管理。制定成本预算，控制项目的建设成本，确保项目在预算范围内完成。

（4）制定风险管理计划。识别可能影响项目进度的风险因素，并制定相应的应对措施。在项目计划制定过程中，需要充分考虑各种因素的影响，如天气、政策变化等，以确保计划的可行性和灵活性。

（5）项目计划需要经过审核和批准。将制定好的项目计划提交给相关部门和领导进行审核，听取意见和建议，进行必要的修改和完善。确保项目计划符合学校的要求和期望，具有可实施性和可操作性。

总之，项目计划制定是大型综合校园进度总控的重要环节。通过全面、合理的计划安排，可以提高项目的管理水平和效率，确保项目按时完成，为学校的发展和师生的学习生活提供良好的条件。

2.3 进度监控与报告

在进度监控方面，项目需要建立完善的监控机制。包括确定监控的指标和频率、收集实际进度数据、与计划进度进行对比分析等，从而建立有效的监控机制和指标体系。监控的指标包括项目的里程碑节点、关键进度节点、阶段性目标等，进一步细化为任务完成百分比、资源利用率等。结合定期的现场检查、数据统计和分析，通过对这些指标的监控，可以直观地了解项目的进展情况，并与计划进行对比，及时掌握项目的实际进度情况。

报告是进度监控的重要成果之一。报告应包括项目的整体进度情况、各阶段的完成情况、存在的问题及解决方案等。定期向相关方提交报告，使他们能够了解项目的进展情况，及时做出决策。同时，为了提高报告的质量和有效性，报告应具备以下特点：

（1）准确性

数据和信息要准确可靠，避免误导相关方。

（2）及时性

按照预定的时间周期提交报告，确保信息的及时性。

（3）清晰性

报告内容要清晰明了，易于理解。

（4）重点突出

突出项目的关键问题和重要进展。

（5）分析深入

对问题进行深入分析，提出合理的解决方案。

通过有效的进度监控与报告分析，可以及时发现项目中的问题和风险，并采取相应的措施加以解决。这有助于确保大型综合校园项目高质量、按时地完成，满足学校和各方的需求。同时，良好的进度监控与报告也为项目管理提供了有力的支持，提高了项目的可控性和透明度。

2.4 风险评估与应对

项目实施过程中可能会遇到各种风险，如供应链延迟、恶劣天气、技术难题、设计变更等。进度总控的一个重要工作就是对这些风险进行评估，需要全面识别可能影响项目进度的风险因素，包括但不限于自然灾害、政策调整、资金短缺、人员变动等。对这些风险因素进行定性和定量分析，评估其发生的可能性和影响程度。然后，根据风险评估结果制定相应的应对措施。

风险应对措施可以分为规避、减轻、转移和接受四种策略。

（1）规避策略

指通过改变项目计划或采取其他措施，避免风险事件的发生。

（2）减轻策略

指通过采取措施降低风险事件发生的可能性或影响程度。

（3）转移策略

指将风险转移给第三方，如购买保险等。

（4）接受策略

指在风险事件发生时，采取积极的措施应对，尽可能减少损失。

在制定风险应对措施时，需要综合考虑各种因素，选择最适合的策略。同时，还需要制定相应的应急预案，以应对可能发生的突发情况。这要求管理者在项目实施过程中要保持高度敏捷性，需要对风险进行持续监控和评估，及时调整风险应对措施，确保项目进度不受影响。

2.5 沟通与协调

良好的沟通与协调是确保项目顺利推进的重要因素。大型综合校园项目涉及多个参与方，人员繁多且极富个性，将各方联系起来的纽带便是建立沟通渠道。建立有效的沟通机制应由建设单位或者全咨单位主导，及时共享项目主要攻坚目标和进度信息，统一各参与方思想方向、统一施工步调。有效沟通可通过以下方式实现：

（1）明确共同目标

确保所有参与方都清楚了解项目的目标、愿景和预期成果，共同制定并认可项目成功的衡量标准。

（2）建立沟通机制

设立定期的沟通会议，如监理例会、攻坚碰头会、专项推进会等，以便分享进展、讨论问题和制定计划。使用协作工具（如项目管理软件、即时通信工具、电子邮件等）来促进日常沟通。

（3）明确角色与责任

明确每个参与方的角色职责和义务，避免工作重叠或遗漏，确保每个人都清楚自己的任务、截止日期和依赖关系。

（4）促进信息共享

建立一个中央信息库或共享文件夹，以便所有参与方都能访问最新的项目文件、数据和报告。

（5）设立中立调解

设立一个中立的调解人或冲突解决机制，以便在出现分歧时能够迅速、公正地解决问题。

（6）确保高层支持

争取高层管理或领导层的支持和认可，以便在需要时提供必要的资源和支持。定期向高层汇报项目进展和成果，以确保他们对项目的关注和支持。

2.6　进度调整与优化

项目开发建设很难一帆风顺按时完成，进度调整与优化旨在确保项目能够按时完成，并达到预期的目标。在这个环节中，项目管理者需要对项目的实际进度进行全面的评估和分析，包括比较计划进度和实际进度，找出偏差和问题。通过对进度数据的深入研究，确定哪些任务滞后，哪些任务提前，以及它们对整个项目进度的影响。针对发现的问题，需要采取相应的调整措施。这可能涉及重新分配资源、调整工作优先级、优化工作流程等。

例如，在某大型综合校园项目的建设中，某个任务出现滞后情况，作为项目管理团队，应当通过以下几个步骤对项目进度进行调控：

（1）增加人力或延长工作时间来加快进度。

（2）关注资源的合理利用，确保资源的分配与任务的优先级相匹配。

（3）做好与相关方的沟通工作。在制定好调整方案后，项目团队需要与相关方进行充分的沟通和协商，确保他们对调整方案有清晰的理解，并达成共识。这有助于减少因信息不畅或误解导致的冲突和延误。

（4）密切监控和跟踪调整过程，重点加强对关键路径的管理。关键路径是项目中最长的路径，对整个项目的进度起着决定性作用。通过优化关键路径上的任务，如缩短工期、合理安排并行任务等，可以有效加快项目进度，确保调整达到预期效果。

（5）不断总结经验教训，对进度调整与优化的效果进行评估。通过分析调整措施的有效性，找出改进的空间，为后续任务提供参考。

通过以上进度调整与优化的措施，可以及时纠正项目进度偏差，提高项目管理的效率和质量，确保大型综合校园项目按时交付使用。

2.7　闭环与奖惩管理

由于大型校园综合项目工期长、任务重、涉及专业协同多且复杂，要保证项目管理任务高效、准确完成，必须引入闭环管理机制来对大型校园综合项目管理提供保障。在大型校园综合项目管理中，利用奖惩机制来完善闭环管理机制，可以有效提升项目执行的效率、质量和参与度。

2.7.1　闭环管理

闭环管理机制对大型校园综合项目管理的重要性主要体现在确保项目目

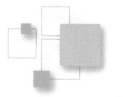

标实现、提高项目管理效率、优化资源配置、降低项目风险、促进持续改进以及增强团队协作等方面，具体表现如下：

（1）目标导向及跟踪

闭环管理机制强调项目从计划、执行到监控、评估的全程管理，确保项目始终围绕预定目标进行，避免偏离方向。同时，项目管理者可以实时跟踪项目进度，确保各项任务按计划执行，从而有效保障项目目标的最终实现。

（2）资源利用及优化

在闭环管理机制下，项目管理者可以根据项目进展情况实时评估资源使用情况，并进行相应的优化和调整，对项目所需的人力、物力、财力等资源进行精准评估和合理分配，确保资源得到充分利用。

（3）流程精简及调整

闭环管理机制将项目管理的各个环节有机地连接起来，形成一个完整的闭环体系，有助于优化项目管理流程，减少不必要的环节和浪费。随着项目进展，闭环管理机制还允许对项目资源和项目流程进行动态调整，以适应项目变化，确保流程的高效运转。

（4）风险识别及应急

闭环管理机制强调对项目执行过程中的潜在风险进行识别，并制定相应的应对策略和措施，以降低风险对项目进度和质量的影响。通过建立风险应急预案，能够使项目在遇到突发事件时迅速响应，减少损失。

（5）经验反馈及改进

闭环管理机制包含了一个完整的反馈机制，通过收集项目执行过程中的信息，对项目进行客观评价，为后续项目提供经验借鉴。基于反馈机制，项目管理者可以不断调整和优化项目管理策略和方法，以实现持续改进。

2.7.2 奖惩机制

奖惩机制是对闭环管理系统的补充，对项目管理任务的落实有积极的促进作用。通过明确目标与标准、建立科学的绩效评估体系、采取有效的激励和惩罚等措施，可以充分利用奖惩机制来完善大型校园综合项目管理中的闭环管理机制。同时，奖惩机制的制定与实行也有一些注意要点：

（1）明确目标与标准

制定奖惩机制的基础是明确项目的总体目标和各项具体指标。项目管理者应与团队成员共同确定项目关键绩效指标（KPIs）或目标与关键成果

（OKRs），确保每个成员都清楚自己的职责和期望达成的成果。

（2）科学评估体系

建立科学的绩效评估体系，定期（如月度、季度或项目阶段结束时）对项目成员的工作表现进行评估。评估应基于客观、可量化的数据，同时结合同事评审、自我评估等多种方式，确保评估的全面性和公正性。评估结果也应及时反馈给个人，指出优点和不足，并提出改进建议。反馈应具体、有针对性，以便成员了解如何提升自己的表现。

（3）合理激励与惩罚

在激励方面，可根据绩效评估结果，给予员工物质奖励，如奖金、加薪、礼品等。除了物质奖励，还可以提供非物质激励，如表彰、晋升机会、培训机会等。这些激励措施可以满足员工对职业发展和个人成长的追求，激发其内在潜能。

在惩罚方面，对于违反规则或未达到绩效标准的成员，应根据情况给予适当的惩罚，如警告、扣除奖金、降职等。惩罚的目的是纠正错误行为，而非单纯惩罚员工，因此应同时提供改正机会和支持。

（4）时效性与灵活性

奖惩措施应及时实施，让员工感受到工作成果的直接反馈。避免拖延发放奖励或惩罚，这会让奖惩制度的激励与更正效果大打折扣。

奖惩措施也要注重灵活性。根据项目进展和团队变化，灵活调整奖惩机制，确保其始终有效。要根据员工的需求制定针对性的奖惩制度，并根据员工发展进行改变，这样才能将激励效果最大化。

进度总控特点

3.1 科学性与预见性

进度总控需要具备科学性和预见性,达到管控体系理论完备、时间跨度广阔、管理内容全面、适用层级广泛、表现形式丰富的要求。

3.1.1 科学性

科学性意味着我们需要运用科学的方法和工具来规划、监控和调整进度。这包括:

(1)制定合理的项目计划。

(2)基于准确的数据和信息进行决策。

(3)采用有效的进度监控技术。

3.1.2 预见性

预见性要求我们提前预见可能出现的问题和风险,并采取相应的措施来避免或减轻它们的影响。这需要对校园建设的各个方面有深入的了解,包括建筑工程、设施设备、人员安排等。提升预见性可通过以下方式实现:

(1)分析历史数据、借鉴类似项目的经验。经常与相关专家进行沟通,也可以更好地预见到潜在的问题,并制定相应的应对策略。

(2)运用项目管理软件制定详细的进度计划。管理软件可以充分考虑各种因素的影响,如天气、材料供应、人力安排等。

(3)设置关键节点和里程碑,及时监控和调整进度。在进度监控过程中,利用实时数据采集和分析技术,可以及时发现进度偏差,并采取相应的措施进行纠正。

（4）建立风险预警机制，对可能出现的风险进行评估和分类，并制定相应的应对方案。对于建筑工程中的天气变化风险，提前做好防雨、防寒等措施；对于材料供应风险，与供应商建立良好的合作关系，建立优秀供应商库，确保材料的及时供应。

科学性与预见性是大型综合校园进度总控的重要原则，只有充分考虑到这两个方面，才能有效地保证校园建设的顺利进行。

3.2 系统性与高效性

进度总控是一个兼具系统性与高效性的工作。在大型综合校园的进度总控中，系统性和高效性是相互关联、相辅相成的。

3.2.1 系统性

系统性体现在对整个校园项目建设进行全面、细致的规划和管理。这需要项目建立科学的工作流程和规范，确保各个环节之间的紧密配合和协同工作。通过制定详细的项目计划和时间表，明确每个阶段的任务和目标，能够有效地组织协调各种资源，避免出现混乱和冲突。系统性需要管理者考虑到项目的各个方面和环节，确保各个部分之间的协调和配合。

3.2.2 高效性

高效性要求在保证质量的前提下，尽可能地提高工作效率。这需要采用先进的技术和管理方法，优化工作流程，减少不必要的环节和浪费。同时，要注重团队的协作和沟通，提高信息的流通效率，及时解决问题和调整方案。高效性要求管理者能够合理分配资源，优化工作流程，提高工作效率，确保项目能够按照预定的时间表顺利进行。

3.2.3 相互促进

只有建立起系统的管理体系，才能实现高效的运作；而高效的工作又能够进一步提升系统的性能和效果。因此，在实际操作中，需要不断地探索和创新，寻找最适合校园项目的管理模式和方法，以确保项目的顺利进行和按时完成。

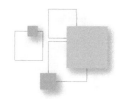

3.3 信息化与智能化管理

利用现代信息技术手段提高进度总控的效率和准确性是基本要求之一。

3.3.1 信息化管理

（1）建立统一的信息平台，实现进度数据的实时收集、整理和分析。各方人员可以通过该平台及时了解项目进度，做出相应决策。

（2）利用项目管理软件，对进度计划进行精确制定和动态调整，提高计划的科学性和可操作性。

3.3.2 智能化管理

（1）运用先进的算法和模型，对进度数据进行深度分析，预测可能出现的问题和风险，并提前采取措施加以应对。

（2）智能监控系统实时监测项目进度，及时发现异常情况并发出预警。同时，智能化管理还可以根据历史数据和经验，提出优化建议，提高项目进度的效率。

3.3.3 总控提升

借助信息化与智能化管理，大型综合校园进度总控可得到以下提升：

（1）提高信息的透明度和共享性，加强各方之间的沟通与协作。

（2）实现对项目进度的实时、全面监控，及时发现和解决问题。

（3）提高管理的科学性和决策的准确性，降低项目风险。

（4）推动管理的标准化和规范化，提高整体管理水平。

3.4 动态调整与灵活性

由于大型综合校园项目具有复杂性和不确定性，进度总控需要具备动态调整的能力，以及具有灵活性。

3.4.1 动态调整

动态调整意味着根据实际情况对项目计划进行实时调整。在项目执行过程中，可能会出现各种不确定性因素，如需求变更、资源短缺、技术难题等。当这些情况发生时，需要及时评估其对项目进度的影响，并采取相应的调整措施。这包括重新安排任务的优先级、调整资源分配、延长或缩短某些任务的时间等。

3.4.2 灵活性

灵活性体现在能够适应不同的情况和需求。项目团队需要具备快速响应和灵活应变的能力，以应对各种突发情况。例如，当出现不可抗力因素导致项目延误时，需要能够迅速制定应对方案，调整后续的工作计划，最小化对项目进度的影响。

3.4.3 实现措施

为了实现动态调整和灵活性，管理者需要做到：

（1）建立有效的沟通机制和信息共享平台。项目团队成员之间、与相关部门和利益相关者之间应保持及时、准确的沟通，以便及时了解项目进展情况和变化。

（2）建立风险管理机制，提前识别和评估潜在的风险，并制定应对措施。

第二篇
大型综合校园项目进度总控理论基础

第 4 章

系统原理

4.1 系统概念

在项目管理领域，系统可以被定义为一个由多个相互关联的部分组成的整体，这些部分共同工作以实现一个或多个共同的目标。对于大型综合校园项目而言，系统包括了项目的各个方面，如设计管理、造价管理、施工管理和材料管理等，它们相辅相成，共同推动项目向前发展。

4.2 系统组成要素

系统由多个要素组成，这些要素可以是人员、资源、流程、技术等。在大型综合校园项目中，需要重点关注的关键要素包括：

（1）项目团队

项目团队作为核心要素，需要各团队充分发挥各自的专业优势，确保大型综合校园项目从规划到实施再到收尾的各个环节都能够高效、有序地进行。全咨单位项目经理作为团队的"领头羊"，需要统筹协调各方资源，确保项目的顺利进行；设计单位需要制定出切实可行的设计方案和施工计划，并配合施工过程中出现的各类问题进行设计调整和设计管理；施工单位人员则需要严格按照施工管理计划执行，全面统筹施工资源，确保工程质量和进度，保障大型综合校园项目的顺利完工和特殊工期（开学季）需要。

（2）资源

资源要素是项目实施的物质基础。资金、材料、设备等资源的合理配置和有效利用，直接关系到项目的质量和效益。项目团队需要根据大型综合校园项目的实际情况，制定合理的资源配置方案，尤其是确保教育类设施资源的充足供应和有效利用。

（3）流程

流程要素是项目顺利进行的重要保障。在大型综合校园项目中，项目的规划、执行、监控和收尾等各个阶段都需要有明确的流程和规范。明确的流程制度可以保证项目目标不发生偏移，也能保证项目进展过程不违反相关规范制度，满足学校师生的各类需求，确保各项任务能够按时按要求完成。同时，项目管理流程中可建立有效的监控机制，以便及时发现和解决项目执行过程中的问题。

（4）技术

技术要素是提高项目质量和效率的关键。在大型综合校园项目中，建筑设计、施工技术、信息技术等方面的技术应用都能够帮助项目团队提高工作效率和质量，这要求项目团队积极引进和应用先进的技术手段，不断提升项目的技术含量和竞争力，一些"智慧校园"的建设潮流也对技术团队提出了更高的要求。无论是校园项目建设需要还是时代发展的必然需求，高新技术力都是现代大型综合校园项目管理中最关键的要素。

（5）环境

环境要素作为项目的外部条件，对项目实施也有着重要影响。政策、市场、自然环境等因素的变化都可能对项目产生直接或间接的影响。对于大型综合校园项目来说，自然环境与政策环境的影响是较为深远的。校园的特殊定位对自然环境的选择与改造要求较高，需要项目管理团队在前期做好细致的研究与规划，如土地利用、水资源、气候等需要考虑在项目规划和设计中；在政策方面，一个大型综合校园项目的建设往往与本市或本省的政策制定与发展密切相关，项目团队必须认真学习解读政策文件，领会建设要求与建设目标，才能在项目建设中做得又快又好。这也需要项目团队密切关注外部环境的变化，及时调整项目策略和措施，才能确保项目应对各种挑战和机遇。

4.3 系统性质与特点

针对系统原理在大型综合校园项目中的具体表现性质与特点，可大致归纳总结出以下几点：

（1）整体性

大型综合校园项目是一个复杂的系统，它包含了多个部分和要素，物理

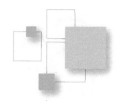

建设要素如教学楼、学生宿舍、图书馆、体育场馆、交通设施等。这些部分之间并不是孤立存在的，而是相互联系、相互影响。例如，教学楼的位置和布局会影响到学生宿舍的设计和规划，交通设施的建设与布局也需要考虑到整个校园的布局和人流情况。而在项目管理中，整体性还体现在不同专业团队之间的协同合作中。如设计与施工看似是两个不同的主体部分，实则可以通过项目管理整合为一个整体：设计方提供的图纸需要考虑实际施工技术与难度，并且保证满足建设需求；施工单位进行施工时必须严格按照施工图纸的要求，按时按质完成建设目标；项目管理团队作为总领头，在打通各方的交流渠道后，就可以通过信息汇总来对各团队发布准确的工作指令，让不同要素能够各司其职、互相帮助、共同努力，从而将各方团队牢牢绑定成一个整体。由此可见，项目的整体性要求项目团队能够将各个部分和要素整合起来，形成一个有机的整体。

（2）目的性

大型综合校园项目必须有明确的目标和预期成果。这些目标可能是学生的学习成绩提升、教育质量的提高、校园环境的改善等。所有项目活动都应围绕这些目标展开，确保项目的实施能够达到预期的效果。项目团队需要明确定义项目的目标，并制定相应的计划和措施来实现这些目标。同时，项目目标也需要与相关利益方的期望和需求相协调，以确保项目的可行性和可持续性。

（3）动态性

大型综合校园项目在实施过程中会不断变化，可能会面临各种挑战和变数。比如由于开学招生的特定时间需要，调整缩短工期等。因此，项目需要动态管理和调整，以适应不断变化的环境和需求。项目团队需要密切监测项目的进展和效果，并进行及时的调整和优化。同时，项目团队也需要灵活应对项目中的问题和风险，及时采取措施进行解决和应对。

（4）开放性

大型综合校园项目系统是与外部环境有着广泛交流和互动的。这意味着项目不是封闭的，而是与社会、政府、市场等各个方面有着紧密的联系。例如，项目的规划和建设需要考虑政府的政策和规范要求，项目的投资和运营需要考虑市场的需求和竞争情况。同时，项目也需要与不同利益方进行合作和沟通，确保项目的顺利开展和有效运作。

（5）复杂性

大型综合校园项目由于涉及多个领域和专业，具有高度的复杂性。项目涉及的领域包括建筑设计、施工技术、信息技术、教育管理等，需要协调和整合各个专业的知识和资源。同时，项目中可能存在的多个利益方和相关部门之间的关系也增加了项目的复杂性。因此，项目团队需要具备跨学科、跨领域的能力，能够协调各方面的资源和需求，确保项目的有效实施。

（6）可持续性

大型综合校园项目需要考虑长期的可持续性。这包括经济、社会和环境方面的可持续发展。在经济方面，项目需要满足投资回报的要求，确保项目的经济效益和可持续性。在社会方面，项目需要关注社会公益和社会责任，为学生和社区提供良好的教育环境和服务。在环境方面，项目需要考虑资源利用、能源消耗、生态保护等方面的可持续性，以减少对环境的负面影响。

综合来看，大型综合校园项目作为一个复杂的系统，具有整体性、目的性、动态性、开放性、复杂性、可持续性等多个性质和特点。项目团队需要具备跨学科、跨领域的能力，能够有效管理和协调各方面的资源和需求，以确保项目的顺利实施和达到预期的目标和效果。同时，项目的规划、执行、监控和收尾等工作流程，以及技术和环境等方面也是项目的关键要素。

4.4　系统原理的应用

系统原理在大型综合校园项目进度总控管理中发挥着重要的作用。通过系统规划、系统集成、系统优化、系统控制和系统反馈等方面的应用，能够确保项目顺利进行，并且达到既定的目标。系统原理在大型综合校园项目进度总控管理中的应用体现在以下几个方面：

（1）系统规划

在项目启动之初，进行系统规划是确保项目成功的第一步。系统规划包括对项目范围、目标、资源、进度等进行全面的规划和分析，以确保项目的可行性和可实施性。在校园项目中，系统规划需要考虑各种资源和活动的协同工作，例如校园基础设施建设、教学资源配置、学生管理和辅导等。通过系统规划，可以明确项目的目标和需求，并制定合理的计划，为后续的项目实施提供指导和支持。

（2）系统集成

系统集成是指将各种资源和技术整合到统一的项目管理平台中，以实现项目的协调和统一管理。在校园项目中会涉及各个方面的资源，例如人力资源、物质资源、财务资源等；以及各种技术工具和系统，如学校管理系统、

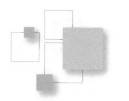

网络系统、安防系统等。通过系统集成，可以实现不同部门之间的信息共享和协同工作，提高工作效率，减少重复劳动，并确保项目各项任务得到顺利执行。

（3）系统优化

系统优化是指在项目实施过程中，通过不断分析问题、识别瓶颈并改进系统结构和流程，来提高项目的效率、保证项目质量。在校园项目实施中，可能会出现各种问题，例如资源利用不合理、流程不畅、沟通不畅等，这些问题往往是因为系统或流程的繁复冗杂导致的，这时候就需要通过系统优化来简化各个流程环节，提升工作的效率。利用系统优化，还可以挖掘许多问题出现的根本原因并提出相应的改进措施。在逐步优化项目结构和流程的过程中，项目得以顺利进行并按时完成。

（4）系统控制

建立有效的监控和控制系统，可以确保项目按照既定目标和计划进行。在校园项目中，项目管理者可以利用系统控制对项目的进度、质量、成本等进行实时监控，如果发现项目中存在意外风险或发生临时变故，可以第一时间处理或解决问题，防止项目产生重大损失，保证项目按期交付。

（5）系统反馈

系统反馈是指建立有效的反馈机制，及时收集和处理项目实施过程中的各类信息，并根据反馈结果做出调整。在校园项目中，反馈机制可以用于问题和风险防范，也可以用于项目建设结束后的经验反馈和使用反馈，这有助于项目管理团队提升管理水平，吸取经验教训，为下一个项目开展工作筑牢基础。系统反馈可以通过各种方式进行，例如定期汇报、会议讨论、问卷调查等。通过系统反馈，可以改善项目的执行效果，保证项目的完工成果。

4.5 系统原理的实践意义

在实际项目管理中，系统原理的实践意义非常重要。有效运用系统原理，可以让项目管理提高效率、降低风险、提升质量、促进创新和实现可持续发展。

（1）提高效率

在项目管理中，系统原理的应用可以帮助项目团队进行系统规划和优化，从而减少资源的浪费，并提高项目实施的效率。系统规划可以帮助项目团队明确项目的整体目标和各项任务的关联性，合理安排资源的分配和时间的安排，避免重复劳动和资源的浪费。系统优化则是在项目实施过程中根据实际情况进行调整和改进，以进一步提高效率并达到预期的绩效目标。通过系统的规划和优化，项目团队可以更好地组织和管理项目，减少不必要的工作并提高工作效率。

（2）降低风险

系统控制和反馈机制在项目管理中起着至关重要的作用。系统的控制机制可以帮助项目团队及时发现和解决问题，避免问题扩大化和对项目目标的影响。例如，在项目实施过程中，项目团队可以建立监控系统，对项目进展和关键指标进行实时监控，及时发现偏差和问题，并采取相应的纠正措施。系统的反馈机制则可以帮助项目团队及时了解项目进展和问题情况，及时调整和改进项目实施的策略和方法。通过系统的控制和反馈机制，可以降低项目风险，确保项目按时、按质完成。

（3）提升质量

系统原理强调整体性和目的性，可以帮助项目团队提升项目的整体质量和性能。在项目管理中，系统原理可以帮助项目团队明确项目的整体目标和要求，从而在项目实施过程中注重整体性和目的性。通过系统的规划和执行，可以确保项目的目标得到有效实现，并保持项目的整体质量和性能。此外，系统原理还可以帮助项目团队进行有效的项目评估和质量控制，及时发现和解决项目中存在的问题，并不断改进项目管理的方法和流程。通过系统原理的应用，可以提高项目的质量，满足项目的需求和期望。

（4）促进创新

系统的开放性和动态性有助于促进项目团队的创新。在项目管理中，系统原理鼓励项目团队不断探索和创新，以适应不断变化的环境。系统的开放性可以帮助项目团队融合各种资源和意见，从不同的角度思考和解决问题，寻找创新的解决方案。系统的动态性可以帮助项目团队进行灵活的调整和改进，及时应对外部环境的变化和项目风险的挑战。通过系统原理的应用，可以激发项目团队的创新活力，推动项目管理的持续改进和发展。

（5）实现可持续发展

系统原理的可持续性特点有助于实现项目的长期成功和对社会的积极贡献。在项目管理中，可持续发展是一个重要的考虑因素。系统原理强调整体性和目的性，可以帮助项目团队在项目实施过程中注重可持续性的要求。通过系统的规划和执行，可以有效管理项目的资源和风险，确保项目的长期可持续性。此外，系统原理还可以促进项目团队与利益相关方的合作与共赢，

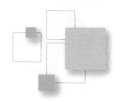

实现项目的社会效益和经济效益的双赢。通过系统原理的应用，可以实现项目的长期成功和可持续发展。

4.6 结论

系统原理为大型综合校园项目进度总控管理提供了一个全面的理论框架。通过理解和应用系统原理，项目管理者可以更有效地规划、执行和控制项目，确保项目的成功实施。同时，系统原理的应用也有助于提升项目管理的科学性和系统性，为项目带来更高的效率和更好的成果。

动态控制原理

动态控制原理是项目管理中的一个重要概念，它涉及项目在实施过程中对变化的适应和控制。动态控制原理在大型综合校园项目中尤为重要，因为这类项目通常规模庞大、涉及多个利益方、面临多种不确定性因素，需要进行动态调整。

5.1 动态控制基本内容

动态控制理论认为，项目不是静态的，而是一个不断变化和发展的过程。项目管理者需要不断地监控项目状态、收集信息、评估变化、做出决策，并调整计划以应对这些变化。动态控制包括以下内容：

（1）持续监控

项目持续监控是指项目管理者需要时刻关注项目的各个方面，包括进度、成本、质量等。持续监控能够让项目管理者及时了解项目的状态和进展情况，并提前发现可能出现的问题和风险。通过持续监控，项目管理者能够做出及时的决策和调整，以保证项目能够按时交付和达到预期的目标。

（2）信息收集

信息收集是指项目管理者需要收集与项目相关的所有信息，包括内部和外部的信息。内部的信息可以包括项目的进展情况、团队成员的工作状态等，而外部的信息可以包括市场变化、竞争对手的动向等。通过信息收集，项目管理者能够了解项目的环境和背景，以便能够更准确地评估和应对项目的变化。

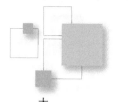

（3）变化评估

变化评估是指评估收集到的信息，确定其对项目的影响。项目管理者需要对收集到的信息进行分析和评估，判断其对项目的重要性和紧迫性。通过变化评估，项目管理者能够确定项目或决策是否需要进行调整和改变。

（4）决策制定

决策制定是基于评估结果去制定相应决策来应对项目变化。项目管理者需要根据评估的结果，挑选最合适的决策方案，并制定相应的实施计划。决策制定需要考虑项目的整体目标和资源限制，以保证决策的合理性和可行性。

（5）计划调整

计划调整是根据决策结果，调整项目计划以适应变化。项目管理者需要根据制定的决策方案，对项目计划进行相应的调整。计划调整需要考虑项目的资源分配和时间安排，并要确保调整后的计划能够更好地支持项目的目标和需求。

5.2 动态控制方法和技术

动态控制方法和技术在项目管理中起着关键作用，能够有效地衡量和优化项目的绩效、进度和风险。当前，常用的动态控制方法和技术有：Earned Value Management（EVM）、Critical Path Method（CPM）、Monte Carlo Simulation、Scenario Planning、Lean Construction。

（1）Earned Value Management（EVM）

Earned Value Management（EVM）是一种项目管理方法，通过衡量项目实际完成的工作价值和计划完成的工作价值，来评估和控制项目的成本和进度表现。它通过将项目的工作划分为特定的任务、分配成本和资源，并记录工作的实际完成情况，来进行项目绩效的评估和预测。同时，EVM 还通过计算一系列度量指标（如预算成本、实际成本和挣值），来提供实时的项目状态和预警信息，帮助项目管理者及时识别和解决潜在的问题。

在 EVM 中，有几个关键术语需要理解。首先，预算成本（Budgeted Cost）是指计划中分配给特定任务或工作包的预算。其次，实际成本（Actual Cost）是指已经实际投入到任务或工作包中的成本。最后，挣值（Earned Value）是指通过工作完成的实际价值。通过计算这些指标，可以得到一系列绩效指标，如成本绩效指数（CPI）和进度绩效指数（SPI），用于评估项目的成本和进度表现。当 CPI 和 SPI 小于 1 时，说明项目存在成本超支或进度滞后的风险，需要及时采取措施进行纠正。

（2）Critical Path Method（CPM）

Critical Path Method（CPM）是一种网络分析技术，通过确定项目的关键路径来优化项目的进度计划。关键路径是指在项目网络图中连接项目起始点和终止点的最长路径，决定了项目的最短时间和关键任务。CPM 通过识别和分析项目中的关键路径，并对任务的前后关系、持续时间和资源需求进行评估，来确定项目的最早开始时间、最晚完成时间和关键任务。通过合理地分配资源和优化任务顺序，CPM 能够帮助项目管理者更好地规划项目进度，提高项目的执行效率和时间管理能力。

CPM 基于项目网络图，使用了一些关键概念和技术，包括事件（Event）、活动（Activity）、箭线（Arrow）和悬挂活动（Hanging Activity）。事件表示项目的重要时间点，如任务的开始和结束；活动表示项目的具体任务，要求一定的时间和资源完成；箭线表示活动之间的依赖关系，指示了任务之间的先后关系；悬挂活动是指没有前序活动或后续活动，可能会影响整体项目进度的活动。

利用 CPM 可以进行项目进度管理。在规划阶段，我们需要构建项目网络图，通过识别关键路径和关键活动，进行进度计划的优化；在执行阶段，我们可以通过监控关键路径和提前活动，及时调整资源分配和任务优先级，以确保项目按时完成。同时，CPM 还可以帮助项目管理者评估和解决潜在的进度风险，确保项目进度的可控性和稳定性。

（3）Monte Carlo Simulation

Monte Carlo Simulation 是一种风险分析技术，通过模拟项目的多种可能结果，来评估不确定性对项目的影响。它基于随机采样和统计分析，在一定的参数范围内生成大量的随机数值来模拟项目的多种可能性和结果。通过分析模拟结果，可以评估项目的风险和不确定性，并采取相应的风险管理和决策。

Monte Carlo Simulation 在项目管理中的应用非常广泛。在项目规划阶段，它可以通过模拟项目的关键参数和变量（如任务持续时间、资源需求和成本估算）来评估项目的风险和不确定性；在项目执行阶段，它可以帮助项目管理者根据实际情况进行项目控制和决策。例如，在资源分配方面，我们可以通过模拟不同的资源分配方案，评估其对项目进度和成本的影响，从而选择最优的资源分配策略。

（4）Scenario Planning

Scenario Planning 是一种战略规划方法，它通过构建不同的未来情景，

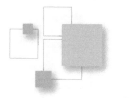

来评估项目可能面临的风险和机遇。同时，它也可以基于对未来环境和变化的预测和分析来构建多种可能性的情景，帮助项目管理者识别并应对潜在的风险和机遇。

在使用 Scenario Planning 过程中，首先，需要收集相关的环境和市场数据，并对其进行分析和预测。然后，管理者可以根据分析结果构建不同的情景，并对每种情景的可能性和影响进行评估。通过评估不同情景，可以帮助项目管理者制定相应的风险管理和应对策略，提前做好应对未来变化的准备。

Scenario Planning 的优势在于能够提供一种思考未来和预测风险的方法。它帮助项目管理者将目光投向未来，从长远的角度思考项目的发展和变化。通过对多种情景的评估，项目管理者能够更好地应对不确定性和变化，保证项目的可持续发展和成功实施。

（5）Lean Construction

Lean Construction 是一种项目管理方法，它通过消除浪费、提高效率来优化项目实施过程。它借鉴汽车制造业的精益生产方法，利用改进项目流程、提高资源利用效率和优化供应链管理，来降低成本、缩短工期、提高项目的竞争力和绩效。

Lean Construction 注重在项目实施过程中的价值流分析和优化。它强调将价值流看作是项目实施过程中需要的信息、材料和资源的流动。通过分析和优化项目价值流，可以发现和消除其中的浪费和低效环节，从而提高项目的整体效率和质量。

Lean Construction 的核心理念包括价值流分析、流程优化、精益供应链管理等。它提倡项目各方之间的协作与沟通，强调持续改进和创新，鼓励团队成员提出改进建议，并及时反馈和落实。通过采用 Lean Construction 方法，项目管理团队可以减少浪费、提高资源利用效率，从而提高项目的整体绩效和客户满意度。

5.3　动态控制应用

在大型综合校园项目的进度总控中，动态控制的应用是非常重要的。通过对进度监控、风险管理、资源调配、变更管理和沟通协调等方面的应用，可以使项目按计划进行，并有效地解决可能出现的问题和风险。在大型综合校园项目的进度总控中，动态控制的应用主要体现在以下几个方面：

（1）进度监控：在大型项目中，进度是一个至关重要的指标，通过定期检查项目进度，可以确保项目按计划进行。进度监控可以通过使用项目管理工具和技术，例如三图两曲线（网络计划图、甘特图、日矩阵图、投资曲线和支付曲线），来跟踪和记录项目的实际进度，并与计划进度进行对比和分析。如果项目进度偏离计划，动态控制可以帮助项目管理者及时发现问题，并采取适当的措施来调整进度并保证项目的顺利进行。

（2）风险管理：大型综合校园项目往往面临各种潜在的风险和挑战，例如技术风险、供应链风险和人员风险等。动态控制在风险管理中的应用包括风险识别、风险评估和风险应对策略的制定。通过及时识别项目中可能出现的风险，并对其进行评估和分析，可以帮助项目管理者制定合适的风险应对策略，以降低风险对项目进度和质量的影响。

（3）资源调配：在大型综合校园项目中，人力、物资和资金等资源的合理调配对项目的成功实施至关重要。动态控制可以根据项目实际情况，及时调整资源的分配和利用，以使资源得到最优化的利用，确保项目的顺利进行。通过资源调配，可以避免资源的过剩或不足，提高项目的效率和质量。

（4）变更管理：在大型综合校园项目中，很可能会出现变更请求，例如需求变更、技术变更或合同变更等。动态控制的一个重要方面就是变更管理。通过对变更请求的评估和分析，可以确定变更对项目的影响范围和程度，并及时做出相应的调整。动态控制可以帮助项目管理者有效地管理变更，以确保项目的稳定进行，最大程度地满足项目的目标和需求。

（5）沟通协调：在大型综合校园项目中，沟通和协调是至关重要的。动态控制通过与项目团队成员和利益相关者的有效沟通，保持信息的及时传递和问题的快速解决。有效的沟通和协调可以帮助项目管理者及时了解项目的进展情况、发现和解决问题，并及时做出相应的调整。通过动态控制的沟通协调，可以建立一个良好的团队合作氛围，提高项目的执行效率和质量。

5.4 动态控制的实践案例

在实际的大型综合校园项目中，动态控制的应用可以通过以下案例来展示：

案例 1：政策变化挑战

某大学新建教学楼项目因当地政策突然改变，专项基础工程的工期滞后了 3 个月，项目急需调整方向。在这个过程中，项目团队通过管理者与政府部门的及时沟通，明确了项目在容积率和设计方案上的调整方向。在对项目

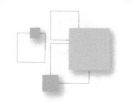

计划的更新和调整上，项目团队高度重视项目的时间节点，并在了解到新的规划要求后及时对项目计划进行了相应的调整。最终，项目管理团队选择在总工期不变的情况下，调整基础工程的穿插时间。这种及时反应和沟通的动态控制模式保证了项目的顺利推进，也展现了团队极具责任心和灵活性的特质。在后期的工作中，项目团队继续运用动态控制方法不断更新和优化项目计划，更好地控制了项目进展，使项目按时保质圆满完成。

案例2：成本超支风险

某综合性校园开发项目在实施过程中，由于市场材料价格波动，项目成本面临超支风险。由于此前项目管理者与供应商持续保持密切的合作关系，积极关注市场材料价格的波动情况并及时监测价格变化趋势，掌握了材料价格的实时情况，这使得项目管理者在市场价格波动时能够快速反应，迅速调整采购策略，以应对价格上涨或下降的情况。通过这一动态调整采购策略，项目管理者成功控制了成本，避免了超支。

在案例2中，项目管理者采用了动态调整采购策略以降低采购成本，并最大限度地利用有限的资源，比如与供应商进行有效谈判，争取到更优惠的价格和更有利的合同条款；优化采购计划，减少材料浪费；寻求替代材料或技术，以降低成本等。这些举措使得项目能够在有限的预算内进行顺利实施，避免了成本超支的风险。

5.5 动态控制的挑战与对策

动态控制在项目管理中经常面临各种挑战，这些挑战包括不确定性、复杂性、资源限制和沟通障碍。为了应对这些挑战，项目管理者可以采取一系列对策，包括增强预见性、提高灵活性、优化资源管理和加强沟通。

5.5.1 动态控制面临的挑战

（1）不确定性

项目环境的不确定性是动态控制的一大挑战。项目经常面临各种外部和内部的变化，包括市场需求的变化、技术的变革以及组织内部结构和目标的调整。这些不确定因素使得项目的运行环境更加复杂和动态化，给项目管理带来了困难。

（2）复杂性

大型项目通常涉及多个团队、多个利益相关者和多个任务，这些任务之间存在着复杂的依赖关系和交互关系。如何处理多方关系，将复杂的问题进行简化，是对项目管理团队的极大挑战。

（3）资源限制

资源的限制可能会影响动态控制的效果。资源包括人力、物力、资金等方面的限制。项目管理者需要在有限的资源下进行决策，合理规划和分配资源，以确保项目的执行效率和质量。

（4）沟通障碍

沟通不畅可能会导致信息传递不及时，影响动态控制的实施。项目涉及多个团队和利益相关者，他们之间的沟通和协调是项目成功的关键。沟通障碍可能来自语言、文化、地域等方面的差异，也可能是由于信息传递不清晰或不及时造成的。

5.5.2　对策

（1）增强预见性

项目管理者可以通过市场研究、环境分析等手段，提前预见可能的变化。比如定期进行市场调研，了解行业趋势和竞争态势，及时调整项目策略和计划。同时，项目管理者还可以通过与利益相关者的有效沟通，收集各方的意见和建议，获取更全面和准确的信息，提高预见性。

（2）提高灵活性

制定灵活的项目计划，以便快速适应变化。传统的项目管理往往以固定计划和时间表为基础，但在动态环境下，这种刚性的计划可能会导致问题。因此，项目管理者应该采用敏捷项目管理方法，将项目划分为小的迭代周期，不断进行反馈和调整，及时适应变化。

（3）优化资源管理

项目管理者应该对项目所需的资源进行充分评估和规划，确定关键资源和紧急需求，合理规划和调配资源，提高资源使用效率，确保资源的及时供应和合理利用。此外，项目管理者还应该关注资源的可替代性和可回收性，以最大程度地利用现有资源。

（4）加强沟通

项目管理者应该与团队成员和利益相关者建立良好的沟通渠道，建立有效的沟通机制，及时传递信息，确保项目信息的畅通传递。有效的沟通包括及时沟通、明确表达和有效反馈。项目管理者还可以借助各种工具和技术，如会议、报告、在线平台等，促进沟通和协作。

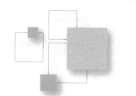

5.6 结论

综上所述，动态控制面临的挑战包括不确定性、复杂性、资源限制和沟通障碍。项目管理者可以通过增强预见性、提高灵活性、优化资源管理和加强沟通等对策来应对这些挑战。这些对策可以帮助项目管理者更好地应对动态环境，提高项目管理的效率和成功率。在实际项目管理中，项目管理者应根据具体情况综合运用这些对策，并不断提升自己的管理能力，以适应不断变化的项目环境。

第 6 章

信息反馈原理

对于大型综合校园项目来说，信息反馈是非常重要的，它在项目管理过程中发挥着关键的作用。通过及时获取和分析项目相关的信息，项目团队能够更好地了解项目的状态和进展，及时发现问题并采取相应的措施进行调整和优化。下面将详细探讨信息反馈在项目管理中的基本原理以及在大型综合校园项目控制中的作用。

6.1　基本内容

信息反馈理论的核心在于识别和利用项目过程中产生的信息，以实现项目目标。这包括以下几个方面：

（1）信息识别

信息识别是信息反馈的第一步。在项目过程中，会产生各种各样的信息，包括项目进度、成本、质量、风险等。项目团队需要识别和了解这些信息，以便进行后续的信息收集和评估。

（2）信息收集

信息收集是指通过各种手段获取项目相关的信息。这包括组织会议、制定报告、利用监控系统等方式来收集项目进展、问题和挑战等方面的信息。信息收集需要全面、系统地收集各种有关项目的数据和资料，以提供全面的信息基础。

（3）信息评估

信息收集后，需要对收集到的信息进行分析和评估。这涉及对信息的准确性、完整性和可靠性进行判断，评估信息对项目目标的影响和重要性。信

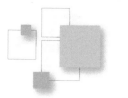

息评估的结果将为后续的决策和行动提供依据。

（4）信息传递

信息评估完毕后，需要将评估结果传递给项目团队和利益相关者。这包括向团队成员报告项目状态和问题，并与利益相关者共享项目信息。信息传递应该清晰、及时，并且针对不同的受众进行相应的沟通和解释。

（5）信息应用

信息反馈的最终目的是支持项目的调整和优化。基于信息反馈的结果，项目团队可以及时调整项目计划和执行策略，以更好地适应项目环境和实现项目目标。

6.2 信息反馈的应用

在大型综合校园项目中，信息反馈的应用体现在以下几个方面：

（1）进度监控

在大型项目中，进度监控是至关重要的。通过信息反馈，项目管理者可以实时了解项目的进展情况，掌握项目各个阶段的完成情况，及时发现进度偏差并进行调整。这能帮助项目团队保持项目的整体进度和里程碑的达成。

（2）风险识别

信息反馈有助于识别大型项目中可能出现的风险。通过收集、评估和传递信息，项目管理者可以及时了解项目中的潜在风险，并采取相应的措施进行应对。这能帮助项目团队在风险出现之前做好准备，降低风险对项目的影响。

（3）资源优化

通过分析项目信息，项目管理者可以更好地分配和调整资源。信息反馈可以帮助确定项目中资源的使用情况和效果，从而更加有效地分配资源，并根据需求进行调整。这能够提高资源利用效率，提升项目的执行效果。

（4）决策支持

信息反馈为项目管理者提供了决策支持的依据。通过收集和评估信息，项目管理者能够全面了解项目的情况和问题，做出基于数据和事实的决策。这能够提高决策的准确性和有效性，降低项目风险。

（5）持续改进

信息反馈促进项目团队的学习和改进。通过及时反馈项目的情况和问题，项目团队可以不断总结经验教训，优化项目管理的方法和工具，提高项目管理的效率和质量。这有助于项目团队提升能力和水平，并为未来的项目提供宝贵经验借鉴。

6.3 信息反馈的实践案例

在实际的大型综合校园项目中，信息反馈的应用可以通过以下案例来展示：

某大学校园基础设施升级项目在实施过程中，项目团队发现部分施工材料的供应延迟。通过信息反馈机制，项目管理者及时调整了施工计划，最终使项目按时完成。

此前，项目团队之间建立了一个良好的沟通和信息共享机制。他们与施工队伍、供应商之间通过定期的会议、共享台账和驻场建造等形式保持紧密联系，能够第一时间了解材料供应的进展情况以及供应延迟的情况，并且及时收集反馈意见和建议（图 6.3-1）。

序号	材料编号	样板名称	规格型号	样板位置	材料设备样板确认情况	材料设备样板到场时间	品牌报审完成时间	主材生产周期	总量(m²)	累计进场(m²)	剩余量(m²)	物料图片(m²)	设计原样板(m²)
一	石材												
1	ST-02	自然面芝麻灰花岗岩	100×100×60厚自然面芝麻花岗岩弹石收边	北入口南侧园路弹石收边	已确认	已完成	已完成	20~25日	11000	9000	2000		
	……		……		……	……	……			……			
二	PC砖												
1	ST-11	仿荔枝面芝麻灰花岗岩透水砖	600×300×55厚400×400×55	三四组团公共庭院区域	已确认	已完成	已完成	10日	3600	500	3100		
	……		……		……	……	……			……			
三	石英砖、仿古砖												
1	ST-14	仿芝麻灰石英砖	600×150×18 600×300×18	综合楼2~3层室外道路	已确认	已完成	已完成	20~25日	5600	600	5000		
	……		……		……	……	……			……			

图 6.3-1 材料供应清单图

得益于这一良好沟通与信息共享的机制，项目管理者在收到供应延迟的消息后立即采取了行动。项目管理者重新评估了整个项目的施工计划，将延迟供应的材料与其他工作任务进行重新安排优先级排序。通过合理调整施工顺序和工作时间安排，确保了项目进度的顺利推进，最大限度地减少了因供应延迟带来的影响。

此外，项目团队还与供应商持续进行积极的沟通和协商。他们与供应商共同寻找解决方案，如加快生产或寻找替代供应渠道。通过合作和共同努力，最终成功地缩短了供应延迟的时间，确保项目能够如期进行。

结合这一案例，我们可以得出以下经验：

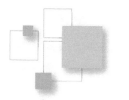

（1）提前建立一个良好的沟通渠道和信息共享机制，确保团队成员之间与外部合作伙伴之间畅通无阻的沟通。

（2）及时收集反馈并进行快速决策和调整，以应对项目中的问题和挑战。

（3）加强与供应商和施工团队之间的合作和协商，共同解决问题，以达到项目目标。

这些经验对于大型综合校园项目具有非常好的指导意义，可以提高项目管理的效率和成功率，值得深入思考和学习。

6.4 信息反馈的挑战与对策

信息反馈在项目管理中起着至关重要的作用，它可以提供实时的反馈和信息，帮助团队了解项目的进展情况，并及时采取相应措施来调整项目方向。然而，信息反馈也面临着一些挑战，如信息过载、信息不准确、信息传递延迟和信息安全等问题。针对这些问题，可以通过建立有效的信息收集和处理机制、提高团队的信息素养、优化信息传递流程、加强信息安全管理来应对挑战。

6.4.1 信息反馈面临的挑战

（1）信息过载

在项目管理过程中，项目团队可能会面临大量的信息，例如来自各个渠道的数据、汇报和反馈等。这些大量的信息会让团队感到不知所措，难以有效处理和分析。信息过载会消耗团队的时间和精力，并可能导致对重要信息的忽视，从而影响项目的决策和执行。

（2）信息不准确

信息的收集和传递过程中可能会受到各种干扰，导致信息不准确。例如，信息来源可能存在主观性和误导性，或者在信息传递过程中出现误解和失真。不准确的信息会给项目团队带来误导和错误的决策，进而影响项目的进展和成效。

（3）信息传递延迟

信息反馈机制的不完善可能导致信息传递延迟。例如，在项目管理中，信息需要从不同的部门或人员之间传递，但由于信息传递的流程不畅或者人员繁忙等原因，信息的传递可能会延迟。这种延迟可能会导致项目决策和调整的时机不准确，从而影响项目的进展和质量。

（4）信息安全

信息的收集和处理需要考虑信息安全，以防止数据泄露和信息遭到未授权的访问。在项目管理中，如果项目的关键信息和机密信息泄露给竞争对手或其他潜在的对手，将会对项目产生负面影响。因此，信息安全成为项目管理中一个严峻的挑战。

6.4.2　对策

针对信息反馈面临的挑战，项目团队可以采取一系列对策来应对这些问题。

（1）建立有效的信息收集和处理机制

为了确保信息的准确性和及时性，项目团队可以建立一套有效的信息收集和处理机制。这包括采用科学的方法收集信息，建立信息的来源和渠道，并制定相应的标准和流程来对信息进行处理和分析。另外，可以借助信息技术工具来帮助团队更好地管理和分析信息，提高信息处理的效率和质量。

（2）提高团队的信息素养

团队的信息素养是指团队成员对信息的收集、处理和分析能力，以及对信息的理解和应用能力。通过培训和教育，项目团队可以提高团队成员的信息素养，使其具备较强的信息处理和分析能力。这包括培训团队成员的数据分析技能、信息整合能力和信息判断能力等，从而提高团队对信息的利用率和价值获取。

（3）优化信息传递流程

为了解决信息传递延迟的问题，项目团队可以优化信息传递流程，建立快速和高效的信息传递机制。这包括建立清晰的信息传递渠道和通道，明确信息的传递路径和责任人，并制定相应的沟通和反馈机制。另外，可以借助信息技术工具，例如协同平台和即时通信工具，来加强团队成员之间的信息交流和沟通。

（4）加强信息安全管理

为了确保项目信息的安全，项目团队需要采取必要的安全措施来防止信息泄露和未授权的访问。这包括建立信息安全管理制度和规范，加密和保护关键信息，限制信息的访问权限，以及建立信息安全监控和预警机制等。另外，项目团队还可以与专业的信息安全机构合作，对项目的信息安全进行评估和监督，以确保信息安全的有效性和可靠性。

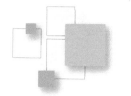

6.5 信息反馈的实施策略

为了有效地实施信息反馈，项目管理者可以采取以下策略：

（1）建立信息收集和反馈系统

建立信息收集和反馈系统是确保项目中信息流动的关键步骤之一。现代信息技术为信息收集和反馈提供了许多便利的工具和渠道。项目管理者可以利用这些技术建立自动化的信息收集和反馈系统。例如，可以使用在线协作平台、项目管理软件或邮件系统来收集和传递项目信息。这些系统能够提供实时的信息反馈，帮助项目管理者了解项目的进展情况，及时发现和解决问题。

（2）定期进行项目审查

定期召开项目审查会议是项目管理中常用的一种策略。在项目审查会议上，项目团队成员和利益相关者可以就项目的进展和存在的问题进行讨论和交流。通过定期的项目审查，项目管理者可以及时了解项目的情况，发现和解决问题，确保项目按计划进行。

（3）建立信息反馈机制

信息的及时、准确传递是信息反馈的关键。项目管理者应该建立有效的信息反馈机制，确保信息能够及时地传递给项目团队和利益相关者。可以通过制定明确的沟通渠道和流程，确保信息的准确性和可靠性。例如，设立定期的沟通会议，明确信息反馈的对象和内容，并制定相应的沟通计划和沟通渠道。

（4）鼓励团队沟通

建立开放的沟通文化是有效实施信息反馈的重要策略之一。项目管理者应该鼓励团队成员之间的信息交流，营造良好的团队合作氛围。可以通过定期召开团队会议、组织团队活动和分享会议纪要等方式，促进团队成员之间的交流和合作。此外，项目管理者还可以倡导积极的反馈文化，鼓励团队成员分享项目中的经验和教训，为团队的学习和成长提供机会。

（5）持续改进

持续改进是项目管理中必不可少的一个环节。项目管理者应该根据项目执行过程中的反馈，不断优化信息反馈机制。通过收集和分析项目数据、评估项目的绩效和效果，及时调整和改进信息反馈机制。此外，项目管理者还可以参考其他项目管理实践和经验，学习和借鉴行业的最佳实践，不断提升信息反馈的效果和效率。

6.6 结论

综上所述，为了有效地实施信息反馈，项目管理者可以通过建立信息收集和反馈系统、定期进行项目审查、建立信息反馈机制、鼓励团队沟通、持续改进来促进信息反馈机制的应用。这些策略可以帮助项目管理者及时了解项目的进展情况，及时发现和解决问题，确保项目的顺利进行和最终成功交付。

第 7 章

弹性原理

在项目管理过程中，项目团队需要具备应对不确定性和变化的能力，以确保项目能够顺利进行。弹性原理强调的是在项目规划和执行过程中，通过增加灵活性和适应性，来应对可能出现的风险和挑战。

7.1　弹性原理的概念和特点

弹性原理是指项目管理团队在编制项目计划时，充分考虑项目内外部环境的复杂性和不确定性，通过预留一定的时间、资源或成本等弹性空间，以应对项目实施过程中可能出现的各种变化和风险。这种原理体现了项目管理中的灵活性、适应性、风险管理、资源调配和持续改进，有助于确保项目在面临挑战时能够保持稳定的进展。

7.1.1　灵活性

项目计划和执行过程中的灵活性，允许项目在面对变化时进行调整。

（1）弹性的时间管理

项目团队应该能够根据实际情况和变化的需要，对项目时间表进行调整。这可以包括延期或提前完成某个任务，以适应外部环境或内部需求的变化。

（2）弹性的资源管理

项目团队应该能够根据项目需求和变化，灵活地调配资源。资源可以包括人力、物力、财力等，确保能够及时满足项目的要求，并有效应对变化。

（3）弹性的工作安排

项目团队应该具备处理多个任务和优先级的能力，能够快速地调整工作安排，以应对项目执行过程中的不确定性和变化。

（4）弹性的沟通和决策机制

项目团队应该建立灵活的沟通和决策机制，能够快速反应并做出准确的决策，以应对项目中的不确定性和变化。

7.1.2　适应性

项目团队对变化的适应能力是弹性原理的重要组成部分。适应性包括以下几个方面：

（1）快速响应

项目团队应该能够迅速地识别和响应变化，及时调整项目计划和执行策略。这需要项目团队具备敏捷的思维和行动能力，能够快速适应变化的需求。

（2）调整项目计划

项目团队应该能够根据变化的需求，灵活地调整项目计划。这可能包括重新安排任务的顺序、调整工期和资源分配等，以确保项目能够顺利推进。

（3）反思和学习

项目团队应该通过项目执行过程中的反馈和总结，及时发现问题和改进的机会。通过反思和学习，项目团队可以不断提高对变化的适应能力，从而提高项目的成功率。

7.1.3　风险管理

弹性原理强调在项目管理过程中对潜在风险的识别和应对。风险管理可以包括以下几个方面：

（1）风险识别

项目团队应该通过对项目进行全面的风险分析，识别可能存在的风险因素。这可以通过使用各种工具和技术来实现，例如 SWOT 分析、Pestel 分析、敏捷开发原则等。

（2）风险评估

项目团队应该对已识别的风险进行评估，确定其对项目的影响程度和可能性。这可以帮助项目团队优先处理重要的风险，并为其制定相应的风险应对策略。

（3）风险应对策略

项目团队应该根据风险评估的结果，制定相应的风险应对策略。这可以

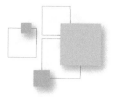

包括风险规避、风险转移、风险减轻和风险接受等不同的策略。

（4）风险监控和控制

项目团队应该建立有效的风险监控和控制机制，通过定期的风险评估和跟踪，及时采取相应的措施，以避免风险对项目的影响。

7.1.4 资源调配

弹性原理强调根据项目需求和变化，合理调配资源，以确保项目能够持续进行。资源调配可以包括以下几个方面：

（1）人力资源调配

项目团队应该根据项目的需要，合理安排和调整项目人员的分工和工作量。这可以帮助提高团队的协作效率和工作质量，以应对项目中的变化和挑战。

（2）物力资源调配

项目团队应该根据项目的需求和变化，合理安排和调配资源，确保项目能够按时完成。这可以包括设备、工具、原材料等的供应和管理。

（3）财力资源调配

项目团队应该根据项目的预算和变化，合理安排和调配财务资源。这可以包括资金的使用和控制，确保项目的可持续性和顺利进行。

7.1.5 持续改进

弹性原理强调通过项目执行过程中的反馈，不断优化项目计划和执行策略。持续改进可以包括以下几个方面：

（1）反馈和总结

项目团队应该及时收集和分析项目执行过程中的反馈信息，包括项目成员的意见和建议，以及项目的各种度量指标。通过反馈和总结，项目团队可以了解项目的进展情况和存在的问题，为项目的调整和改进提供依据。

（2）问题解决

项目团队应该及时解决项目执行中的问题和障碍。这可以通过团队内部的讨论和协调，以及与相关方的沟通和协作来实现。解决问题的过程中，项目团队可以学习和积累经验，为项目的持续改进提供基础。

（3）过程优化

项目团队应该根据反馈和总结的结果，不断优化项目的执行过程。这可以包括优化项目管理的方法和工具，改进项目团队的协作和沟通方式，提高项目的效率和质量。

7.2 弹性原理的应用

在大型综合校园项目中，弹性原理的应用可以帮助项目团队在不确定性和变化的环境中做出灵活的决策，以确保项目能够按时交付，并最大程度满足利益相关者的需求。下面将详细探讨弹性原理在项目进度总控中的应用。

7.2.1 项目规划

在项目规划阶段，考虑潜在的风险和不确定性是关键。通过制定灵活的计划，项目团队可以在面对变化时快速调整项目进度。弹性原理要求项目经理和团队成员预留一定的缓冲时间，以应对意外情况的出现。例如，他们可以在每个里程碑之间留出一些弹性时间，以防止任务延期对整个项目进度造成严重影响。此外，项目团队还应该定期评估项目进展，并根据实际情况进行合理的调整。

7.2.2 资源管理

资源管理是项目管理中的重要环节，包括资源的分配、优化和利用。在大型综合校园项目中，项目需求可能会在执行过程中发生变化，因此项目团队需要保持一定的灵活性来应对这些变化。弹性原理要求项目经理和团队成员仔细评估项目需要的资源，并根据实际情况进行合理分配。此外，他们还应该与供应商和其他利益相关者保持密切沟通，及时调整资源的使用和分配。

7.2.3 进度调整

项目执行过程中，项目团队应该密切监控项目的进度，并根据实际情况及时调整进度计划。弹性原理要求项目经理和团队成员具备判断能力和决策能力，能够根据项目的实际情况做出灵活调整。如果项目出现延期或其他问题，项目管理团队应该及时采取措施来避免进一步影响项目的整体进度。项目团队还可以利用敏捷的方法和工具，如迭代式开发和关键链法，来帮助他们更好地管理和调整项目进度。

7.2.4 风险应对

在大型综合校园项目中，风险管理是至关重要的。项目团队应该识别和

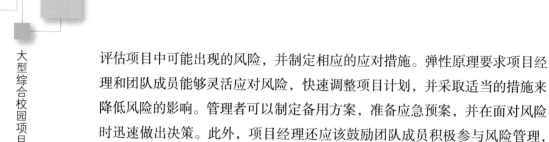

评估项目中可能出现的风险，并制定相应的应对措施。弹性原理要求项目经理和团队成员能够灵活应对风险，快速调整项目计划，并采取适当的措施来降低风险的影响。管理者可以制定备用方案，准备应急预案，并在面对风险时迅速做出决策。此外，项目经理还应该鼓励团队成员积极参与风险管理，共同应对项目中的各种挑战。

7.2.5　持续监控

弹性原理还要求项目团队通过持续监控项目状态，及时发现问题并采取行动。项目经理和团队成员应该建立有效的项目监控机制，通过使用关键绩效指标（KPI）和其他监控工具，了解项目的实时情况。如果发现项目进度有偏差或其他问题，应该及时采取纠正措施，以确保项目能够按时交付。持续监控项目状态有助于提前发现潜在的问题，并采取适当的措施来解决这些问题，从而保证项目的成功。

7.3　弹性原理的实践案例

在实际的大型综合校园项目中，弹性原理的应用可以通过以下案例来展示：

案例1：某大学校园基础设施升级项目，在项目实施过程中，由于天气原因导致施工进度延迟。项目团队通过增加施工资源和调整施工计划，成功克服了这一挑战，确保了项目按时完成。

案例2：某综合性校园开发项目，在项目执行过程中，由于政策变动，项目的部分设计需要重新审批。项目团队通过增加设计灵活性，调整了设计方案，并更新了项目计划，确保了项目的顺利进行。

案例3：某校园基础设施升级项目，在项目执行过程中，由于市场材料价格波动，项目成本面临超支风险。项目管理者通过增加采购灵活性，调整采购策略，优化资源配置，成功地控制了成本，避免了超支。

7.4　弹性原理的挑战与对策

项目管理中的弹性原理是指在面对变化和不确定性时，项目能够灵活适应和调整，以保证项目的成功交付。然而，弹性原理虽然有其优势，同时也面临了一些挑战。

7.4.1 弹性原理面临的挑战

（1）过度弹性

在追求项目的灵活性和适应性时，有时项目可能会过度强调弹性，导致项目计划的不明确，执行效率下降。这可能是因为项目过度追求变化和调整，以至于忽视了项目的整体目标和关键要素。

（2）资源限制

在追求项目的弹性时，资源分配可能面临一些挑战。资源有限的情况下，过度追求弹性可能导致资源的不合理分配，进而影响项目的稳定性和可交付成果。

（3）沟通障碍

信息传递不畅可能导致项目团队对变化的响应不够迅速，从而影响项目的灵活性和调整能力。沟通障碍可能源自团队成员之间的沟通不畅或者信息传递不及时和不准确。

（4）决策困难

在面对不确定性和变化时，项目管理者可能会面临决策困难，难以做出最佳选择。这是因为弹性原理的运用需要项目管理者具备灵活性和判断力，并在不确定的情况下做出明智的决策。

7.4.2 对策

（1）合理设定弹性目标

在项目规划阶段，合理设定弹性目标非常重要。项目管理者应该与项目干系人进行充分的讨论和协商，明确项目的范围、目标和关键约束条件。同时，还应该设定明确的弹性目标，以确保项目在灵活性和高效执行之间取得平衡。

（2）优化资源分配

在项目执行过程中，项目管理者需要不断优化资源分配。这可以通过对项目的需求进行细致分析和评估，合理配置和调整资源。同时，要与项目干系人进行密切的沟通和协调，确保资源分配的合理性和项目的稳定性。

（3）加强沟通协调

建立有效的沟通机制对于项目的成功实施非常重要。项目管理者应该建立跨部门和跨团队的沟通渠道，确保项目团队能够及时了解项目变化，并做出及时的响应。同时，还应该鼓励团队成员之间的积极沟通和合作，加强团

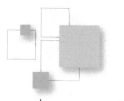

队的协作能力。

（4）提高决策质量

项目管理者应该提高决策质量，以应对不确定性和变化带来的挑战。这可以通过收集和分析信息、进行风险评估、制定备选方案等方式来实现。同时，也可以借助相关专业知识和领域专家的意见，提高决策的准确性和可靠性。

7.5 弹性原理的实施策略

弹性原理的实施策略在项目管理中起着至关重要的作用。它能够增强项目的适应性和灵活性，使项目能够有效地应对变化和风险。为了有效地实施弹性原理，项目管理者可以采取以下策略。

7.5.1 建立弹性项目计划

在项目规划阶段，项目管理者应考虑潜在的风险和不确定性，制定具有弹性的项目计划。这意味着在制定计划时要充分预留一定的缓冲时间和资源，以应对可能发生的变化和挑战。此外，项目管理者还应该制定备选方案和回退计划，以应对可能出现的风险。

弹性项目计划还需要考虑项目的阶段性目标和关键里程碑，以便确保在项目执行过程中能够及时进行评估和调整。项目管理者可以采用迭代和增量开发的方法，将项目分解为可管理的阶段，以便在每个阶段进行评估和调整。

7.5.2 增强项目团队的适应能力

项目管理者应通过培训和教育来提高项目团队对变化的适应能力。这包括提供相关培训和知识分享机会，以帮助项目团队了解弹性原理的重要性以及如何有效地应对变化和风险。项目管理者还应鼓励团队成员参与到决策和问题解决的过程中，以培养其适应和创新能力。

此外，项目管理者还可以通过组建跨职能和多样化的项目团队来增强适应能力。不同背景和专业知识的团队成员可以提供不同的视角和解决方案，增加项目应对变化的能力。

7.5.3 优化信息反馈机制

建立快速、高效的信息反馈机制对于实施弹性原理至关重要。项目管理者应确保项目团队能够及时了解项目变化并做出响应。为实现这一目标，可以采取以下措施：

（1）确定信息反馈的渠道和频率

建立定期的团队会议和项目汇报机制，及时收集和共享项目进展和问题，确保团队成员之间的沟通和协作。

（2）制定预警机制

建立早期预警指标和风险识别机制，及时发现项目中的潜在问题和变化，并采取相应的措施进行调整和解决。

（3）使用协同工具和技术

利用项目管理软件、在线沟通工具和协同平台，提高团队成员之间的信息共享和协作效率。

（4）持续监控和评估

弹性原理的实施需要项目管理者持续监控项目状态，及时发现问题并采取行动。项目管理者可以采取以下措施来实现持续监控和评估：

1）设定关键绩效指标（KPI）

制定明确的项目目标和指标，用于评估项目的进展和绩效。通过定期对比实际绩效与计划绩效，及时发现偏差并采取纠正措施。

2）建立项目仪表板

利用项目管理工具和仪表板，汇总和展示项目各项指标和关键数据，帮助项目管理者全面了解项目的状态和趋势。

3）进行项目回顾和评估

在每个阶段或项目结束后进行项目回顾和评估，总结项目经验和教训，为以后类似项目的实施提供借鉴和改进方向。

7.5.4 鼓励创新思维

面对不确定性和变化，鼓励项目团队采用创新思维是实施弹性原理的关键。项目管理者可以采取以下措施来鼓励创新思维：

（1）提供支持和资源

项目管理者应提供足够的支持和资源，鼓励团队成员尝试新的方法和解决方案。这可以包括提供创新培训、技术支持和实验环境。

（2）创建积极的团队文化

建立积极的团队文化，鼓励团队成员分享和交流创新想法。项目管理者可以组织创新研讨会、倡导团队合作和知识分享的实践。

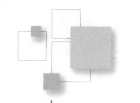

（3）奖励和认可创新成果

项目管理者可以设立奖励机制，鼓励团队成员发表创新成果和提出改进建议。通过公开认可和激励，促进团队成员的积极性和创造力。

以上策略可以帮助项目管理者有效地实施弹性原理，增强项目的适应性和灵活性。然而，实施弹性原理并非一劳永逸的事情，项目管理者需要不断地学习和改进，以适应变化的环境和需求。只有不断地提升自身的能力和团队的适应能力，才能在不确定性的挑战中取得成功。

7.6　结论

弹性原理是大型综合校园项目进度总控管理中不可或缺的一部分。它要求项目管理者具备高度的适应性和灵活性，能够及时响应项目实施过程中出现的各种变化。通过应用弹性原理，项目管理者可以更有效地控制项目进度，确保项目的成功实施。

封闭循环理论

封闭循环理论（Closed-Loop Theory），也称为反馈控制理论，是项目管理中的一个核心概念，它强调通过建立一个循环系统来监控和控制项目进度和性能。这种理论在大型综合校园项目进度总控管理中尤为重要，它有助于确保项目按照既定目标和标准顺利进行。

8.1　封闭循环控制概述

封闭循环控制（或称闭环管理）是一种系统化的管理方法，它强调对项目从启动到结束各个环节的有效监控和反馈机制，以确保项目能够按照预定的目标和计划顺利推进。这种管理方法的核心思想是通过持续的监控、反馈和调整，形成一个闭环系统，从而不断优化项目管理和提升项目成功率。它包括以下几个关键步骤：

（1）设定目标

在项目开始之前，明确项目的目标和期望结果是至关重要的。项目目标应该明确、具体，并与组织的整体战略目标相一致。在设定目标时，需要考虑项目的时间、成本、质量和风险等方面的要求。

（2）执行计划

制定并执行项目计划是项目管理的核心任务之一。项目计划应该包括项目的工作分解结构（WBS）、里程碑、资源分配、时间安排和风险管理等内容。执行计划需要有明确的责任分工和进度安排，以确保项目按计划进行。

（3）监控进度

监控项目的进度是为了了解项目的实际进展情况，发现和解决潜在的问

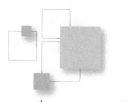

题，及时采取措施纠正偏离。项目经理和团队成员应该持续关注项目的进度，收集相关数据和信息，并进行记录和分析。

（4）比较分析

将实际进度与计划目标进行比较和分析是封闭循环控制的关键步骤。通过比较实际进度和计划目标，可以评估项目的偏离情况，并确定相应的控制措施。比较分析的结果应该以可视化的方式呈现，如甘特图、动态报表等工具，以便于理解和沟通。

（5）反馈调整

根据比较分析的结果，项目团队需要进行必要的调整和改进。这可能涉及资源重新分配、进度调整、风险控制等方面的工作。反馈调整不仅是对项目进度和性能进行纠偏，也是持续优化项目执行的机会。

8.2 封闭循环理论的应用

大型综合校园项目往往复杂多样，涵盖建筑、基础设施、环境、教学、研究等多个方面。封闭循环理论在该类项目的进度总控管理中具有重要意义。

（1）设定目标

在大型综合校园项目中，设定目标需要综合考虑各个方面的要求和利益相关者的期望。比如，项目目标可能包括建设期限、建设质量、教学设施配备等方面的指标。设定明确的目标，有助于各方对项目目标的统一理解和共识。

（2）执行计划

由于大型综合校园项目的规模庞大，需要制定详细的项目计划来确保各个子项目和工作任务的有序进行。项目计划应该考虑到各个专业的交叉影响和依赖关系，避免资源冲突和进度延误。同时，项目计划也需要随时根据实际情况进行调整和优化。

（3）监控进度

针对大型综合校园项目的特点，监控进度需要以整体视角进行，并兼顾各个子项目的进展情况。这可以通过建立项目管理信息系统、制定标准的报告和沟通机制等方式来实现。监控进度的关键是准确收集、分析和传达项目数据，及时发现偏差并采取相应措施。

（4）比较分析

大型综合校园项目往往涉及多个变量和指标，比较分析需要综合考虑各个方面的数据和信息。可以利用大数据分析和可视化技术来支持比较分析的工作，深入挖掘项目潜在的风险和机会，并制定相应的控制策略。

（5）反馈调整

封闭循环理论的核心在于反馈调整，大型综合校园项目的管理也不例外。根据比较分析的结果，项目团队需要及时调整和优化项目执行。这需要大量的协调和沟通工作，涉及不同团队之间的协同合作，以及与利益相关者的有效沟通。

8.3 封闭循环理论的实践案例

在实际的大型综合校园项目中，封闭循环理论的应用可以通过以下案例来展示：

案例1：某校园建设工程项目因相关影响，需要提前完成工期目标，为此项目管理者定期组织召开工程例会，在会议中由设计汇报方案调整优化工期的比选，施工单位汇报方案调整后的进度计划，监理单位审核相关的进度计划，最后由项目管理者决策拍板，选择最经济、设计效果最优且工期压缩合理的方案。

在案例中，工程例会的结果对项目计划的调整起到至关重要的作用。根据审查结果，项目管理者可以识别出项目中潜在的风险和问题，并制定相应的调整方案，对时间计划进行重新安排，要求各家单位增加资源投入，或提出新的工作流程。因此，学校建设项目中的项目管理者应该充分重视项目审查会议，并将其纳入项目管理的日常实践中。

工程例会的召开，有利于项目管理者全面了解项目的进展情况，发现和解决潜在的问题以及及时调整项目计划。在工程例会的会议中，项目管理者会邀请相关的项目指挥长（公司领导）和关键的项目管理成员，包括设计师、施工方、监理等参与讨论。会议的目的是审查项目的进展情况，掌握项目的关键节点和里程碑，收集和分析项目的数据和报告，并进行风险评估和问题识别。同时，项目管理者会检查项目的时间计划、质量标准、成本效益以及项目各个阶段的完成情况。如果发现项目存在偏差或风险，项目管理者将及时采取措施，调整项目计划和资源分配，以避免进一步的延误或质量问题。

案例2：利用项目管理软件，项目管理者能够根据项目管理软件提供的反馈信息进行调整。项目管理软件可以生成各种报告和分析，帮助项目团队识别出项目中的风险和问题。通过分析项目数据和指标，团队成员可以了解当前项目的状态，发现存在的潜在风险，优化资源分配和调整项目计划并制定相应的应对方案。

项目数字化管理软件提供了一个中心化的平台，可以集中管理项目的各个方面。通过该软件，项目管理者可以轻松地创建和更新项目计划、任务分配、进度追踪、资源管理等。各单位的团队成员可随时访问该平台并了解项目的最新状态。这样项目管理者能够实时掌握项目的进展情况，及时发现和解决问题。

项目数字化管理软件使得项目状态的跟踪和监控更加便捷高效。通过软件中的项目仪表板、进度表和报告功能，项目管理者可以查看任务的完成情况、资源的利用率、关键里程碑的达成情况等，直观地了解项目的整体进展和各项指标（图8.3-1）。如果发现项目存在偏差或延误，项目管理者可以立即采取行动，调整项目计划和任务分配，以确保项目的顺利进行。

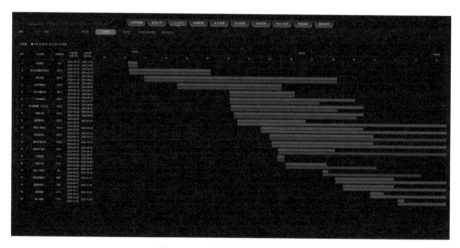

图 8.3-1　数字化管理软件图

项目管理软件也为团队成员之间的协作和沟通提供了便利。团队成员可以在软件中共享文件、留言和更新项目进展，也可以即时交流，解决问题并分享经验。通过软件提供的协作功能，项目团队能够更好地协同工作，加强团队的凝聚力和合作能力（图8.3-2）。

利用项目管理软件实时跟踪项目状态和进行调整，对于学校建设项目具有多种好处：

（1）提高了项目管理的效率和精确度。通过自动化进度追踪和报告功能，项目团队能及时了解项目进展情况，减少了手动整理和处理数据的工作量（图8.3-3）。

图 8.3-2 共享文件图

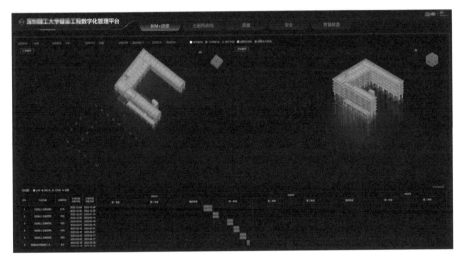

图 8.3-3 项目进展图

（2）项目管理软件使得项目的资源利用更加优化和有效。各单位的管理成员可以根据软件提供的资源管理功能，合理分配和调整资源，避免资源的浪费和不足。

（3）项目管理软件促进了团队成员之间的沟通和协作。通过软件提供的协作工具和信息共享平台，团队成员可以更好地协同工作，高效合作，减少了沟通成本和误解。

案例3：某市计划新建一所大学，以满足不断增加的学生人数。新建大学的建设内容包括综合楼、教室、实验室、食堂、运动场等。在项目启动阶段，项目管理团队制定了详细的设计方案和施工标准，并确定了相关的验收标准和检查方法。

在项目执行过程中，项目管理者按照计划进行施工工作。为了确保施工质量，项目管理者安排了专业的检查人员进行定期的质量检查。具体的检查内容包括建筑结构的稳定性、室内外环境的安全性、设备设施的完备性等。

在质量检查中，检查人员发现了一些问题，例如某些教室的墙壁涂料脱

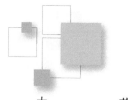

落、实验室的通风系统存在不畅通的情况。项目团队及时采取了纠正措施，对不达标的墙壁涂料进行了重新涂刷，对通风系统进行了调整。同时，还对设计方案和施工标准进行了修订，以避免再次出现类似问题。

在随后的质量检查中，项目团队发现了一些新的问题，例如会议室的照明设施不足、食堂的排水系统存在问题。项目团队与施工单位积极沟通，共同找到了解决问题的办法。对于会议室的照明设施，增加了照明灯具，以提高照明亮度；对于食堂的排水系统，施工单位进行了重新检查和维修处理。同时，还加强了对施工过程的监督，确保类似问题不再发生。

通过定期的质量检查和及时的问题整改，该大学建设项目最终顺利完成，并符合预定标准。整个项目过程中，质量检查起到了重要的监督和控制作用，及时发现和解决了施工过程中的问题，确保了学校建设的质量和进度。

在学校建设项目中，质量检查是一项综合性的工作，需要全程参与和有效管理。项目团队应制定完善的质量检查计划（封闭循环检查办法），明确检查计划、参与人员、检查的内容、方法、频次和复查计划，并将其纳入项目的整体控制和管理体系中。同时，要加强与施工单位和监理单位的沟通和合作，共同解决施工中的问题，确保学校建设的质量和进度目标的实现。

8.4　封闭循环理论的挑战与对策

项目管理中的封闭循环理论是指将项目划分为一个连续的循环，包括计划、执行、监控和调整。在这个循环中，项目团队通过不断地收集信息，及时反馈，并根据反馈结果做出调整，以实现项目的最终目标。然而，封闭循环理论也会面临一些挑战，需要采取相应的对策来应对。

8.4.1　封闭循环理论面临的挑战

（1）信息收集的复杂性

大型项目中涉及的信息非常庞大和复杂。从各个部门、各个环节收集和整理这些信息可能会存在困难和耗费大量时间。此外，信息可能来自不同的来源，格式可能各异，导致信息的整合和处理变得复杂。

（2）反馈的及时性

封闭循环理论中，及时的反馈是非常关键的。然而，在实际操作中，确保反馈信息能够及时传达给所有相关人员并进行相应的处理可能存在困难。

信息传递的时间延迟、信息的流失或者信息不准确等问题都可能导致反馈的及时性降低。

（3）调整的决策难度

在面对多个可能的调整方案时，项目管理者需要做出最佳的决策。然而，面临众多的决策选择和不确定因素时，做出明智而准确的决策可能具有挑战性。需要考虑到不同的风险、资源和利益相关方的期望，会增加决策的复杂性。

（4）持续改进的持续性

封闭循环理论要求项目团队保持持续改进的动力和方向，以不断提高项目的效率和质量。然而，保持持续改进的动力并持续推动项目的发展可能需要额外的努力和资源投入。项目团队需要探究如何找到持续改进的方向、如何保持团队的动力和如何将改进文化传播到整个组织中。

8.4.2　对策

（1）建立高效的信息系统

利用现代信息技术，可以建立高效的信息收集和处理系统。项目团队可以利用项目管理软件、数据分析工具等技术来帮助收集、整理和分析信息。此外，建立明确的信息流程和标准，能够确保信息的准确性和一致性。

（2）优化沟通渠道

确保项目团队和利益相关者之间有清晰、高效的沟通渠道。可以通过定期的会议、报告、沟通工具等方式，及时共享项目信息和反馈结果。此外，要建立有效的反馈机制，鼓励团队成员和利益相关方提出意见和建议，促进信息的流动和共享。

（3）制定明确的决策流程

建立明确的决策流程可以帮助项目管理者在面对调整时做出快速而明智的决策。标准的决策和流程需要明确决策的责任人和决策的时间节点。此外，利用数据分析和决策支持工具来辅助决策过程能够提高决策的准确性和效率。

（4）建立持续改进的文化

鼓励项目团队建立持续改进的文化，以保持项目持续向前发展的动力。通过定期的回顾和评估，可以识别项目存在的问题和改进的机会，并制定相应的改进计划。此外，激励和奖励团队成员改进行为，提供培训和学习机会，也能够提升团队的能力和意识。

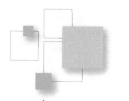

大型综合校园项目进度总控管理理论与操作指南

　　总结起来，封闭循环理论在项目管理中是一种重要的方法，但也面临着一些挑战。通过建立高效的信息系统、优化沟通渠道、制定明确的决策流程和建立持续改进的文化等对策，可以帮助项目团队克服这些挑战，提高项目管理的效率和成功率。这些对策需要综合考虑项目的特点和需求，并在实践中不断完善和调整，以确保项目的顺利进行和取得良好的成果。

8.5　封闭循环理论的实施策略

　　为了有效地实施封闭循环理论，项目管理者可以采取以下策略：

（1）明确项目目标

在项目开始时，明确并记录项目的目标和期望结果。

（2）制定详细的项目计划

制定详细的项目计划，并确保所有团队成员都了解计划内容。

（3）建立监控机制

建立有效的监控机制，跟踪项目进度和性能。

（4）定期进行项目审查

定期进行项目审查，评估项目进展情况并进行必要的调整。

（5）鼓励团队参与

鼓励所有项目团队成员参与到封闭循环过程中，以提高团队的参与度和项目的成功概率。

8.6　结论

　　封闭循环理论是大型综合校园项目进度总控管理中的一个重要工具。通过实施封闭循环理论，项目管理者可以确保项目目标的实现，提高项目管理的效率和效果，及时应对项目执行过程中出现的问题，实现项目的持续改进。

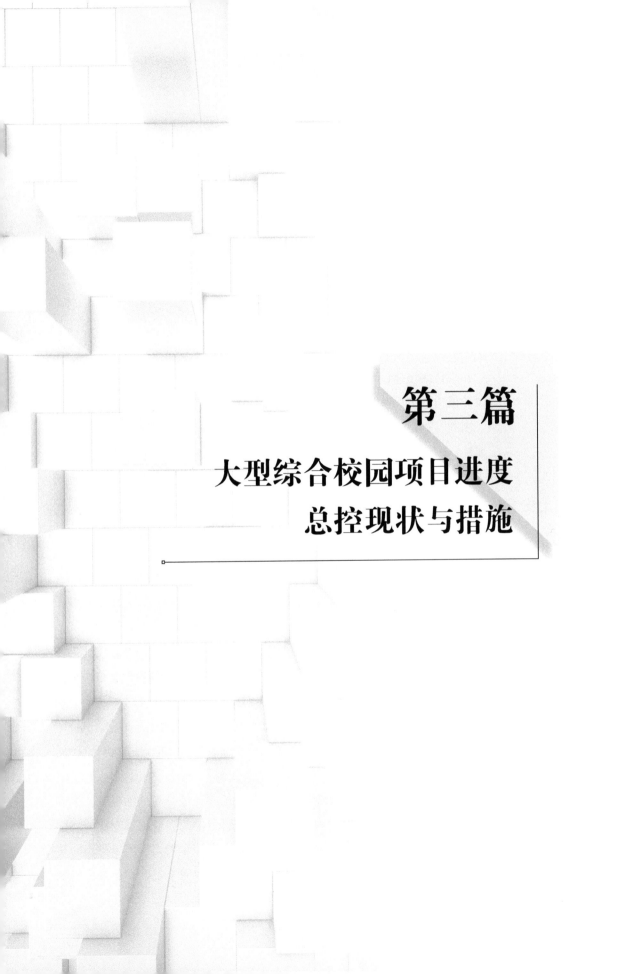

第三篇

大型综合校园项目进度
总控现状与措施

第 9 章

问题现状

在现代高校建设中，大型综合校园项目因其规模宏大、功能复杂、标段与参建单位众多、建成后影响广泛，往往一建设完成就成为当地的地标性建筑。因此，这类项目不仅承载着科研和教育的基本功能，还体现了城市的人文属性、政治氛围和经济环境，其建设备受关注。其中，部分新筹建的高校因去"筹"及开学等因素，工期要求严格且苛刻，需要利用进度总控精准把握施工进度，确保按期完成目标。然而，在实际建设过程中，项目进度总控面临多重挑战，这些挑战聚焦在多方协同、专业管理、资源投入、指令执行、外部环境等多个方面。近年来，随着技术和管理理念的不断更新，进度总控的方法和手段也在不断进步，但大型综合校园由于缺乏系统的总控管理统筹，最终导致工期失控的情况却屡见不鲜。究其原因，可归纳总结为以下几点：

（1）多方协同难度大

大型综合校园项目通常划分为多个标段，参建单位包括设计单位、监理单位、造价咨询单位、多家总承包单位、专业工程发包单位、材料设备供应单位等，这些单位在进度目标实现过程中思想与意识不同。与此同时，一个大型项目顺利完工也涉及与外部政府部门的沟通协调工作。由于信息不对称、利益冲突和沟通机制不畅等因素，容易出现协同工作难度大，项目进度受影响等问题。

（2）项目管理专业能力弱

大型综合校园项目不仅包含传统的土建施工，还涉及复杂的电气、给水排水、暖通、智能化等系统安装与调试工程，部分学校涉及更加专业的实验室工艺工程。这些工作对项目管理团队的专业性和综合能力提出了更高的要求。然而，在实际操作中，往往存在项目管理团队经验不足、专业知识欠缺等问题，难以对项目进行全面、精细的管理。

（3）资源分配强度低

大型综合校园项目需要大量的资源支持，包括人力、物力、财力等。然而，在资源分配和调配过程中，往往存在资源不足、配置不合理等问题。疫情后，随着以房地产为代表的建筑业发展下行，各参建单位都面临巨大的生存压力。而大型综合校园项目因为工期紧张，特别需要施工单位在部分关键工序平行施工，但施工单位却会因为担心浪费便组织流水施工使得工序延期，进而影响整体项目的进度。

（4）执行指令力度弱

大型综合校园项目建设初期，施工方会制定详细的进度计划。但在实际执行过程中，由于设计变更、材料供应延迟、施工队伍调配不当等多种因素，往往会导致进度计划难以得到有效执行。此外，项目中的不确定性和风险也增加了进度控制的难度。当计划执行力度差，即建设单位、项目管理/全过程工程咨询、监理等管理单位监督不严，不将施工现场实际情况梳理清晰详细对标，或不能及时将工期延误的对标结果反馈并予以及时纠偏等，就会导致总体工期延误。

（5）技术总控能力差

由于大型综合校园项目往往划分多个标段，对各参建单位的管理团队专业整体要求很高，对建设方管理团队的整体总控与统筹的能力要求更高。管理团队如何从多标段、多专业、不同交付时序的要素中梳理关键节点，理清重要工序先后关系并整体控制工期，是能否顺利完成项目交付的关键。但现实情况往往是建设单位管理方、监理方对现场失控的工期束手无策。近年来，国家推行全过程工程咨询模式，就是对建设方管理力量薄弱较好的补充，对部分技术总控能力不足的项目管理团队也是一种补充。

（6）外部环境问题多

在自然环境方面，大型综合校园项目占地面积大，受自然环境如台风、暴雨等因素影响深远，同时地质环境的不确定性也会给工期带来风险。例如，地质勘察不够详细或处理措施不当，可能导致地基处理需要更多时间，进而导致工期延误。在社会环境方面，日益短缺的劳动力资源、动态变化的属地化管理要求、校园项目周边治安环境等因素，同样影响工期管控。在经济环境因素方面，建筑行业下行引发的施工企业履职能力降低、同步房地产企业的"暴雷"、各类施工企业（特别是装饰、幕墙与园林企业）抗风险能力差从而陆续倒闭等情况，也直接影响现场工期履约。除去上述外部环境因素，还存在环保检查、中考、高考、周边居民的噪声投诉、法定节假日危大工程不得施工等因素，这些特殊的因素均需要在进行总体进度策划的时候予以充分考虑。

第10章

风险分析与应对

10.1 风险概述

大型综合校园项目的工期风险是一个复杂的主题，涉及众多潜在因素，每个因素都有可能对项目完成时间产生不利影响。下面将概述影响大型综合校园项目工期风险的几点主要因素：

（1）外部环境因素

在大型综合校园项目的建设管理中，外部环境对工期影响显著，如天气、地质条件、疫情影响、居民投诉、重大节日等。这些影响有一些可以在工期策划阶段提前分析控制，但相当一部分原因难以预测和提前规避，需要项目管理团队在工期策划阶段通过设置一定的风险系数，以确定项目合理的资源投入，从而控制工期。

（2）使用方因素

大学综合校园项目使用方一般会设置基建办公室。基建办公室作为对接校园建设的直接部门，其对学校各部门的统筹及需求的及时准确提出是制约工期的最关键因素。通常情况下，基建办因为管理能力及权限不足，很难在设计阶段准确输出需求。这就导致一旦进入施工阶段，由于学校需求不断变化，施工方不能及时领会需求并按期施工，最终引发工期延误。因此对使用单位的统筹管理也是控制大型综合校园项目的关键因素之一。

（3）设计因素

大学综合校园项目由于工期紧、单体多、设计周期不足而引发的设计疏漏问题频出。其中，一些设计问题是因为设计院在进行校园设计时没有严格按照场地的实际情况进行针对性设计，且建筑、结构、机电、智能化、园林景观等专业间碰撞较多但交圈少，所以导致现场设计完善类的变更比较多。因此，大型综合校园项目需要配置强有力的设计管理团队，这样可以尽可能减少设计缺漏或错误，对减少工期有决定性作用。

（4）资源供应因素

近年来建筑行业下行、资金计划下达滞后，使得劳动力、材料资源投入不足、施工技术管理力量投入不足，这些是影响项目工期的根本性因素。因此，在招标阶段选择资信良好的施工单位进场组织施工、强化对施工单位合同及绩效的约束是顺利完成工期目标的前提条件。

（5）组织管理因素

大型综合校园项目必须建立全链条的工期管理理念。在前期阶段的总体工期策划中制定里程碑及一级节点；设计阶段中，在不牺牲效果的前提下选择有利于工期推进的建筑结构做法、选择和机电系统；在施工阶段中投入充足的资源、选择优秀的施工工艺，确保施工安全便利；在竣工验收阶段，合理组织与策划竣工验收，确保一次通过。只有层层详细考虑，才能确保工期如期完成。

（6）报批报建影响

大型综合校园的用地、工程规划许可、施工许可等手续类工作必须严格按照要求开展并报审，避免因资料不齐全造成现场审批工作滞后。同时，在施工阶段，夜间施工、路口开设、电缆迁移等手续需要提前策划、控制风险，避免因手续不齐全而影响项目工期。

（7）建筑质量安全风险

大型综合校园项目场地大，风险多。如果现场质量与安全管控不到位，出现重大质量安全隐患或事故，需停工直至整改到满足相关要求后方可复工。这一类风险需要在现场严控，否则对工期的影响是致命的。

10.2　风险应对

风险应对方案见表 10.2-1。

表 10.2-1　风险应对方案表

序号	风险	描述	应对方案
1	外部环境因素	极端天气、疫情等不可抗力	应根据政府、主管部门相关要求做好防控防护措施，统筹施工组织管理与防护防控工作，制定切实可行的纠偏计划，重新编排总进度计划，在确保安全的前提下，采取积极稳妥的应对措施
		不良地质情况	及时组织施工、监理、勘察、设计等相关单位到现场确认，根据现场实际情况及时提出解决方案

序号	风险	描述	应对方案
1	外部环境因素	施工环境条件限制	加强风险管理，因地制宜完善施工组织设计，明确相应的处理措施
		与外单位工程交叉影响	加大与相关单位的沟通协调力度，争取相互支持，划分责任界面，充分衔接双方工作安排
		居民投诉	做好噪声、安全等防护工作，采取环境治理措施，积极与社区、居民做好沟通，加强党建引领，争取支持
		重大节庆、活动、考试等停工	严格按照政府相关要求执行，制定切实可行的纠偏计划
		土方外弃制约	积极跟踪现有纳土点开放情况，加紧开拓新的合法纳土点
		与外部工程或市政条件衔接问题	与相关单位积极沟通协调，争取支持
		政策制度、规范标准变化	及时解读政策、规范等变化对施工带来的不利影响，提出切实可行的解决方案
2	使用方因素	使用方提供需求滞后	与使用单位建立长效的沟通机制，加强对使用单位引导，提前介入，主动提供技术支持，统筹组织，尽早确定需求
		使用方需求调整	针对新增/变更需求的工程量、做法、费用等相关事项及时与使用单位进行讨论，加强沟通，引导使用单位非必要不调整需求
		使用方确认成果（含设计、样板房）滞后	与使用单位建立长效的沟通机制，促进使用单位尽快确认成果
		使用方负责的申报手续滞后	积极协调使用单位，主动提供技术支持，协助使用单位与审批单位沟通，推动使用单位完成相关申报工作
		使用方负责实施的工程或设备到货滞后	积极协调使用单位，主动提供技术支持。调整施工计划，明确相应的处理措施
		使用方移交作业场地滞后	积极协调使用单位，主动提供技术支持，必要时正式发函
		使用方日常运营使用冲突	加强与使用单位沟通协调，在保障场地、设备基本运营的基础上尽可能地开展施工作业面
		使用方调试运行周期延后	积极协调使用单位，主动提供技术支持，协助使用单位尽快完成调试
		使用方历史遗留原因	协助使用单位处理历史遗留问题，提出解决方案

序号	风险	描述	应对方案
3	设计因素	前期条件不足	协调使用单位、主管单位尽快明确各项前期条件
		设计调整周期长	加强组织管理，提高设计效率，同时加快设计审查意见反馈
		深化设计进度滞后	要求深化单位提前介入，提高设计效率，必要时请设计单位驻场工作
		设计错漏碰缺	加强设计质量管控
		设计变更确定周期长	加强变更管理，组织各参建方商洽，要求设计单位及时完成变更图纸
4	资源供应不足	资金计划下达滞后	完善资金需求计划，积极协调发改部门下达资金
		劳动力缺乏／投入不足	定期召开现场进度协调会议，对现场投入不足的施工单位采取约谈、通报等手段，以确保进度计划有效实施，实现工期管理目标
		进度管理技术力量不足	要求参建单位配备进度管理专员，科学确立进度管理目标，规范建立工程进度报告制度，搭建项目进度信息系统
		材料供应不足	要求参建单位加强合同管理，督促施工单位动态关注分包单位履约情况，要求施工单位严格落实材料送检方案，针对市场紧缺的材料，施工单位须与材料供应商签订材料供应保证书
		施工单位资金投入不足	对现场投入不足的施工单位要采取约谈、通报等手段
5	组织管理因素	决策环节影响	完成技术、投资等各项论证，充分做好决策支持工作，及时向上级报送需决策事项
		计划制定不科学	按照政府、使用单位、建设单位等各方要求，综合考虑项目特点、资源等条件，科学制定项目计划
		计划安排不周密	应要求施工单位注意相关前置手续办理和现场工序衔接，合理布置施工场地工作面，牵头积极主动推进，无法沟通协调的应按照分级协调机制尽快上报
		施工组织协调不力	进一步明晰施工界面，从技术与管理等方面加强界面协调，采取合同管理与支付手段督促各方严格履约；建立协调会议制度，及时解决施工中的协调问题；充分发挥总承包单位统筹协调管理的作用
		临时工作量增加	严把临时工作量增加事项的审批关，认真评估其对施工进度与工程造价的影响
		重大技术方案或工法调整	重视对重大技术方案或工法调整事项的审批，必要时要求相关单位组织专家论证

序号	风险	描述	应对方案
5	组织管理因素	现场管理不到位	加强对现场管理工作的考核，要求相关单位增加现场管理人员，必要时撤换不作为、不称职的现场相关管理人员
		配合整体验收	提前做好项目整体验收的策划，按计划配合并大力推进项目的整体验收
6	报批报建因素	用地问题	积极协调催办相关审批手续
		审批申报延误	事前制定审批申报事项清单及其实施计划，及时跟踪检查各任务事项的完成情况，并及时纠偏，对重大事项重点推进
		审批手续周期长	积极协调、催办相关审批手续办理
		审批环节政策制度原因	积极配合主管部门，沟通解决方案
		审批环节遗漏	积极补办手续
		主管部门要求调整	积极配合主管部门要求，提供技术论证和方案比选，协助尽快确定
7	建筑质量安全风险	质量安全隐患与事故	强化现场质量安全管控措施，守好底线

大型综合校园项目进度总控管理理论与操作指南

第 11 章

控制措施

11.1　强化全寿命周期管控的意识

在大型综合校园项目的工期控制中，强化全寿命周期管控意识是至关重要的。全寿命周期管控是指从项目的策划、设计、招标、施工到竣工移交的整个过程进行周密管理和控制。提及进度总控，管理者往往聚焦施工阶段进度的管理，殊不知政府投资的校园项目，往往在规划、方案设计阶段耽误的时间较长。由于学校类的项目关门工期不变，因此在施工阶段通过各类措施压缩施工定额工期的处理是非常不理智的。如果想要进行良好的全寿命周期管控，以下几个要点需重点关注。

（1）项目策划与前期准备

1）详尽的项目规划

在项目启动初期，应制定详细的项目计划，明确项目的目标、预算、工期和质量标准。这一阶段需要考虑项目的可行性，包括对经济、技术、法律和社会影响因素的全面评估。

2）环境影响评估

开展环境影响评估，需要识别可能的环境风险和责任，并制定相应的缓解措施，这有助于预防未来可能发生的法律纠纷，保证社会公众对项目的支持。

（2）设计与招标阶段

1）完善的方案设计

选择优秀的设计单位，提供优质的设计方案。方案设计要充分考量使用方需求，并保证效果与品质。管理单位则应通过一系列措施使设计方案尽快

65

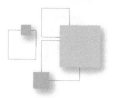

通过使用单位甚至政府部门的批复，以尽快启动下一阶段工作。

2）合理的设计优化

在设计阶段，运用价值工程方法优化设计方案，不仅要考虑建设成本，还包括未来的运营和维护成本。设计阶段的决策对整个项目的造价和工期有深远的影响。

3）加快初步设计与施工图设计的落地

方案设计确定后立即开展初步设计，并基于地域性特征考虑是否需要基础工程先行。如在广东区域，10月份到第二年的3月份雨水少，利于基坑土石方与基础工程施工，因此优先将基坑土石方工程施工图完成先行招标，有利于总体进度控制。

4）完善招标程序

正确规范通过招标择优，选择优秀的施工企业是施工阶段进度总控成功的基础。

（3）施工管理阶段

1）严格的进度管理

利用专业的项目管理工具和技术，如甘特图、关键路径法（CPM）等监控和管理施工进度，并及时调整作业计划，可以应对不可预见的天气或其他延误。强化主动与动态的意识来控制工期，做到事前控制。

2）质量安全管理

实施严格的质量安全控制体系，确保所有施工过程符合设计规范和行业标准，降低质量与安全事故发生的概率，对施工阶段进度具有良性影响。

（4）项目收尾与验收

执行严格的完工验收标准，确保所有工作符合合同规定，争取验收一次通过。

11.2 全面的风险管理策略

（1）风险识别与评估

在项目开始阶段就进行全面的风险识别和评估。这包括外部环境因素、使用方因素、设计因素、资源供应不足、组织管理因素、报批报建因素、建筑质量安全风险等。

（2）制定风险应对计划

针对识别出的各种风险，制定相应的应对措施和预案，如设立风险基金、购买保险、制定应急响应计划等。

（3）定期风险监控与报告

项目进行过程中，定期对风险因素进行监控和评估。实施风险管理信息系统，确保所有风险被及时识别和有效管理。

11.3　科学的监督评价体系

（1）任务清晰

明确整体进度目标，细化各项工作任务。

（2）要求明确

一是责任要求明确，每一项工作任务都应有责任人跟进落实，不留死角；二是时间要求明确，每一项工作任务都应该有明确的时间要求。

（3）层级分明

大型综合校园管理层级多、关系网复杂，因此应建立分层管理的组织结构与工作流程，制定合理的总控计划，有序开展各项推进与监督工作。

（4）管理有序

严格按照制定的管理流程与标准开展各项管理任务。

（5）实施监控

通过例行专题会议与密集调度相结合、清单管理与数字化手段等方式，实时监督各项管理任务完成情况。

（6）奖罚分明

进度总控的最后闭环机制，是在整个总控环节里建立考核评价制度。通过对参建单位进行履约评价、记录不良行为等方式，从而督促所有参建单位良好履职。

第四篇

大型综合校园项目
进度总控体系

第 12 章

进度目标与计划

大型综合校园项目呈现单体多，工期紧张，建设任务繁重等特点。这类项目进度总控要点多、难度大，因此合理建立项目进度总控体系是确保项目按计划进行的关键。项目进度总控体系主要包括目标与计划制定、进度监控与调整、资源管理与协调、团队建设与培训等几个方面内容。

12.1　进度目标的设定

12.1.1　总体目标及分解

总体目标在整个项目中占据着至关重要的地位，犹如一座灯塔，为项目的前行指引方向，确保项目能够在预定的时间框架内高品质完成。

（1）总体目标设定

设定总体目标并非是一个孤立的起始动作，而是需要综合考量多种因素。如广东项目需考虑周期性雨季影响；设立的学校需要考虑是否有去"筹"要求；校园部分单体是否有先行交付的需求；校园的整体形象是否需要在规定时间达到某一形象要求等。

（2）总体目标分解

总体目标一旦设定，需要根据总体目标的要求清晰明确地界定项目的报建目标、设计目标、招标与采购目标以及施工阶段各参建单位的进度目标。这些目标的设定不仅局限于项目启动的初期阶段，而是贯穿始终的红线，在整个项目生命周期的进度总控中都发挥着关键作用。作为项目的管理者，需定期对总体目标的达成状况进行全面回顾和深入评估、对标。通过这种周期性的检查和反思，管理者能够敏锐地察觉到项目推进过程中可能出现的偏差或问题，根据实际情况的变化，灵活而果断地进行必要的调整和优化。这种调整并非是对原有计划的全盘否定，而是在保持总体方向不变的前提下，对具体策略和行动方案进行精细化的修正，以确保项目始终沿着正确的轨道前进，最终能够按时、按质、按量地完成，交付一个令人满意的成果。

（3）设计目标

设计目标位于项目起始阶段。在这个阶段，通常需要明确界定项目的功能需求、效果呈现、质量标准以及技术规范要求等。这些目标的设定，将对项目的整体品质产生深远影响，同时也极大程度地左右着使用方对项目的满意度。对于大型综合校园项目的进度总控而言，设计目标的核心要点应紧密围绕需求的精准定义。如使用单位的需求呈现出反复不定的状态，那么将对前期方案的稳定性构成威胁，后续的各项工作都将失去坚实的基础。同时，需求的不确定性还会对招标与采购计划的制定产生阻碍，使得整个招采流程陷入混乱和无序。而招标与采购计划的延误，又会进一步影响到施工单位的进场时间，导致整个项目的进度受到严重拖累。因此，在设计阶段，必须与使用单位进行深入而充分的沟通，全面、准确地理解他们的需求和期望，并将这些需求转化为具体、可操作的设计目标。此外，针对有季节性特点的区域，在满足政策要求的前提下，设计条线可优先出具基础工程图纸，提前招标，将土石方工作在雨季来临前完成以降低气候因素对此类专业工程的影响。

（4）报批报建目标

报批报建是项目推进过程中的另一个环节。报建工作需要对环评、交评、绿建、节能、装配式、消防审查、概算批复、工程规划许可、施工许可等一系列报建流程进行全面系统的梳理。通过这种梳理，能够清晰地了解每一个报建环节的具体要求和时间节点，为报建目标的设定提供有力依据。在报建过程中，需要时刻保持对政策法规变化的高度敏感性。政策法规的变化对项目的推进会产生影响，及时关注、适应这些变化并调整报建策略，是确保项目能够顺利通过各项审批的关键。同时，报建工作需加强与政府部门的沟通与协调，建立良好的合作关系，争取得到他们的支持和帮助，为项目的顺利进行创造有利条件。此外，大型综合校园项目在施工阶段可能存在路口开设、占道审批等手续，同样需要根据项目的总体目标逐一分解，实施过程中严格按照分解后的报批报建目标完成相应工作，以确保整体目标的实现。

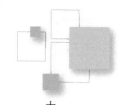

（5）招标与采购目标

根据大型综合校园项目总体目标，确定各参建单位进场的最晚时间，从而倒排出招标与采购开始的时间。大型综合校园项目由于其规模庞大、复杂程度高，往往可能涉及多个标段、多个总包，甚至由于不同区域政策的差异，可能会出现多个专业平行发包单位的情况，因此在这类项目前期应建立以招标与采购工作为核心的工期总控策略，即围绕招标与采购工作目标来推动设计、造价、报建等各项工作的落实落地。为确保招标与采购工作顺利开展，应精细化实施招标策划，全面考虑项目各种因素，包括技术要求、管理要求、时间进度等。明确招标与采购工作界面、商务条款及材料设备品质要求。在招标与采购过程中，必须严格遵循法律法规及相关制度，确保招采工作的公平、公正、公开，避免因投诉延误招标与采购工作进展。只有这样才能控制工期，选拔出真正优秀的供应商为项目提供高质量服务。

（6）施工交付目标

交付目标是大型综合校园项目最终建筑实体交付成果的体现。由于校园类项目具有其独特的特点，如"去筹""开办""招生"等关键任务，而"招生"目标通常集中在每年的9月份，这就对交付目标的设定提出了更高的要求。设定交付目标时，必须紧密结合项目的实际情况以及"去筹""开办""招生"等计划。充分考虑项目的进度、质量、安全等多方面因素，进行全面、综合的权衡和考量。既要确保项目能够按时交付，满足"招生"等关键任务的时间要求，又要保证项目的质量和安全达到既定标准，为学生和教职工提供一个安全、舒适、优质的学习和工作环境。同时，还需要充分考虑可能出现的各种风险和挑战，制定相应的应对预案，确保在面对突发情况时能够迅速、有效地做出反应，保障项目的顺利进行。大学综合校园施工阶段应重点对室外总体交通、永临结合、道路翻浇等关键要点进行识别与把控，特别是在多标段、多单位参与建设的情况下，管理方总体统筹控制上述要素是交付阶段目标合力设定与实现的关键因素。

12.1.2 分标段目标

由于占地面积与建筑面积大或为了满足学校对部分建筑单体有先行交付要求，大型综合校园项目在组织建设过程中通常划分多个标段。根据大型综合校园项目的特点，标段划分可以遵循"保障交付、体量适中、系统功能齐全、交通便利"等原则，并结合项目的具体工况来进行确定。在确定了标段划分之后，每个标段都拥有其特定的建设内容和时间要求。对于标段目标的设定，要点如下：

（1）标段的开始和结束时间

每个标段的开始和结束时间应当明确且具体。明确具体的时间节点是招标与合同签订约定工期的基础，也是在为施工阶段合理安排人力、物力和财力方面提供有力的依据，可以有效避免资源的浪费。在实际操作中，标段的开始时间通常会受到项目前期准备工作的影响，例如场地清理、管线迁移、图纸完善等。而标段的结束时间则往往与项目的整体交付时间以及其他标段的进度安排密切相关。因此，在确定标段的开始和结束时间时，需要综合考虑各种因素，以确保时间安排的合理性和可行性。

（2）标段内各单位工作内容

大型综合校园项目如采用专业工程平行发包模式，则需结合总体目标详细策划合同承包的主要工作内容。如大型综合校园为利用区域季节特点采用基础工程先行招标，需要将土石方工程、边坡支护、地基基础等内容纳入专业承包合同，并明确各基础工程标段总体及各分部分项工程节点目标。如因为设计院出图时间紧张，可以将精装修、幕墙等专项工程单独发包，结合项目总体目标明确专业工程发包详细内容与工期节点要求，明确专业工程单位之间及专业工程与总包之间的界面与技术要求。

（3）预期成果

预期成果是对标段目标的具体描述。例如，完成主体结构封顶、实现基础设施配套等都是常见的预期成果。预期成果应当具体、可量化，以便于后续的对标、检查和验收。这样，管理者和施工单位都能够清晰地了解到目标的完成程度，及时对标发现问题并进行调整。

（4）资源配置

合理的资源配置是实现标段目标的重要保障。在确定标段目标的同时，需要充分考虑到人力、物力、财力等资源的需求和供应情况。例如，根据施工任务的规模和难度，合理安排施工人员的数量并保证其相应的技能水平；根据施工进度的要求，合理安排施工设备和材料的采购和调配等。

（5）风险管理

在项目实施过程中，不可避免地会面临各种风险和挑战。因此，在设定标段目标时，需要充分考虑到风险管理的因素。例如，制定风险应对预案，明确风险的识别、评估和应对措施等；建立风险预警机制，及时发现和处理潜在的风险隐患等。

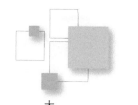

（6）环境保护

随着社会对环境保护的重视程度不断提高，在大型综合校园项目中也需要充分考虑到环境保护的因素。例如，在施工过程中采取有效的环保措施，减少对周边环境的影响；合理安排施工时间，避免夜间施工对周边居民的影响等。场地内施工充分考虑水土保持措施，减少黄泥水的外排。

（7）质量安全

质量安全是项目实施的生命线。在设定标段目标时，需要将质量安全作为重要的考量因素。例如，制定严格的质量安全管理制度，加强对施工现场的质量安全监督和检查；开展质量安全教育培训，增强施工人员的质量安全意识等。

（8）沟通协调

大型综合校园项目涉及众多的利益相关者，如建设单位、设计单位、施工单位、监理单位、政府部门等。因此，在设定标段目标时，需要充分考虑到沟通协调的因素。例如，建立有效的沟通机制，及时传递信息、协调解决问题；定期组织项目协调会议，加强各方之间的沟通和交流等。

在大型综合校园项目中，标段目标的设定是一个复杂而又重要的过程。需要综合考虑各种因素，制定出科学合理、切实可行的标段目标。同时，还需要加强对标段目标的管理和监督，及时调整和优化项目进度，确保项目能够按时交付使用。只有这样，才能确保大型综合校园项目的顺利实施和成功交付，为学校的发展和师生的学习生活提供良好的硬件设施和环境保障。

12.1.3　关键（里程碑）节点

在项目总体目标及标段目标确定之后，每个标段都应该设置关键（里程碑）节点，从项目开始到项目竣工可以设置的关键（里程碑）节点包括但不限于"可研批复、方案设计完成、初步设计完成、施工图设计完成、总承包单位进场、施工许可证的办理、桩基施工与检测完成、底板浇筑、地下室出正负零、主体结构封顶、塔式起重机拆除、外架拆除、幕墙闭水、市政通水通电、电梯转换、消防调试、竣工验收"等。关键（里程碑）节点作为项目进度中的重要节点，不仅标志着项目取得的重大进展，更代表着各个阶段性成果的达成。通过设定关键（里程碑）节点，管理者能够更加清晰地把握项目的整体进展情况，及时发现潜在的问题，并采取有效的措施加以解决，从而确保项目始终按照既定的计划稳步推进。为了确保关键（里程碑）节点的有效性和实用性，其设定需要满足以下几个重要要求。

（1）清晰

关键（里程碑）节点设置需清晰、具体，不存在任何模糊或歧义而影响到项目的管理和决策。如合同文件中，就桩基工程完成设定节点要求，需要进一步明确是桩基工程施工完成还是检测完成，否则合同双方在执行过程中存在歧义进而引发合同争议。例如合同中设置"完成教学楼的主体结构封顶"就是一个具体的关键（里程碑）节点。在这个表述中，明确地指出了教学楼的主体结构这一具体的工作对象，以及封顶这一具体的工作成果。这样的表述能够让项目团队成员清楚地知道需要完成的具体任务是什么，以及完成的标准是什么。如果表述为"教学楼建设进展顺利"，则无法追踪进展或进行进度对标，这样的表述虽然也传达了一定的信息，但它并没有明确地指出具体的工作任务或成果，无法为项目团队成员提供明确的工作指导。

（2）可度量性

关键（里程碑）节点应当具备可度量性。可度量性意味着关键（里程碑）节点必须能够被测量和评估，便于检查和验收。例如，"完成设备安装调试"就是一个可度量的关键（里程碑）节点。在这个表述中，明确地指出了设备安装调试这一具体的工作任务已经完成。通过对设备的实际运行情况进行检查和测试，可以确定设备是否已经成功安装并调试。而如果表述为"设备安装基本完成"，则显得难以度量。这样的表述并没有明确地指出设备安装调试的具体程度，无法为检查和验收提供明确的标准。

（3）项目特点和需求

不同类型的项目具有不同的特点和需求，因此在设定关键里程碑时，需要根据项目的具体情况进行个性化定制。例如，对于一个建筑工程项目来说，地下室出正负零、主体结构封顶等里程碑可能是非常重要的；而对于一个软件开发项目来说，软件功能模块的完成、系统测试通过等可能更为关键。

（4）时间和资源限制

在设定关键（里程碑）节点时，需要充分考虑项目的时间和资源限制。如果设定的里程碑过于紧凑，可能会导致项目团队成员过度紧张和压力过大，从而影响到项目的质量和效率。而如果设定的里程碑过于宽松，则可能会导致项目进度缓慢，无法按时完成。

（5）风险和不确定性

项目在实施过程中往往会面临各种风险和不确定性，因此在设定关键里程碑时，需要充分考虑这些因素。例如，如果项目中存在一些高风险的工作任务，如新技术的应用、复杂的工艺等，那么可以将这些工作任务设定为关

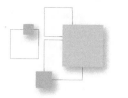

键里程碑，以便及时发现和解决可能出现的问题。

（6）项目团队的能力和经验

如果项目团队具有丰富的经验和较强的能力，那么可以设定一些具有挑战性的关键（里程碑）节点；而如果项目团队相对较为年轻或经验不足，那么则需要设定一些相对较为保守的关键（里程碑）节点，以确保项目能够顺利推进。

12.2 进度计划的制定

设立总体目标及相应的关键（里程碑）节点后，应根据项目工况、天气、外部条件制约等因素全方面制定进度计划，让现场推进有抓手、能落地。

在大型综合校园项目中，制定一个科学合理的进度计划就像是项目前进道路上的指南针，指引着项目团队朝着预定的目标稳步前进。要制定这样一个有效的进度计划，第一步就是进行科学的阶段划分和任务分解。

阶段划分与任务分解需要综合考虑项目的规模、复杂程度、时间要求、风险和不确定性等因素，遵循明确性、完整性、独立性和可管理性等原则，通过与项目利益相关者进行充分的沟通和协商，采用科学合理的方法进行阶段划分和任务分解，并明确责任和时间安排，不断优化和调整，才能制定出一个科学合理、切实可行的进度计划，为项目的成功实施奠定坚实的基础。

12.2.1 阶段划分与任务分解

（1）阶段划分

阶段划分是根据项目的规模、复杂程度、时间要求等因素，将整个项目细分为若干个具有明确起止时间的阶段，便于总体控制工期。这些阶段通常具有不同的重点和目标。大型综合校园项目一般划分为前期策划阶段、设计与招标阶段、施工阶段与竣工验收交付阶段，每个阶段又可以继续分解。前期策划阶段设定总体工期目标并论证目标的科学性；设计与招标阶段主要完成方案设计、初步设计与施工图设计，完成各单位招标与采购工作任务；施工阶段组织各参建单位将图纸转化为建筑实物；竣工验收与交付阶段要求核对所有图纸与合同内容，组织完成各项验收程序，与学校沟通办理移交。每个阶段都有其独特的任务和挑战，需要专门的资源和技能来完成。

（2）任务分解

任务分解是在阶段划分的基础上，进一步将每个阶段的任务细化到具体的工作内容、工作步骤和工作标准。这就像是将一个庞大的拼图分解成每个小的拼图块，使得每个团队成员都能够清楚地知道自己需要完成的具体任务。例如，在施工图设计阶段，可以将任务分解为建筑设计、结构设计、给水排水、暖通与电气、园林景观设计等具体的工作内容；在施工阶段，可以将任务分解为基础工程施工、主体结构施工、装饰装修施工等具体的工作步骤。通过任务分解，不仅可以明确每个任务的具体内容和要求，还可以为后续的资源分配、进度控制和质量保证提供基础。

12.2.2　遵循原则

在进行阶段划分和任务分解时，需要遵循以下几个原则：

（1）明确性原则

每个阶段和任务都应该有明确的定义和描述，避免模糊不清或歧义。这样可以确保团队成员对自己的工作有清晰的认识，避免因为理解不同而导致的工作失误或延误。

（2）完整性原则

阶段划分和任务分解应该涵盖项目的所有工作内容，不能有遗漏。否则，可能会导致某些重要的工作没有得到足够的重视和资源分配，从而影响项目的整体进度和质量。

（3）独立性原则

每个阶段和任务都应该具有相对的独立性，尽量减少相互之间的依赖和干扰。这样可以方便项目团队进行资源分配和进度控制，避免因为一个任务的延误而导致整个项目的进度滞后。

（4）可管理性原则

阶段划分和任务分解应该考虑到项目团队的管理能力和资源状况，不能过于复杂或过于简单。过于复杂可能会导致管理难度增加，资源分配不合理。过于简单则可能无法充分发挥项目团队的能力和潜力。

12.2.3　划分方法

在明确了阶段划分和任务分解的原则后，进行阶段划分与任务分解的方法如下：

（1）确定项目阶段

这需要对项目的目标、范围、时间要求等因素进行全面的分析和评估。一般来说，可以根据项目的生命周期、工作流程或关键（里程碑）节点等因素来确定项目阶段。例如，在一个建筑项目中，可以根据建筑施工的工作流

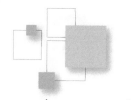

程，将项目划分为基础施工、主体结构施工、机电安装施工、装饰装修施工、幕墙施工和竣工验收阶段等。在确定项目阶段时，还需要考虑到项目的风险和不确定性，预留足够的时间和资源来应对可能出现的问题和变化。

（2）进行任务分解

任务分解可以采用自上而下或自下而上的方法。自上而下的方法是从项目的总体目标出发，逐步将其分解为具体的任务和子任务；自下而上的方法则是从项目的底层任务出发，逐步将其组合成更高层次的任务和阶段。在进行任务分解时，可以使用工作分解结构（WBS）工具，将项目的任务按照层次结构进行组织和表示。WBS可以帮助项目团队清晰地看到项目的整体结构和任务之间的关系，便于进行资源分配、进度控制和成本核算等工作。

（3）明确责任

每个任务都应该指定具体的负责人和参与人员，明确他们的职责和权利。通过责任分配，可以确保每个人都清楚自己的工作内容和目标，避免责任不清导致的工作推诿和延误。在明确责任时，需要考虑到团队成员的能力和经验，合理分配任务，确保任务能够按时、高质量地完成。

（4）时间安排

时间安排是根据任务的复杂程度和工作量，合理安排每个任务的起止时间，确保各项任务能够按计划完成。在进行时间安排时，需要综合考虑任务之间的相互依赖关系，避免因任务延误导致的整体进度滞后。可以使用项目管理软件来进行时间安排，如Microsoft Project、Primavera P6等。这些软件可以帮助项目团队快速、准确地进行时间安排，并生成详细的进度计划报表和图表，便于项目团队进行监控和调整。

12.2.4 注意要点

在进行阶段划分和任务分解时，还需要注意以下几点：

（1）与项目利益相关者进行充分沟通和协商

对于大型综合校园项目，项目利益相关者包括项目的使用方（学校）、建设方、设计、施工等各参建单位，他们对项目的目标、需求、时间要求等都有自己的看法和期望。因此，在进行阶段划分和任务分解之前，需要与项目利益相关者进行充分的沟通和协商，了解他们的需求和期望，确保阶段划分和任务分解能够满足他们的要求。

（2）考虑项目的风险和不确定性

项目在实施过程中可能会遇到各种风险和不确定性，如技术风险、市场风险、政策风险等。因此，在进行阶段划分和任务分解时，需要充分考虑到这些风险和不确定性，预留足够的时间和资源来应对可能出现的问题和变化。

（3）不断优化和调整

阶段划分和任务分解不是一成不变的，随着项目的进展和环境的变化，可能需要对其进行优化和调整。因此，项目团队需要定期对阶段划分和任务分解进行评估和反思，发现问题及时进行调整和优化，确保进度计划的有效性和适应性。

12.3　全面统筹梳理施工工序

大型综合校园项目存在着标段与单体多、功能种类多等特点，根据不同的建设单位管理模式，涉及的施工参建单位数量也大不相同。如果专业平行发包单位较多，那么就会涉及较多的施工工序交叉。为了减少扯皮纠纷，快速推进施工作业，作为项目管理者应该全面统筹梳理施工工序，要求施工单位尤其是施工总承包单位制定合理的移交计划，并要求相关施工单位进行"结合部位"交圈碰撞，提前暴露问题，并及时解决问题。

全面统筹梳理施工工序是大型综合校园项目进度总控管理的重要内容。施工工序是建筑项目实施过程中的核心环节，对施工工序进行全面统筹梳理是确保项目进度、质量和安全的关键步骤。通过对施工工序的分类与特点、先后顺序和逻辑关系、优化与调整、监控与管理以及与其他方面的协调等方面进行全面分析和规划，可以确保施工的顺利进行，提高项目的进度、质量和安全水平，为大型综合校园项目的成功建设提供有力保障。

12.3.1　施工工序的分类与特点

施工工序可以根据不同的标准进行分类，常见的分类方式包括按照施工部位、施工工艺、施工阶段等。不同类型的施工工序具有不同的特点，例如：

（1）基础工程施工工序

包括土方开挖、基础处理、基础施工等，这些工序通常需要在项目早期进行，对后续施工的稳定性和安全性具有重要影响。

（2）主体结构施工工序

如钢筋混凝土结构施工、钢结构施工等，这些工序是建筑主体的核心部分，决定了建筑的结构强度和稳定性。

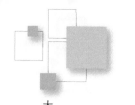

（3）屋面工程施工工序

包括防水施工、保温施工、屋面装饰等，这些工序直接影响建筑的防水性能和外观效果。

（4）装饰装修施工工序

如墙面涂料、地面铺装、门窗安装等，这些工序主要影响建筑的使用功能和美观程度。

12.3.2 施工工序的先后顺序和逻辑关系

确定施工工序的先后顺序和逻辑关系是确保施工顺利进行的基础。一般来说，施工工序应遵循以下原则：

（1）先地下后地上

即先进行地下部分的施工，如基础工程、地下管道等，然后再进行地上部分的施工。

（2）先主体后装饰

先完成主体结构的施工，再进行装饰装修工程，以确保建筑的结构稳定性。

（3）先湿作业后干作业

湿作业如混凝土浇筑、抹灰等应在干作业如涂料施工、地板铺设之前进行，以避免对已完成的干作业造成损坏。

（4）先粗装修后精装修

先进行基本的装修工作，如墙面平整、地面处理等，然后再进行精细的装修工作，如墙面装饰、家具安装等。

（5）特殊要求

在确定施工工序的先后顺序时，也会由于其他因素导致先后顺序需要进行特殊考虑：

1）施工工艺要求：某些施工工艺可能对前置工序有特定的要求，例如钢结构焊接需要在基础混凝土达到一定强度后进行。

2）施工设备和材料供应：施工设备和材料的供应情况也会影响施工工序的安排，例如大型设备的进场时间可能会限制某些工序的开始时间。

3）施工场地条件：施工现场的场地条件，如场地大小、周边环境等，也会对施工工序的安排产生影响。

4）气候因素：不同的气候条件对施工工序的影响也不同，例如冬期施工可能需要采取特殊的保温措施，而雨期施工则需要注意防水和排水。

12.3.3 施工工序的优化与调整

在施工过程中，可能会出现各种情况导致施工工序需要进行优化和调整。以下是一些常见的优化和调整方法：

（1）采用先进的施工工艺和技术

通过引进先进的施工工艺和技术，可以提高施工效率，缩短施工周期，从而优化施工工序。

（2）合理安排施工流水段

将整个施工区域划分为若干个流水段，合理安排各流水段的施工顺序和施工时间，可以提高施工效率，减少施工过程中的交叉干扰。

（3）调整施工资源配置

根据施工进度和实际需求，及时调整施工资源的配置，如增加或减少施工人员、设备和材料等，可以保证施工的顺利进行。

（4）优化施工组织设计

对施工组织设计进行定期评估和优化，根据实际情况调整施工方案、施工顺序和施工工艺等，可以提高施工效率和质量。

12.3.4 施工工序的监控与管理

为了确保施工工序的顺利实施，需要建立完善的监控与管理机制。以下是一些具体的措施：

（1）制定详细的施工计划

施工计划应明确各施工工序的开始时间、结束时间、责任人等，为施工工序的监控和管理提供依据。

（2）建立施工工序质量控制体系

通过建立完善的质量控制体系，对施工工序的质量进行全过程监控，确保施工质量符合要求。

（3）加强施工现场管理

加强施工现场的管理，包括施工人员管理、设备管理、材料管理等，确保施工现场的秩序和安全。

（4）建立信息反馈机制

建立信息反馈机制，及时收集和反馈施工过程中出现的问题和异常情况，以便及时采取措施进行处理。

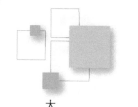

（5）定期进行施工进度检查

定期对施工进度进行检查和评估，与施工计划进行对比，及时发现和解决施工进度滞后的问题。

12.3.5　施工工序与其他方面的协调

施工工序的实施还需要与其他方面进行协调，包括设计、采购、安全、环保等。以下是一些协调的要点：

（1）与设计的协调

施工工序的实施应与设计方案保持一致，及时与设计人员沟通，解决施工过程中出现的设计问题。

（2）与采购的协调

确保施工所需的材料和设备按时供应，与采购人员保持密切沟通，提前做好采购计划和安排。

（3）与安全的协调

施工工序的实施应符合安全规范和要求，加强对施工人员的安全教育和培训，确保施工过程中的安全。

（4）与环保的协调

采取有效的环保措施，减少施工对环境的影响，确保施工过程符合环保要求。

12.4　重点事项分析与梳理

大型综合校园项目的特点往往是复杂多样的，在施工单位还未进场阶段，作为项目的管理者，应全面分析并策划项目的重难点事项，从多维度、全周期等角度将项目现状情况及施工单位进场后可能会面临的重难点事项梳理清楚，并集思广益提前给出应对的措施。一般大型综合校园项目在前期可能会面临：电力迁改、水利设施拆改、地下管网迁改、林木砍伐、城市树木迁移、地铁保护、水源保护等一系列重难点问题，需要提前与主管部门沟通并给出解决思路，在项目实施阶段可能会面临：场地高差处理、降排水处理、管廊等地下空间处理、塔式起重机施工及拆除、外架选型施工及拆除等。作为管理者，要提前分析、全面策划，将会遇到的重点事项一一梳理。

12.4.1　大型综合校园项目重点事项分析的必要性

大型综合校园项目的复杂性和多样性决定了必须对重点事项进行全面且深入的分析。在施工单位尚未进场的前期阶段，准确把握项目的特性和潜在难点，能够为后续工作奠定坚实基础。通过提前分析，可以更清晰地了解项目可能面临的挑战，避免在施工过程中遭遇意外情况而导致进度延误和成本增加。抓住重点事项是大型综合校园项目进度总控成功的关键。

12.4.2　多维度的重点事项分析

（1）技术维度

1）复杂的场地条件：大型综合校园项目通常占地面积较大，场地可能存在高差、地质情况复杂等问题。对场地高差的处理需要精心设计和规划，以确保校园内各区域的合理布局和通行顺畅。降排水处理也是关键之一，要根据场地的水文地质条件，选择合适的排水措施，防止积水影响施工和后续使用。

2）管廊等地下空间的利用与处理：地下空间的规划和利用直接关系到校园的功能完整性和空间利用效率。需要考虑管廊的布局、尺寸、与其他基础设施的衔接等，同时要确保施工过程中对周边环境的影响最小化。由于管廊属于地下结构，合理确定管廊施工时间，有利于确保地面交通运输通道通畅，也有利于楼栋内精装修与幕墙材料的供应，从而确保整体项目的进度。

3）塔式起重机施工及拆除：塔式起重机的选型、安装位置和使用计划都需要经过详细论证。在施工过程中，要确保塔式起重机的安全运行，同时考虑到拆除时的可行性和对周边环境的影响。塔式起重机拆除前应充分论证，大宗材料必须完成运输上楼，方可拆除塔式起重机。

4）外架选型施工及拆除：外架的选择要适应建筑结构和施工工艺，确保施工人员的安全和施工的顺利进行。拆除时也要注意避免对建筑物和周边环境造成损坏。

（2）环境维度

1）电力迁改：涉及与电力部门的协调和配合，需要确保迁改过程中不影响周边区域的供电，同时要保证施工期间的电力供应。

2）水利设施拆改：与水利设施相关的迁改工作可能会影响到周边的水资源和生态环境，需要谨慎处理，遵循相关规定和环保要求。

3）林木砍伐与城市树木迁移：在项目规划范围内，可能会涉及林木和城市

树木的处理。这不仅需要遵守相关法律法规，还需要考虑生态平衡和景观效果。

4）地铁保护：如果校园项目临近地铁线路，必须采取有效的保护措施，防止施工对地铁运营造成影响。

5）水源保护：确保施工过程中不污染周边水源，特别是对于临近水源保护区的项目，要采取严格的环保措施。

（3）管理维度

1）资源调配：包括人力、物力、财力等资源的合理分配和协调。要根据项目的不同阶段和重点事项，灵活调配资源，确保各项工作的顺利进行。

2）进度控制：制定详细的进度计划，并根据重点事项的进展情况及时进行调整和优化。同时要建立有效的监控机制，及时发现和解决进度滞后的问题。

3）质量管控：在处理重点事项的过程中，不能忽视质量要求。要建立严格的质量检查和验收制度，确保项目质量达到预期目标。

4）安全管理：对于施工过程中的高风险作业，如塔式起重机安装与拆除、外架施工等，要制定严格的安全操作规程和应急预案，确保施工人员的安全。

12.4.3　全面策划与应对措施

（1）与主管部门的沟通协调

与电力、水利、林业、地铁等主管部门建立良好的沟通渠道，及时汇报项目进展和需求，争取得到他们的支持和配合。在迁改等事项上，要严格按照主管部门的要求办理相关手续，确保项目合法合规推进。

（2）制定详细的应对方案

针对每一个重点事项制定具体的应对方案。例如，对于电力迁改，要明确迁改的时间节点、施工方案和应急预案；对于场地高差处理，要制定合理的填方或挖方方案。

（3）引入专业团队和技术支持

在一些专业性较强的领域，如地铁保护、水源保护等，引入专业的咨询团队或技术专家，确保采取的措施科学合理、切实可行。

（4）风险管理与应急预案

识别重点事项可能带来的风险，制定相应的风险管理计划。同时，针对可能出现的突发情况，如恶劣天气、设备故障等，制定详细的应急预案，确保能够迅速响应和处理。

（5）动态调整与优化

在项目实施过程中，要根据实际情况对重点事项的分析和应对措施进行动态调整和优化。及时总结经验教训，不断完善管理体系和工作流程。

12.4.4 重点事项分析与梳理的实施方法

大型综合校园项目的重点事项分析与梳理是一项复杂而系统的工作。通过全面、深入地分析重点事项，制定科学合理的应对措施，并有效实施，可以确保项目顺利推进，实现项目的质量、进度、成本等目标。同时，这也是提升项目管理水平、打造优质工程的重要途径。在实际工作中，项目管理者要高度重视重点事项分析与梳理工作，不断探索和创新工作方法，为项目的成功实施奠定坚实基础。

（1）成立专门的工作小组

由项目管理团队、技术专家、相关部门代表等组成专门的工作小组，负责重点事项的分析与梳理工作。明确小组成员的职责和分工，确保工作的高效推进。

（2）收集资料与信息

广泛收集与项目相关的资料和信息，包括项目规划、设计图纸、周边环境状况、相关政策法规等。通过实地勘察、与相关部门沟通等方式，获取第一手资料。

（3）组织专家论证

对于一些关键的技术问题和难点事项，需要组织专家进行论证和评审并听取专家的意见和建议，确保方案的科学性和可行性。

（4）制定详细的工作计划

根据项目的总进度计划，制定重点事项分析与梳理的详细工作计划。明确各个阶段的工作任务、时间节点和责任人，确保工作有序推进。

（5）定期汇报与沟通

定期向项目决策层和相关部门汇报重点事项的分析与梳理进展情况，及时沟通存在的问题和困难，寻求支持和解决方案。

（6）建立信息管理系统

利用信息化手段，建立重点事项分析与梳理的信息管理系统。及时录入和更新相关信息，实现信息共享和动态监控。

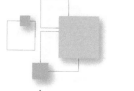

12.5　人料机资源的合理分配

在大型综合校园项目中，人料机资源的合理分配是确保项目进度顺利推进的关键环节。当项目的总体目标及阶段计划明确后，施工单位必须科学、有效地进行人料机资源的调配，以适应项目不同阶段的需求和挑战，并根据时间周期及节点要求动态更新人料机资源的投入，通过"香蕉图""形象进度对比曲线图"等工具辅以可视化展示，可直观地展示且便于决策。下面将围绕着天气、施工阶段（如基础施工阶段、主体施工阶段、精装施工阶段等）、节点要求、施工交叉等方面阐述人料机资源的合理分配的方针及思路。

（1）人力资源分配

需要充分考虑项目各个阶段所需的专业人员数量。在基础施工阶段，可能需要大量的土方作业工人、基础施工工人等，他们具备较强的体力和基础施工技能；而到了主体施工阶段，木工、钢筋工、混凝土工等专业工种的需求则会显著增加；精装施工阶段则需要更多具有精细装修经验和技能的工人，如油漆工、瓷砖铺贴工等。施工单位应根据不同施工阶段的特点，提前做好人力资源的规划和储备。通过与劳务公司建立长期合作关系，确保在需要时能够及时获得足够数量且具备相应技能的工人。同时，要对工人进行针对性的培训和技能提升，以适应项目的特定要求。

（2）材料资源分配

材料资源的合理分配必须与施工进度紧密配合，避免因材料短缺导致施工停滞。在项目开始前，需要对所需的各类材料进行详细的统计和分析，包括主要建筑材料（如钢材、水泥、砖块等）、装饰材料（如涂料、地板、壁纸等）以及各类构配件。根据施工进度计划，制定科学的材料采购计划，确保材料按时、按量到达施工现场。对于一些关键材料，要建立稳定的供应渠道，以保证其质量和供应的可靠性。此外，还要考虑材料的存储和管理，设置合理的材料堆放场地，做好防潮、防火、防盗等措施，减少材料的损耗和浪费。在一些工期紧张的校园项目上，建设方的管理团队需与厂家核实材料供应的真实情况，避免施工方传递不实的信息，影响总体进度的管理。

（3）机械设备资源合理配置

不同的施工阶段需要不同类型和规格的机械设备。例如，在土方施工阶段可能需要挖掘机、装载机、推土机等大型设备；在主体施工阶段则需要塔式起重机等垂直运输设备；在精装施工阶段可能需要小型的电动工具等。施工单位需要根据施工计划和现场实际情况，合理安排机械设备的进出场时间，提高设备的利用率。同时，要加强对机械设备的维护和保养，确保其处于良好的工作状态，减少故障发生的概率。为了更好地进行机械设备资源的管理，可以采用信息化手段，实时监控设备的运行状态和使用情况，及时进行调配和优化。

（4）天气因素影响

在进行人料机资源的合理分配时，需要综合考虑天气因素的影响。恶劣的天气条件可能会对施工进度造成严重的影响，如暴雨、大风、严寒等天气可能导致施工暂停或延误。因此，在制定资源分配计划时，要充分考虑当地的气候特点和天气预报情况。例如，在雨季来临之前，提前储备好施工所需的防雨材料和设备，合理调整施工工序，避免在恶劣天气条件下进行不适合的施工操作。同时，要制定应急预案，以应对突发的天气变化对施工造成的影响。

（5）节点要求

项目的关键节点往往对整个项目的进度和质量具有决定性的影响。为了确保在规定的时间节点内完成相应的施工任务，需要提前对节点所需的人料机资源进行详细的规划和安排。通过制定详细的施工方案和资源配置计划，确保在节点到来之前，各项资源都已经准备就绪。同时，要加强对节点施工的监控和管理，及时发现和解决可能出现的问题，保证节点目标的顺利实现。

（6）施工交叉

不同的施工区域、不同的施工工序之间可能会存在交叉作业，在这种情况下，资源的分配需要更加精细和灵活。要充分协调各个施工队伍之间的关系，明确各自的施工任务和责任，避免出现资源冲突和施工干扰。通过合理安排施工顺序和作业时间，减少施工交叉对施工进度和质量的影响。同时，要加强施工现场的管理和协调，及时解决施工交叉过程中出现的问题和矛盾。

（7）相关工具应用

为了更好地实现人料机资源的合理分配，可以借助一些工具和技术。"香蕉图"是一种常用的进度计划和资源分配的可视化工具。它通过将项目进度计划与资源分配情况相结合，以图形的方式直观地展示出资源的投入和使用情况。通过分析"香蕉图"，可以及时发现资源分配中的不合理之处，并进行调整和优化；"形象进度对比曲线图"则可以直观地展示项目实际进度与计划进度之间的差异，帮助决策者及时采取措施进行调整，确保项目按计划推进。此外，还可以利用项目管理软件等信息化工具，对人料机资源进行全面的管理和监控，提高资源分配的效率和准确性。

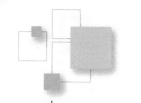

（8）资源管理体系应用

在实际操作中，还需要建立一套完善的资源管理体系，明确资源管理的责任和流程，确保各项资源的申请、审批、调配、使用和回收等环节都能够有序进行。同时，要建立资源使用的考核和评价机制，对资源的使用效率和效果进行评估和反馈，不断优化资源分配方案。此外，要加强与供应商、分包商等外部单位的沟通和协调，确保外部资源的及时供应和质量保障。

人料机资源的合理分配是大型综合校园项目进度总控体系中的关键环节。通过充分考虑天气、施工阶段、节点要求、施工交叉等多方面因素，借助先进的工具和技术，建立完善的资源管理体系，可以有效地提高资源利用效率，确保项目进度的顺利推进，为打造高质量的大型综合校园项目奠定坚实的基础。建设单位管理方应深入到施工单位资源分配工作中，不断探索和创新资源分配的方法和策略，以适应不断变化的项目需求和挑战。同时，项目各方应密切配合，共同努力，确保人料机资源在项目中得到最佳的配置和利用，为项目的成功实施贡献力量。

第 13 章

进度监控与调整

当进度目标及进度计划设定之后，进度并不会顺顺利利地沿着既定的轨道推进，天气、地质、水文、人员、资金、材料、设备等因素都会成为影响进度顺利推进的绊脚石，因此过程中的进度监控及纠偏、分析、调整成为关键管控手段。

13.1 进度计划监控

大型综合校园项目进度计划的监控范围广泛而全面，涵盖了项目的各个方面和各个阶段。通过对设计、施工、设备采购与安装、配套设施建设等环节的严格监控，能够及时发现问题并采取有效的解决措施，确保项目按照预定的进度计划顺利推进，最终实现项目的成功交付和投入使用。这不仅关系到项目本身的质量和效益，也关系到学校的长远发展和师生的切身利益，具有极其重要的意义。

13.1.1 设计图纸与施工质量安全监控

（1）建筑结构设计

校园整体布局的监控，需要考量各个功能区域的划分是否科学合理，比如教学区、行政区、生活区等布局是否得当，既能保证各区域之间相对独立，避免相互干扰，又能确保相互之间联系便捷，便于师生的日常活动。建筑风格的监控不仅要关注其美观性与协调性，与周边环境融合，展现出独特的校园文化氛围，还要考虑其在长期使用中的耐久性和维护成本。对于每一栋建筑的具体设计细节，如结构稳定性，需要严格审核结构设计方案，确保

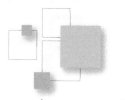

其能够承受各种荷载和外力的作用，保障师生的生命安全。采光通风效果的监控则要确保教室、办公室、宿舍等室内空间能够获得充足的自然采光和良好的通风条件，这对于师生的身心健康和学习工作效率有着直接的影响。空间利用率的监控需要避免空间的浪费，使每一寸空间都能得到合理利用，满足教学、生活等多方面的需求。

（2）系统设计

电气系统的监控需要保证供电的可靠性、安全性和节能性。监控其设计是否符合国家相关标准和规范，线路布局是否合理，避免出现过载、短路等安全隐患。给水排水系统的监控要确保供水的稳定性和水质的安全性，排水系统的通畅性和污水处理的环保性。暖通空调系统的监控要关注其在不同季节和气候条件下的运行效果，能否为师生提供舒适的室内温度和空气质量。这些系统设计的合理性、可靠性和节能性直接关系到校园日常运行的效率和成本。

（3）景观设计

校园绿化的监控包括对植物种类的选择、种植布局、养护管理等方面的考量。选择适合当地气候和土壤条件的植物，既能美化校园环境，又能降低养护成本。景观小品的设计和布局要巧妙融入校园整体景观，增添校园的文化气息和艺术氛围。休闲区域的设计要充分考虑师生的休闲需求，提供舒适、宜人的休闲空间。景观设计与整体环境的协调性监控，要确保景观元素与建筑风格、周边自然环境相融合，形成一个和谐统一的校园整体景观。

（4）主体施工阶段

在基础工程中，地基处理的质量直接影响着整个建筑物的稳定性，需要对地基加固、基础开挖、基础混凝土浇筑等环节进行严格监控。任何质量问题都可能导致建筑物出现不均匀沉降、裂缝等安全隐患。基础结构的稳定性监控要确保基础能够承受上部结构传来的荷载，保证建筑物的整体安全性。在主体结构施工过程中，施工工艺和施工质量的监控包括钢筋的绑扎、模板的安装、混凝土的浇筑等各个环节，都要严格按照设计要求和施工规范进行操作。对施工过程中的质量检测和验收要一丝不苟，确保主体结构的强度和稳定性达到标准。

（5）装饰装修

装饰装修监控可以体现校园品质和细节。墙面的平整度监控要确保墙面光滑平整，无裂缝、空鼓等质量问题，为后续的装饰工作打下良好基础。地面的铺设质量监控要关注地面的平整度、牢固度和美观度，避免出现起拱、空鼓等问题。门窗的安装精度监控包括门窗的尺寸、垂直度、水平度等方面，确保门窗开关灵活、密封良好。同时，装饰装修材料的选择和使用也需要进行严格监控，确保其质量合格、环保安全。

（6）设备采购与安装

设备采购环节需要对供应商的选择进行严格把关。要考察供应商的信誉、生产能力、质量控制体系等方面，确保其能够按时、按质、按量提供所需设备。采购合同的签订与执行监控要确保合同条款清晰明确，双方权利义务明确，避免出现纠纷。设备的生产进度和质量监控需要与供应商保持密切沟通，及时了解设备的生产情况，对生产过程中的质量检测进行监督。对于大型设备，如教学仪器、实验设备等，要确保其性能和参数符合项目需求。在设备运输过程中，要注意运输安全和设备保护。选择合适的运输方式和运输工具，确保设备在运输过程中不受损坏。安装调试阶段需要监控安装人员的专业水平和安装工艺。要求安装人员严格按照设备安装说明书和相关规范进行操作，确保安装质量。对安装后的调试结果进行严格检测，确保设备能够正常运行并满足使用要求。

（7）配套设施

道路的规划和建设要满足校园内交通流量的需求，保证道路的宽度、坡度、转弯半径等设计参数合理。道路的施工质量要确保其坚固耐用，能够承受车辆的长期碾压。同时，道路的排水系统要完善，避免在雨季出现积水等问题。其他配套设施如停车场、垃圾处理设施、消防设施等的建设也要按照相关标准和规范进行监控，确保其能够满足校园的日常使用需求。此外，配套设施与主体工程的衔接和协调也需要进行监控，确保整个校园的功能完善、运行顺畅。

（8）安全管理

施工人员的安全防护措施要落实到位，包括佩戴安全帽、安全绳等。施工现场的安全设施配备要齐全，如防护栏杆、安全网等，以防止人员坠落、物体打击等事故的发生。此外，还需要对施工现场的临时用电、用火等进行严格管理，避免发生火灾等安全事故。

13.1.2　影响因素

在进度计划的监控过程中，还需要考虑到各种不确定因素的影响。例如，天气变化可能导致施工进度延误，原材料价格波动可能影响项目成本，政策法规的变化可能导致项目审批受阻等。因此，在监控过程中需要建立有

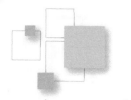

效的风险预警机制，及时识别和应对各种潜在风险，确保项目进度不受影响。同时，要加强与各相关方的沟通与协调，包括设计单位、施工单位、设备供应商、政府部门等，形成工作合力，共同推动项目的顺利进行。

13.1.3 管控措施

在大型综合校园项目中，实施有效的进度计划监控需要综合运用多种具体的方法和措施，以确保项目能够按照预定的时间、质量和成本目标顺利推进。

（1）建立完善的监控体系

这包括明确监控的组织架构，确定各级监控人员的职责和权限，形成一个从上到下、层级分明、职责清晰的监控网络。项目管理团队要制定详细的监控流程和标准，使监控工作有章可循、规范有序。

（2）专业设计审查团队

设计审查团队需具备丰富的专业知识和经验，能够对设计图纸和方案进行深入细致的审核。在建筑设计方面，审查人员要仔细核对建筑的功能布局是否合理，是否满足教学、科研、生活等各方面的需求。对于每一个房间的尺寸、布局、采光通风等细节都要逐一考量，确保没有遗漏和不合理之处。同时，要检查建筑结构设计的安全性和稳定性，确保能够承受各种荷载和环境因素的影响。在景观设计审查中，要注重景观与建筑的协调性，植物的选择和搭配是否美观、生态，景观小品的位置和风格是否符合校园整体氛围。对于系统设计，要严格按照相关规范和标准进行审查，确保电气、给水排水、暖通等系统的设计科学合理、运行可靠。

（3）施工阶段监控

采用定期现场巡查的方式，监控人员要频繁深入施工现场，实地查看施工进度和质量情况。在基础工程施工时，要密切关注地基处理的工艺和效果，如采用灌注桩施工时，要检查桩的直径、深度、垂直度等参数是否符合要求，灌注桩的混凝土强度是否达到标准。主体结构施工过程中，要对钢筋的绑扎、模板的安装、混凝土的浇筑等关键工序进行严格监控，确保施工质量符合设计和规范要求。利用先进的监测仪器和设备，如全站仪、水准仪等，对建筑物的垂直度、平整度等进行实时监测，及时发现和纠正偏差。装饰装修阶段，要注重细节的把控，对墙面的平整度、阴阳角的垂直度、地面的平整度等进行精确测量，对装饰材料的质量和安装工艺进行严格检查。

（4）供应商管理机制

在设备采购与安装阶段建立供应商管理机制，对供应商进行全面的评估和筛选，确保其具备良好的信誉和实力。签订详细的采购合同，明确设备的规格、型号、质量标准、交货期等关键条款，以便在后续监控中有据可依。在设备生产过程中，安排专人前往厂家进行监造，实时了解设备的生产进度和质量情况，及时发现和解决可能出现的问题。设备运输过程中，要做好防护措施，防止设备在运输过程中受到损坏。在安装调试阶段，要求安装人员严格按照操作规程进行操作，对安装过程进行全程监控，确保安装质量。同时，对设备的调试结果进行严格验收，只有调试合格的设备才能投入使用。

（5）信息化技术

除了现场监控，还需要利用信息化技术手段辅助进度计划监控。通过建立项目管理信息系统，将项目的各项信息，包括进度计划、实际进度、质量数据等整合到一个平台上，方便监控人员随时查询和分析。通过实时更新数据，能够及时发现进度偏差和质量问题，并采取相应的措施进行调整和改进。利用视频监控系统，对施工现场进行实时监控，即使监控人员不在现场，也能随时掌握施工现场的情况。

（6）报告制度

监控人员要定期向上级汇报监控结果，包括进度情况、质量状况、存在的问题及解决方案等。报告要内容翔实、数据准确，能够清晰地反映项目的实际情况。对于重大问题，要及时进行专项报告，引起项目管理层的高度重视。同时，定期召开进度协调会议，召集各相关方共同参与，对进度计划进行评估和调整。在会议上，各方可以充分沟通交流，共同协商解决存在的问题，确保项目进度的顺利推进。

（7）风险预警和应对

要识别可能影响项目进度的各种风险因素，如天气变化、材料供应短缺、劳动力不足等。针对这些风险因素，制定相应的应对措施和预案。当风险发生时，能够迅速启动预案，采取有效的措施进行应对，减少对项目进度的影响。

（8）沟通与协调

通过与各方进行密切的沟通协调，能够有效解决项目中出现的大部分问题。与设计单位保持密切联系，及时解决设计过程中出现的问题，确保设计工作的顺利进行；与施工单位保持良好的沟通，及时传达项目的要求和目标，协调解决施工过程中遇到的困难和问题；与设备供应商保持紧密合作，

确保设备的按时供应和安装调试；与政府部门、周边社区等外部单位做好协调工作，为项目创造良好的外部环境。

（9）数据分析

在监控过程中，要注重数据分析和总结。对收集到的进度数据、质量数据等进行深入分析，找出问题的根源和规律。通过数据分析，不仅能够及时发现问题，还能为后续项目提供宝贵的经验教训，不断优化项目管理流程和方法。

（10）总结

通过建立完善的监控体系、采用多种监控方法和措施、加强信息化技术应用、建立严格的报告制度、注重风险预警和应对、加强沟通与协调以及进行数据分析和总结等一系列手段，能够实现对大型综合校园项目进度计划的全面、深入、有效的监控，确保项目按时、高质量地完成，为师生提供一个现代化、高品质的学习和生活环境。

13.2　进度计划调整

在大型综合校园项目中，进度计划的调整是一个至关重要的环节。合理确定进度计划调整的频率并采取有效的措施，对于确保项目的顺利推进和最终成功交付具有深远意义。

13.2.1　进度计划调整的频率

进度计划调整的频率需要根据项目的具体情况和实际需求来科学设定。一方面，过于频繁地进行调整可能会导致项目团队陷入混乱，资源分配难以协调，增加管理成本和沟通成本；另一方面，如果调整频率过低，则可能无法及时应对项目中出现的各种变化和风险，从而影响项目的整体进度和质量。

（1）启动阶段

在启动阶段，通常需要建立一个相对稳定的初步进度计划。这个阶段的调整频率可以相对较低，主要是基于项目的总体目标、关键（里程碑）节点和主要任务进行规划。然而，随着项目的逐步推进，各种不确定因素开始显现，这就需要根据实际情况适时地进行调整。

（2）设计阶段

可能会遇到设计方案的变更、技术难题的出现等情况。此时，进度计划可能需要进行局部的调整，例如延长某些设计任务的时间，或者重新安排相关人员的工作分配。如果在设计审查过程中发现了重大问题，可能需要对整个设计阶段的进度计划进行较为全面的调整，以确保设计的质量和准确性。

（3）施工阶段

进入施工阶段后，进度计划调整的频率可能会相对较高。施工现场的环境复杂多变，可能会遭遇天气变化、地质条件异常、周边居民干扰等不可预见的情况。例如，连续的暴雨天气可能导致土方工程无法按计划进行，这就需要及时调整后续施工任务的开始时间和资源分配。或者当发现某些施工工艺需要改进时，也可能需要对相关施工任务的进度进行调整，以适应新的工艺要求。

（4）设备采购与安装阶段

供应商的供货延迟、设备质量问题等也可能引发进度计划的调整。如果关键设备不能按时到货，可能会影响整个项目的进度，此时需要迅速采取措施，如寻找替代供应商、调整安装顺序等，尽量减少对项目进度的影响。

13.2.2 进度计划调整的措施

在大型综合校园项目中，合理确定进度计划调整的频率并采取有效的措施是确保项目顺利推进的关键。通过建立完善的监控预警机制、科学合理的调整方案、有效的资源调配和风险管理等措施，能够及时应对各种变化和挑战，保证项目按照既定目标和质量要求顺利完成。同时，不断总结经验教训，持续优化进度计划调整的流程和方法，为后续项目提供宝贵的经验。只有这样，管理者才能在复杂多变的项目环境中把握主动，实现大型综合校园项目的成功建设和交付。

（1）建立完善的监控和预警机制

通过定期的进度报告、现场检查和数据分析，及时发现可能导致进度计划偏离的因素。一旦发现异常，立即启动调整流程。

（2）科学性和合理性

这需要项目团队进行充分的沟通和协调，包括与设计团队、施工团队、供应商等各方进行协商，共同确定最佳的调整方案。在调整过程中，要充分考虑到各个任务之间的逻辑关系和相互影响，避免出现顾此失彼的情况。

（3）工期调整

可以通过延长或缩短某些任务的工期来实现。在延长工期时，要明确延长的原因和期限，并确保不会对后续任务造成过大的影响。缩短工期则需要

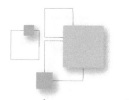

采取有效的赶工措施，如增加人员、设备投入，优化施工工艺等，但同时也要注意不能以牺牲质量和安全为代价。

（4）资源重新分配

当某些任务的进度受到影响时，可以将闲置的资源调配到关键路径上的任务，以加快其进度。同时，也要根据实际情况调整资源的供应计划，确保资源能够及时到位。

（5）技术手段运用

一些技术手段运用可以帮助调整进度计划。例如，采用先进的项目管理软件，可以更直观地分析进度计划的偏差和影响，帮助项目团队快速做出决策。利用数字化技术对施工现场进行实时监控，能够及时发现问题并采取相应的调整措施。

（6）风险管理

在制定调整方案时，要充分评估可能带来的风险，并制定相应的风险应对措施。对于可能出现的新风险，要及时纳入风险管理体系，进行有效的管控。

（7）团队培训

要加强团队的培训和教育，提高团队成员对进度计划调整的认识和应对能力。让团队成员明白进度计划调整的必要性和重要性，鼓励他们积极参与调整方案的制定和实施。

（8）信息更新

在整个进度计划调整的过程中，要保持信息的及时更新和透明。确保所有相关人员都能及时了解到进度计划的调整情况，以便他们能够做出相应的工作安排和调整。还要建立有效的沟通渠道，促进项目团队内部、项目团队与相关方之间的沟通与协作。

13.2.3　进度计划对比分析

在大型综合校园项目的进度总控体系中，进度计划对比分析就如同项目的导航仪。通过对不同阶段、不同版本的进度计划进行细致的对比和深入的剖析，帮助项目管理团队清晰地了解项目的实际进展情况与预期目标之间的差距，从而及时采取有效的应对措施，确保项目始终沿着正确的轨道前进。

（1）明确对比的基准和标准

这通常是以最初制定的基准进度计划为参照，该计划包含了项目的各个阶段、任务、里程碑以及相应的时间节点和资源分配等关键信息。在项目推进的过程中，会产生实际的进度情况，将其与基准进度计划进行对比，才能准确地发现偏差和问题。

（2）时间维度

在对比分析的过程中，需要从多个角度进行考量，比如时间维度。可以观察每个任务的开始时间、结束时间以及整个项目的工期是否符合预期，如果实际开始时间延迟或结束时间超出计划，就需要深入分析原因，比如是因为资源不足、技术难题、外部干扰还是其他因素导致的。对于关键路径上的任务，时间上的偏差更是需要高度关注，因为这可能会对整个项目的进度产生重大影响。

（3）任务完成情况

查看各项任务是否按照计划完成，是否存在未完成或部分完成的情况。对于未完成的任务，要进一步分析其对后续任务的影响以及可能导致的连锁反应。同时，还要评估已完成任务的质量是否符合要求，因为低质量的完成可能会在后续阶段引发返工等问题，同样会影响项目进度。

（4）资源的投入和利用

对比分析实际投入的人力、物力、财力等资源与计划中的资源分配是否一致。如果资源投入过多，可能会导致成本增加；而资源投入不足，则可能影响任务的执行效率和进度。还要关注资源的利用效率，是否存在闲置或浪费资源的情况，以便及时进行调整和优化。

（5）项目整体层面

查看项目的阶段性目标是否达成，是否存在关键里程碑的延误。分析整个项目的进度趋势，是逐渐趋于正常还是偏差越来越大。通过对这些整体情况的把握，能够更全面地了解项目的进展态势。

（6）图表对比

在进行进度计划对比分析时，可以采用多种方法和工具。图表对比是一种直观有效的方式，如甘特图、网络图等。通过将基准进度计划和实际进度计划以图表的形式呈现出来，可以清晰地看到任务的时间差异、先后顺序以及相互关系。数据对比则通过具体的数字和指标来反映进度的偏差，如工期延误天数、任务完成率等。

（7）项目管理软件

这些软件能够自动生成进度报告、偏差分析等，大大提高了分析的效率和准确性。同时，它们还可以进行模拟和预测，帮助管理者评估不同调整方案对项目进度的影响，从而做出更加科学合理的决策。

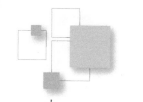

（8）团队沟通和协作

不同部门和人员需要及时共享信息，反馈各自负责领域的实际进展情况。只有这样，才能确保对比分析的数据是准确和全面的。通过定期的项目会议、工作报告等形式，促进团队成员之间的交流与合作，共同探讨进度偏差的原因和解决办法。

（9）总结存档

需要将每次的对比分析结果进行总结和归档。这些经验教训不仅对当前项目具有重要意义，还可以为今后的类似项目提供宝贵的参考。通过不断总结和积累，能够不断完善项目管理的方法和流程，提高项目团队的整体管理水平。

进度计划对比分析是大型综合校园项目进度总控体系中不可或缺的环节。它通过对不同阶段进度计划的细致对比和深入分析，帮助我们及时发现问题、采取措施、调整计划，确保项目的顺利推进。通过科学的方法、有效的工具和团队的协作，不断提升对比分析的质量和效率，为项目的成功奠定坚实的基础。同时，要注重经验的积累和传承，使项目管理水平不断提高，更好地应对各种复杂的项目情况。只有这样才能在大型综合校园项目中实现进度、质量、成本等多方面目标的平衡和统一，打造出高质量的校园项目，为教育事业的发展做出积极贡献。

13.2.4 人料机资源的投入调整

在大型综合校园项目中，人料机资源的投入调整能够保障项目进度顺利推进。有效的资源投入调整能够应对各种不确定性和变化，优化项目执行效率，确保项目按时高质量完成。

在人料机资源投入调整过程中，需要综合考虑多方面因素。一方面要确保资源的合理利用和优化配置，避免资源的闲置和浪费；另一方面要充分考虑成本因素，在保证项目质量和进度的前提下，尽量降低资源投入成本。

项目管理团队要具备敏锐的洞察力和决策能力，能够及时发现资源投入方面的问题，并迅速制定有效的调整策略。同时，要加强与各个部门和团队成员的沟通与协调，确保调整方案能够得到顺利实施。

（1）人力资源

在项目进度受到影响时，对人力资源的合理调整至关重要。首先，需要对项目团队的人员结构和技能水平进行全面评估。了解每个岗位的职责和需求，以及团队成员的专业能力和工作负荷。当出现进度滞后等问题时，可以根据实际情况进行人员的重新调配。例如，将一些具有丰富经验和专业技能的人员从非关键任务转移到关键路径上的任务，以加快关键任务的推进速度。同时，可以考虑增加一些临时的专业人员或外部专家，为项目提供特定领域的支持和指导。

（2）培训和能力提升

为了适应新的任务需求和技术要求，可以组织针对性的培训，提升团队成员的技能水平和综合素质。这样不仅有助于提高工作效率，还能增强团队的应变能力和创新能力。

（3）人才激励机制

通过合理的薪酬体系、奖励制度和职业发展规划，激发团队成员的积极性和主动性，促使他们全力以赴地投入到项目工作中。当项目面临困难和挑战时，积极的激励措施能够凝聚团队力量，共同克服困难。

（4）材料资源调整

在项目进行过程中，可能会遇到材料供应不及时、质量问题或设计变更导致的材料需求变化等情况。为了应对这些问题，需要建立高效的材料采购和供应管理体系。比如与可靠的供应商建立长期稳定的合作关系，确保材料的及时供应和质量稳定。当需要调整材料资源投入时，要密切关注市场动态和价格波动，及时寻找替代材料或调整采购计划，以降低成本和保障供应。同时，要加强对施工现场材料的管理和监控，避免材料的浪费和损耗。优化材料的存储和保管方式，确保材料的性能和质量不受影响。

（5）机械设备资源

根据项目的不同阶段和任务需求合理选择和调配机械设备。在项目初期，可能需要大型的土方机械设备和基础施工设备；而在后续的结构施工和装修阶段，则需要不同类型的起重吊装设备。当进度计划需要调整时，要对机械设备的使用计划进行相应的调整。可以通过租赁、购置或调配其他项目的闲置设备来满足需求。同时，要加强对机械设备的维护和保养，确保其正常运行和工作效率。对于老化或故障设备，要及时进行维修或更换，以免影响项目进度。

13.2.5　进度计划调整的复盘总结

在大型综合校园项目的进度总控体系中，进度计划调整的复盘总结不仅能够帮助管理者从过往的经验中汲取教训，更能为未来的项目提供宝贵的参考和指导，确保项目能够更加高效、顺利地推进。

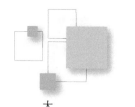

（1）梳理回顾

对每一次具体的调整事件进行细致的梳理和回顾。这包括深入分析导致进度计划需要调整的根本原因。可能是由于外部环境的变化，如政策法规的调整、突发的自然灾害等，这些不可抗力因素往往会对项目进度产生直接且重大的影响。例如，一场突如其来的暴雨可能导致施工现场积水，延误施工进度；或者政策的变动使得某些审批流程需要重新进行，从而打乱了原有的时间安排。内部因素如设计变更也是影响因素之一，比如在项目实施过程中，可能会发现原设计存在缺陷或不适应实际需求的情况，这就需要及时进行设计的修改和调整，进而引发一系列相关工作的时间变动。此外，施工过程中的质量问题、安全事故等也可能迫使进度计划做出调整来解决这些突发状况，确保项目的质量和安全标准得以维持。

（2）全面评估

当面对进度滞后的情况时，可能会采取增加人力投入的措施。这就需要评估增加人力是否真的有效解决了进度问题，是否引发了新的管理难题，如人员协调困难、工作效率降低等。同样地，调整施工工艺或改变施工顺序等措施也需要仔细分析其利弊。新的施工工艺可能会提高效率，但也可能带来技术风险；改变施工顺序可能加快部分工作的进度，但也可能对后续工作产生连锁影响。

（3）关注执行

在复盘总结中，还需要深入研究调整后的进度计划执行情况。即使作出了调整，也并不意味着一切都会按计划顺利进行。可能会出现新的问题或挑战，比如新增加的人力与原有团队的融合问题、新工艺在实际应用中遇到的困难等。这就需要我们密切关注执行过程中的每一个细节，及时发现并解决出现的问题，确保调整后的进度计划能够真正得以落实。

（4）团队沟通与协作

在调整过程中，信息的及时传递、准确理解和有效执行至关重要。如果存在沟通不畅的情况，可能导致决策失误、资源分配不合理等问题。例如，设计团队与施工团队之间如果沟通不到位，可能会导致施工人员按照错误的设计进行施工，从而造成返工和时间浪费。对沟通渠道的有效性、沟通频率、信息共享机制等方面进行深入反思，有助于建立更加高效的沟通模式，提升团队整体协作能力。

（5）风险评估与管理

在进度计划调整时，往往需要重新评估各种潜在风险。对于已经出现的风险，要分析其原因和应对措施的有效性；对于可能出现的新风险，要提前做好识别和应对预案。例如，在增加人力投入时，可能会面临新人员技术水平参差不齐的风险，对此需要提前制定培训计划和质量监控措施。通过对风险的深入分析，能够不断完善风险管理体系，提高项目应对风险的能力。

（6）组织管理

项目的组织结构、管理流程和决策机制在进度计划调整过程中都可能对结果产生影响。例如，决策流程过长可能导致调整不及时，影响项目进度；或者职责分工不明确可能导致在调整过程中出现推诿扯皮的现象。对组织管理方面的问题进行深入剖析，有助于优化项目的管理架构和运作机制，提高管理效率和决策的科学性。

（7）总结经验

在复盘总结的过程中，要详细记录每一个细节和发现的问题，并形成系统的报告和文档。这些文档不仅是对本次项目的总结，更是为后续项目提供的宝贵经验库。将这些经验教训分享给其他项目团队，可以避免他们重复同样的错误，促进整个组织项目管理水平的提升。

对大型综合校园项目进度计划调整的复盘总结是一个系统而全面的过程。它涉及项目的各个方面，包括原因分析、措施评估、执行情况跟踪、沟通协作、风险管理和组织管理等。通过深入的复盘总结，管理者能够不断积累经验，优化项目管理流程和方法，提高项目的成功率和效益。只有不断从经验中学习和改进，才能更好应对未来项目中出现的各种挑战，确保大型综合校园项目能够按时、保质地完成。

第 14 章

资源管理与协调

有效的资源管理确保了项目进度的持续性和稳定性，资源包括人力、物力、财力等多个方面，它们是项目得以顺利推进的基础。通过合理规划和调配资源，可以避免资源短缺或者浪费的情况发生。

14.1 资源管理协调

在大型综合校园项目中，施工单位正式全面施工之前的前期准备工作至关重要，这是确保后续施工能够顺利推进、高效进行的关键阶段。前期准备工作主要有以下六项：深化设计、样板施工、材料定样、品牌报审、材料下单、材料生产。

14.1.1 资源管理介绍

（1）深化设计

深化设计是整个项目的基础，它需要对原有的设计方案进行细致深入的剖析和完善。在这个过程中，需要投入专业的设计人员资源，他们具备丰富的经验和精湛的技能，能够根据项目的实际需求和现场条件，对设计图纸进行精确的调整和优化。例如，在某大型综合校园项目中，设计团队在深化设计阶段，对校园的建筑布局、功能分区等进行了反复论证和调整，确保了设计的合理性和可行性。同时，还需要为设计人员配备先进的设计软件和工具等资源，以提高工作效率和设计质量。

（2）样板施工

样板施工能够检验设计可行性和施工工艺。这一阶段需要调配高素质的施工人员资源，他们能够准确地按照设计要求进行样板的打造。同时，还需要提供充足的施工材料和设备资源，确保样板施工的顺利进行。比如，在一个校园图书馆项目中，为了打造高质量的样板间，专门抽调了经验丰富的木工、瓦工、油漆工等施工人员，同时配备了优质的木材、地砖、油漆等材料，以及相应的施工机具。通过精心施工，打造出的样板间充分展示了预期的效果，为后续全面施工提供了可靠的参考。

（3）材料定样

材料定样可以确保项目质量和风格统一。在这个过程中，需要组织专业的采购人员、设计师、建设单位、使用单位等共同参与，对各种材料进行严格的筛选和确定。他们需要考虑材料的性能、质量、外观、价格等多方面因素，以选择最适合项目需求的材料。例如，在校园景观项目中，对于地面铺装材料的定样，经过多次实地考察和对比，最终确定了一种既美观又耐用的石材，为整个校园景观增添了独特的魅力。

（4）品牌报审

品牌报审涉及与众多供应商和品牌的沟通与协调。这需要投入大量的时间和精力资源，与供应商进行深入的洽谈，了解他们的产品优势和服务保障。同时，还需要与相关部门进行沟通和协调，确保所选择的品牌符合项目的要求和标准。比如，在一个校园体育设施项目中，对于运动场地材料的品牌报审就与多家知名品牌进行了详细的沟通和评估，最终选择了一家在行业内口碑良好、产品质量过硬的品牌，为学生们提供了安全可靠的运动环境。

（5）材料下单

材料下单是将确定好的材料正式进行采购。这需要高效的采购管理资源，确保订单的准确性和及时性。需要有专人负责与供应商对接，明确材料的规格、数量、交货时间等细节。同时，还需要建立完善的跟踪机制，实时掌握材料的生产和运输情况。例如，在校园教学楼建设项目中，对于大量的建筑材料下单，采购团队通过精心组织和协调，与供应商建立了良好的合作关系，确保了材料按时、按质、按量送达施工现场，没有因为材料短缺而影响施工进度。

（6）材料生产

材料生产需要与供应商密切合作，督促他们按照要求进行生产。要投入监督和协调资源，及时解决生产过程中出现的问题。例如，在一个校园装饰装修项目中，对于定制家具的生产，项目组专门安排人员驻厂监督，确保生产工艺和质量符合要求。同时，与供应商保持密切沟通，及时调整生产计划，以满足项目进度的需要。

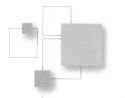

14.1.2　挑战应对及措施

在实际操作中，资源管理协调工作面临诸多挑战。不同工作之间可能存在资源竞争，深化设计阶段可能需要大量的设计人员，而此时样板施工也需要施工人员，这就需要合理调配资源，避免冲突。同时，可能会遇到资源短缺的情况，如某种关键材料供应不足，这就需要及时寻找替代资源或调整施工计划。此外，还可能存在沟通协调不畅的问题，导致信息不及时、不准确，影响资源管理协调的效果。

为了解决这些问题，管理团队可以采取以下措施。

（1）建立完善的资源管理计划，明确各项工作所需的资源类型和数量，以及资源分配的优先级。

（2）加强沟通协调机制，建立定期的会议制度和信息共享平台，确保各方面信息的及时传递和准确理解。

（3）提前做好风险预警和应对措施，针对可能出现的资源短缺等问题，制定相应的应急预案。

（4）不断优化资源配置，根据项目的实际进展情况，动态调整资源分配，以提高资源利用效率。

14.1.3　实际案例

以某大型综合校园项目为例。在前期准备工作中，项目团队高度重视资源管理协调。在深化设计阶段，组织了经验丰富的设计团队，采用先进的 BIM 技术，提高了设计效率和质量。在样板施工阶段，挑选了技术精湛的施工队伍，严格按照设计要求进行施工，确保了样板的质量。在材料定样阶段，通过多轮筛选和比较，确定了最合适的材料。在品牌报审阶段，积极调研市面品牌厂商，确保品牌符合要求。在材料下单和生产阶段，建立了严格的管理流程和跟踪机制，保证了材料的及时供应。通过有效的资源管理协调，该项目的前期准备工作顺利完成，为后续的全面施工奠定了坚实的基础。最终，项目按时、高质量地完成，得到了各方的高度认可。

14.1.4　总结

在大型综合校园项目中，六项前期准备工作期间的资源管理协调至关重要。只有通过科学合理的资源管理和协调，才能确保各项工作有序推进，为项目的成功实施提供有力保障。在实际工作中，管理者要不断总结经验教训，不断优化资源管理协调机制，以适应不同项目的需求。

14.2 高峰期的资源管理协调

在大型综合校园项目的实施过程中，随着工程的逐步推进，必然会在不同阶段迎来不同程度的施工高峰期。这些高峰期主要集中在主体施工阶段和精装施工阶段，而每个阶段所面临的情况和需求各异，因此对应的资源管理协调思路也有着显著的差别。

（1）主体施工阶段

在主体施工阶段，施工任务繁重，各项工作紧密交织。为了确保施工高峰期间的进度能够快速推进，采用"用空间换时间"的策略是极为有效的。在这个策略中，抢出关键的一些裙楼屋面具有至关重要的意义。

例如，在一个大型综合校园项目的主体施工中，施工团队提前规划，集中优势资源优先攻克几处关键的裙楼屋面。通过高效的组织和协调，这些屋面在较短的时间内顺利完成，从而为后续的施工材料堆放创造了良好的条件。随之带来的优势是：大量的建筑材料可以有序地堆放，塔式起重机等机械设备能够在更大的范围内灵活调配，不同工种的施工人员可以更加自由地安排工作流程。这样的安排使得整个施工现场呈现出一片忙中有序的景象，施工进度得以快速推进。而且，这种"用空间换时间"的策略还能够带来一系列连锁反应。一方面，它增强了施工团队的信心和士气，让大家看到了高效协作和合理规划所带来的成果；另一方面，它也为后续的施工阶段奠定了坚实的基础，使得整个项目能够保持良好的发展态势。

（2）精装施工阶段

精装施工阶段涉及的交叉施工较多，这对资源管理协调提出了更高的要求。在这个阶段，为了确保施工高峰期间的进度快速推进，可以选择"用效率换时间"的策略。精装阶段的施工往往具有复杂性和精细化的特点，需要各方面的工作紧密配合。当遇到需要快速推进的施工任务，却发现现场不完全具备条件，难以高效连续作业的时候，就需要施工单位协调资源，不能按部就班地进行。这意味着不能完全按照常规的顺序和节奏来安排工作，而是需要根据实际情况灵活调整。

具体来说，施工单位需要通过打开工作点来创造更多的作业机会。这可能包括提前进行一些准备工作，或者打破传统的施工顺序，优先开展一些关键工序。通过这样的方式，可以逐步形成完整的工作面。虽然在这个过程中

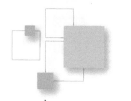

可能会因为打破常规而导致一定的效率降低，但从整体上看，却能够实现施工高峰期间的全面快速推进。例如，在进行室内精装修时，可能需要同时进行墙面涂料、地面铺设、灯具安装等多项工作。如果按照正常的顺序依次进行，可能会因为某一项工作的延误而影响整个进度。但如果通过合理的协调，同时打开多个工作点，让不同工种的施工人员同时进场作业，就可以在较短的时间内形成较为完整的工作面，从而大大提高施工效率。

在实施"用效率换时间"策略的过程中，沟通协调显得尤为重要。施工单位需要与各个分包商、供应商保持密切的联系，及时了解他们的资源配备情况和工作进展。同时，还需要与设计单位、监理单位等进行充分的沟通，确保各项工作符合设计要求和质量标准。此外，施工现场的管理也需要更加精细化。要合理安排施工人员的工作时间和工作任务，确保每个人都能够发挥出最大的效率。同时，要加强对施工现场的监督和检查，及时发现并解决可能出现的问题。

（3）高峰期

为了更好地实现高峰期的资源管理协调，还需要建立一套完善的管理机制。

1）明确各部门、各岗位的职责和权限，确保在资源管理协调过程中能够各司其职、协同作战。

2）建立资源调配的决策机制，当出现资源冲突或不足时，能够及时做出科学合理的决策。

3）建立有效的激励机制，鼓励施工人员和管理人员在高峰期积极工作，为项目的快速推进贡献力量。

在实际的项目实施过程中，我们可以看到许多成功运用这些策略的案例。比如，在某个大型校园的图书馆精装施工中，施工单位通过合理规划和协调，提前抢占了一些关键的工作区域，为后续的施工创造了良好的条件。同时，在遇到交叉施工问题时，通过灵活调整施工顺序，打开多个工作点，成功地提高了施工效率，确保了施工进度的快速推进。又如，在一个校园体育馆的精装施工中，施工单位通过与各方面的密切沟通和协调，有效地解决了资源短缺和交叉施工等问题，实现了高峰期的高效施工。

在大型综合校园项目的施工高峰期，资源管理协调是至关重要的。在实际操作中，需要施工单位充分发挥主观能动性，结合项目的实际情况，灵活运用这些策略，并通过建立完善的管理机制，加强沟通协调和现场管理，确保资源的合理配置和高效利用。同时，不断总结经验教训，不断优化资源管理协调机制，以适应不同项目的特点和需求，为打造更多高质量的大型综合校园项目贡献力量。只有这样，才能在施工高峰期实现项目的快速推进，为大型综合校园项目的成功建设奠定坚实的基础。

（4）总结

在未来的大型综合校园项目建设中，随着技术的不断进步和管理理念的不断更新，资源管理协调也将面临新的挑战和机遇。管理者需要不断学习和借鉴先进的经验和技术，不断创新和完善资源管理协调的方法和手段，更好地适应时代发展的要求。

第 15 章

团队建设与培训

进度推进的决策层是建设单位,执行层是监理单位或全咨单位,具体的
实施层是施工单位,其中最为关键的是各个单位的管理团队。各单位团队的
建设与培训能够有效推进大型综合校园项目的进度。

15.1 团队组建与责任明确

大型综合校园项目的成功实施需要一个高效协作的团队。在团队组建的
过程中,需要全面、综合地考虑众多方面的因素,确保团队成员具备多样化
的技能、丰富的经验以及良好的合作精神,最终才能使项目成功实施。

15.1.1 专业技能和知识领域

(1)项目管理,控制整个项目的统筹安排和有序推进;

(2)工程技术,项目高质量完成的技术保障;

(3)设计规划,影响项目的整体布局和功能实现;

(4)造价预算,对项目的成本进行全面控制;

(5)质量控制,影响项目最终呈现的品质;

(6)安全管理,确保项目安全无虞地进行。

基于这些明确的需求,管理者需要从不同的专业领域选拔出优秀的人
才,组建成一个跨学科、跨专业的团队。

15.1.2 人员选拔条件

(1)坚实的专业功底

选拔人员在自己所属的专业领域内需要有深入的理解和熟练的技能运用

能力，能够应对各种复杂的专业问题。

（2）问题解决能力

需具备较强的问题解决能力，在面对项目实施过程中出现的各种难题时，能够迅速分析并找到有效的解决方案。

（3）沟通能力

需具备良好的沟通能力，能够与团队其他成员进行顺畅、高效的信息交流和协作。

（4）创造与创新能力

大型综合校园项目往往会面临各种复杂多变的情况和问题，这就需要团队成员能够具备创造性思维，能够创新性地提出解决问题的方案。

（5）团队合作精神和责任心

一个真正优秀的团队成员应该能够积极主动地与他人开展合作，展现出强烈的团队意识和协作意愿，而不是单打独斗。在共同攻克项目中的难题时，能够充分发挥自己的优势，同时积极配合他人，形成合力。并且，他们应该对项目的成功充满热忱和责任感，将项目的成功视为自己的使命，愿意全力以赴地为实现项目目标付出艰辛的努力，不计个人得失。这种对项目的高度热情和责任感会转化为强大的动力，推动项目不断向前发展。

15.1.3　责任划分

一旦团队成功组建完毕，接下来就需要明确地划分每个成员的责任和角色。清晰明确的责任划分具有多重重要意义，它有助于避免在工作中出现相互推诿、扯皮的不良现象，让每个成员都清楚知道自己的职责范围，从而减少不必要的内耗和冲突；同时也能极大地提高工作效率，让成员们能够专注于自己的任务，高效地完成工作。

（1）项目经理

项目经理作为团队的核心领导者，应负责整个项目的策划、组织、协调和控制等关键工作，要确保项目始终按照既定的计划和目标稳步推进，及时解决出现的各种问题和风险。

（2）专业工程师

各专业工程师应负责各自领域的技术工作，他们需要凭借自己的专业知识和经验，确保工程的质量达到标准要求，同时严格把控工程的进度，确保项目按时完成。

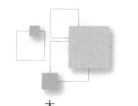

（3）造价人员

造价人员负责项目的成本控制和预算管理，需要精细地核算项目上的每一项开支，确保项目在预算范围内顺利完成，避免出现成本超支的情况。

（4）安全管理人员

安全管理人员则肩负着确保施工现场安全的重大责任，要时刻保持警惕，防范各类安全事故的发生，为项目的顺利进行提供安全保障。

15.1.4　建立流程机制

除了明确个体的责任，还需要建立起清晰、规范的团队工作流程和协作机制。

（1）制定详细工作计划，将项目分解为一个个具体的任务，并合理地分配给各个成员。

（2）建立进度跟踪机制，及时了解项目的进展情况，以便及时发现问题并采取相应的解决措施。

（3）完善问题反馈和解决机制，确保团队成员能够及时将遇到的问题反馈给相关人员，并得到迅速有效的解决。

通过建立这样一套规范的工作流程，团队成员能够清晰地知晓自己的工作任务和工作要求，从而能够更加有条不紊地发挥自己的能力，为项目的成功贡献力量。

15.1.5　团队发展

为了促进团队的融合协作，可以通过组织一系列的团队建设活动来促进团队提升凝聚力和合作精神，实现团队激励与增效。

（1）团队拓展训练

通过各种挑战性的项目和游戏，增进团队成员之间的相互信任和协作能力；技术交流研讨会，让成员们有机会分享自己的专业知识和经验，互相学习、共同进步。

（2）项目经验分享会

通过总结和分享项目实施过程中的成功经验和教训，让团队成员能够从中汲取智慧和力量。通过这些活动，能够极大地增进团队成员之间的了解和信任度，提高团队的凝聚力和战斗力，使团队成为一个真正团结、协作、高效的集体。

（3）建立激励机制

激励机制可以包括物质奖励，如奖金、奖品等，让团队成员能够切实感受到自己的努力和付出得到了回报；也可以包括精神奖励，如晋升、表彰等，满足团队成员的精神需求和成就感。通过合理的激励措施，能够激发团队成员的工作热情和积极性，让他们更加全身心地投入到项目工作中，为项目的成功全力以赴。同时，也可以积极鼓励团队成员提出新的想法和建议，对于那些具有价值的创新给予充分的奖励和支持，营造一个鼓励创新的良好氛围。

（4）培训和能力提升

随着项目的推进和技术的不断发展，团队成员的知识和技能也需要不断地更新和提高。通过对成员进行培训和能力提升可以保持团队的竞争力，使团队始终能够适应项目的需求和发展。

1）内部培训，由团队内部的专业人员或经验丰富的成员进行知识和技能的传授；

2）外请专家授课，引入外部的先进理念和技术；

3）参加行业会议，让团队成员有机会接触到最新的行业动态和技术成果，不断学习和成长。

15.1.6　总结

团队的组建和责任的明确是大型综合校园项目成功实施的关键环节。通过精心的团队组建，可以选拔出具备专业技能、丰富经验和良好合作精神的成员；通过明确的责任划分和规范的工作流程，可以建立起高效的协作机制；通过积极的团队建设活动、良好的激励机制以及持续的培训和提升，能够打造出一个卓越的团队，为大型综合校园项目的成功奠定坚实的基础。在这个过程中，每一个环节都需要项目管理者高度重视和精心策划。只有这样，才能真正实现团队的高效运作，推动项目的顺利完成。

15.2　信息的沟通、决策与快速响应机制的制定

在大型综合校园项目中，构建高效的进度总控体系至关重要，其中信息的沟通、决策与快速响应机制能够确保项目顺利推进。

15.2.1　信息沟通

定期的项目会议、工作报告、邮件沟通和即时通信工具是较为常见的信息沟通渠道。通过完善信息沟通渠道，可以有效帮助团队实现信息共享和交流互通。

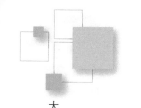

（1）项目会议

在项目启动会上，要明确项目的目标、范围、关键节点和各部门的职责，让所有参与人员对项目有清晰的认识。周例会则侧重于本周工作的总结和下周计划的安排，及时协调解决出现的问题。月例会可以对项目进行阶段性回顾，评估进度是否符合预期，是否需要调整策略。而专题会议则针对特定的技术难题、风险问题或重大变更进行深入探讨和决策。除了常规的项目启动会、周例会、月例会和专题会议外，还可以根据实际需要组织临时的紧急会议。

（2）工作报告

除了工作任务完成情况、遇到的问题和解决办法、下一步工作计划等基本内容外，报告还可以包括个人的工作心得、对项目的建议以及与其他团队成员的协作情况等。项目经理不仅能通过报告了解项目的具体进展，还能掌握团队成员的工作状态和想法，有助于更好地协调和管理团队。

（3）邮件沟通

为了确保邮件沟通的有效性，可以制定邮件沟通规范，如明确邮件的主题、格式、收件人范围等，避免邮件的混乱和遗漏。

（4）即时通信

即时通信工具则适用于一些紧急的问题和事务的快速沟通和协调。团队成员可以通过即时通信工具随时随地进行交流，提高沟通效率。

（5）其他方式

建立专门的项目信息平台，团队成员可以在上面实时更新项目进展、提出问题和分享经验。这样不仅能提高信息的透明度和共享性，还能方便成员随时查阅和跟进。

在信息沟通的过程中，准确性和一致性至关重要。为此，需要建立严格的信息审核机制。对于重要信息，应由专人进行审核和确认，确保信息的真实性和可靠性。同时，要建立信息反馈机制，让信息发送者能够及时了解信息是否被正确接收和理解。如果出现信息传递错误或不及时的情况，要及时进行纠正和补救，避免对项目造成不良影响。

15.2.2　决策

在大型综合校园项目中，科学合理的决策机制必不可少。

（1）决策主体

决策主体不仅包括项目管理团队，还应广泛吸纳相关专业人员、利益相关者等参与。例如，在涉及技术方案的决策时，应邀请技术专家参与讨论和评估；在涉及资金使用的决策时，应征求财务人员的意见。这样可以从多个角度综合考虑问题，提高决策的科学性和合理性。

（2）决策流程

决策流程要明确清晰，从问题的提出到方案的制定、评估，再到决策的做出，每个环节都要有明确的责任人和时间节点。在问题提出阶段，要确保问题的准确性和完整性，避免模糊不清或片面的问题描述。方案的制定要充分考虑各种可能的情况和因素，制定多个备选方案。方案的评估要从技术可行性、经济合理性、风险可控性等多个方面进行综合考量，选出最优方案。决策的做出要基于充分的讨论和分析，避免个人主观意见的过度影响。

（3）决策依据

决策依据要基于准确的信息和数据。这就需要建立完善的数据收集和分析体系，及时收集项目的进度、质量、成本、风险等方面的数据，并进行深入分析。同时，还要考虑项目的战略目标、利益相关者的需求和期望等因素。例如，如果项目的战略目标是打造一个具有创新性和示范性的校园，那么在决策时就要更加注重创新和示范效果，而不仅仅是成本和进度。

（4）决策效率

为了提高决策效率，可以采用一些决策支持工具和方法。德尔菲法通过多轮匿名问卷调查和反馈，收集专家意见，从而得出较为准确的决策建议。层次分析法将复杂的决策问题分解为多个层次和因素，通过两两比较确定各因素的权重，从而进行综合评价和决策。决策树则通过构建决策树模型，直观地展示各种决策路径和结果，帮助决策团队做出更合理的决策。

15.2.3　快速响应机制

快速响应机制是应对项目中突发情况和问题的关键。

（1）建立有效的监测系统与风险预警机制

通过传感器、监控设备等手段实时监测项目的各个方面，如施工现场的安全状况、设备的运行状态等。同时，要建立风险预警机制，根据监测数据和历史经验，设定预警指标和阈值，一旦超过阈值就及时发出预警信号。

（2）预警响应

预警信号发出后，相关人员要迅速响应。这就需要明确响应的责任人和流程，确保每个人都知道自己在紧急情况下的职责和任务。响应团队要迅速制定解决方案，并及时组织实施。在制定解决方案时，要充分考虑各种因素，如时间紧迫性、资源可用性、风险可控性等。同时，要与相关部门和人

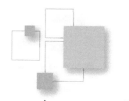

员进行充分沟通和协调，确保方案的可行性和有效性。

（3）跟踪评估

在问题解决过程中，要对解决过程进行跟踪和评估。及时了解方案的实施情况和效果，发现问题及时调整和改进。同时，要对问题产生的原因进行深入分析，总结经验教训，避免类似问题的再次发生。对于一些重大问题，要进行专门的复盘和总结，将经验教训纳入项目知识库，为后续项目提供参考。

（4）应急能力

在快速响应机制的实施过程中，团队成员的高度责任感和应急处理能力至关重要。要通过培训和演练等方式，增强团队成员的应急意识并提高处理能力。让他们能够在紧急情况下保持冷静，迅速做出正确的判断和决策。同时，要加强团队成员之间的协作和配合，形成合力共同应对突发情况。

（5）应急资源

此外，建立应急资源储备机制也是必不可少的。应急资源包括人力、物力、财力等方面。要根据项目的特点和可能出现的突发情况，合理储备应急资源。例如，储备一定数量的抢险设备、物资和人员，确保在突发事件发生时能够迅速投入使用。同时，要建立应急资源的调配机制，确保资源能够快速、准确地调配到需要的地方。

15.2.4 总结

大型综合校园项目进度总控体系中的信息沟通、决策与快速响应机制是一个相互关联、相互促进的整体。只有建立完善的信息沟通渠道，制定科学合理的决策机制，构建高效的快速响应机制，才能确保项目的顺利推进，实现项目的目标和效益。在实际项目管理中，要不断总结经验教训，持续优化和改进这些机制，以适应不断变化的项目需求和环境。

15.3 阶段性总结分享与知识沉淀

在大型综合校园项目的实施过程中，阶段性总结分享就像是项目前行道路上的一盏明灯，为项目实施发挥着指引作用。通过开展阶段性总结，我们能够及时且全面地回溯项目的进展情形，敏锐地洞察其中所存在的各种问题与不足之处。不仅如此，还能深度总结过往的经验教训，从而为接下来的工作提供极具价值的引导与可借鉴的依据。

15.3.1　阶段性总结

阶段性总结应当有规律地实施，一般来说，可以按照项目的具体阶段进行细致划分，比如设计阶段总结、施工阶段总结、竣工验收阶段总结等。

（1）全面回顾

在每一次的总结流程中，都需要全方位、无死角地回顾该阶段的工作内容。从宏观的布局到微观的细节，每一个环节都不容忽视，确保对工作内容有一个清晰且完整的认知。

（2）评估成果

要认真审视所取得的工作成果，客观公正地评估实际成效与预期目标之间的差距，明晰成果背后的优势与不足。还要仔细梳理遇到的问题以及与之对应的解决办法，这些都是在项目实践中积累的宝贵财富，它们将成为后续工作避免重蹈覆辙的重要参考。

（3）总结经验

从成功的案例中汲取精华，从失败的经历中吸取教训，这些智慧的结晶将为项目的后续推进奠定坚实的基础。

（4）团队分享

团队成员在这个过程中应当秉持积极主动的态度，踊跃地参与到阶段性总结中来，毫无保留地分享自己在该阶段的工作经验以及内心的心得体会。通过这样的分享，能够强有力地促进团队成员之间的相互学习与深入交流。因为每个成员都有其独特的视角和经验，当这些丰富多样的信息相互交融碰撞时，必然会绽放出智慧的火花。如此一来，便能有效提升整个团队的业务水平和工作能力。大家可以在这种交流互动中汲取他人的长处，弥补自身的短板，从而实现共同成长与进步。

15.3.2　知识沉淀

在扎实的阶段性总结基础之上，知识的沉淀工作显得尤为重要。管理者需要将项目中积累的丰富经验教训、先进的技术方法以及行之有效的管理模式等进行细致的整理和系统的归纳，进而构建起一个具有系统性的知识体系。这些知识宛如一座珍贵的宝库，能够为后续的项目提供无比珍贵的参考。这样可以避免在相似的问题上再次犯错，极大地提高了项目管理的效率和质量。知识的沉淀并非一蹴而就，而是需要持续不断地努力和积累。

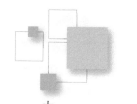

（1）建立项目知识库

知识的沉淀可以通过多种多样的方式得以实现。建立项目知识库就是一种极为常见且行之有效的途径。在这个知识库中，将项目中的各类文档、报告、经验教训等进行分类整理和妥善存储。团队成员可以在任何时候方便地查阅和深入学习知识库中的内容，从而快速获取自身所需的知识和信息，就如同拥有了一个随叫随到的智能知识库。无论是在项目推进过程中遇到难题，还是在日常的学习提升中需要参考，知识库都能提供有力的支持。

（2）编写项目案例和经验分享报告

详细地阐述和深入分析项目中的成功案例和所经历的经验教训。这些案例和报告不仅可以作为内部培训的生动教材，让新成员能够更快地了解项目的特点和要求，掌握关键的知识和技能，还可以在行业内进行广泛的交流和分享。通过这种方式，能够提升团队的影响力和知名度，展示团队在大型综合校园项目实施过程中的卓越能力和丰富经验。

（3）知识传承和推广

通过内部培训、师徒制等多种方式，将沉淀下来的知识传授给新入职的员工和后续的项目团队。让他们能够在短时间内快速掌握项目管理的核心知识和技能，从而更好地投入到工作中，提高项目的实施效率和质量。新员工通过吸收这些宝贵的知识，能够迅速适应项目的节奏和要求，为项目的顺利推进贡献力量。

（4）建立知识更新机制

随着项目的不断推进以及技术的持续发展，知识也需要不断地更新和完善。我们要定期对知识库中的内容进行严格审查和及时更新，确保知识的时效性和准确性。只有这样，知识库才能始终保持其应有的价值和实用性，为项目的持续发展提供源源不断的动力。

15.4 结论

团队建设与培训是大型综合校园项目进度总控体系的重要组成部分。通过团队的组建与责任的明确、信息的沟通与决策机制的制定、阶段性总结分享与知识的沉淀，能够极大地提高团队的凝聚力和战斗力。让团队成员们紧密团结在一起，为了共同的目标而努力奋斗。确保项目能够顺利实施并高质量地完成，为校园的建设和发展贡献力量，创出更加美好的校园环境和教育资源。

第五篇

大型综合校园项目
进度总控要点与方法

第16章

进度总控要点

大型综合校园项目工程进度的影响因素是多方面的。例如人为因素、材料和设备因素、资金因素、技术因素、地理环境因素、场地因素、现场临时变动等。

影响建筑工程进度的因素中最重要的就是人为因素。此外，不只是施工单位，凡是与工程建设相关的单位，其工作进度的滞后必将对施工进度产生影响。例如人力配置的不平衡、物资供应的不及时、周转材料的不充分等，都将对施工进度造成影响。另外，现场施工机具过多，资源浪费，会造成堵塞现场，秩序混乱的情况；机具过少，资源闲置，会导致施工效率降低，影响施工进度。

更多影响因素例如：充裕的资金是确保施工顺利进行的必要条件，资金不足或到位不及时，都会延缓施工进度，这时建设单位就应提前做好资金计划，按合同约定每月按时支付给施工单位。施工单位在确保专款专用的前提下及时采购施工所需物资、设备及支付劳务工资等，避免因资金不足，导致材料、设备采购滞后，或因劳务工资支付不及时导致停工等不良后果，进而对施工进度产生不利影响；再如施工方法不当、技术力量薄弱、计划欠缺周密、管理能力弱、解决问题慢、招标设计粗、设计变化大、进程变更多、不熟悉规范与工艺标准、无法统筹全局以及由于土建施工对环境依赖性极大，气候，地质、水文等变化都会对施工进度造成影响，建设单位、设计单位、全咨单位（或监理单位）及施工单位要相互协作配合，尽量避免或消除这些问题。

要解决以上问题，可以从人、机、料、法、环五大生产要素进行分析。

16.1 "人"的因素及管理要点

"人"就是指在施工现场的所有人员，包括各参建单位的决策层、实施层的管理人员，班组长、生产工人、搬运工人等一切在现场的施工人员。现场中的"人"，对大型综合校园项目整个施工过程和施工时的注意事项是否了解，其中管理人员应该具备哪些能力、各施工阶段各种人员数量如何保证、班组长职责是什么、工人何时应在何处等。许多时候因人力不足而导致大量工作面受限从而影响施工进度；又或者人员技术水平不足，因某一道工序迟滞，导致施工进度滞后；再或者不能恪守个人职责，进度计划今日复明日，直接影响现场施工进度等。

除了人力资源管理外，人的管理办法也尤为重要。人的性格特点千差万别、技术水平参差不齐，对工作的态度，对工程进度的把握，对产品质量的理解就会各有千秋。有的人崇尚慢工出细活；有的人盲目追求效率至上；有的人内向守旧，遇事自我消化，但较难接受新知识、新事物；有的人开朗外向，做事积极主动，但可能会对工作时的专注度造成影响。那么，作为领导者，领导下属应当"对症下药"，对不同性格的人用不同的方法，使他们能"人尽其才"。发掘性格特点的优势，削弱性格特点的劣势，做到能够善于用人。

"人"的管理是生产管理中最大的难点，也是目前所有管理理论中讨论的重点，同时"人"的管理也是施工进度管控的首要因素。

16.1.1 施工总承包单位的招采

施工总承包单位作为项目施工过程中负责具体施工的总指挥者、组织者、协调者和实施者，需要具备优秀的管理能力。通常要经过严格筛选才能最终确定。选择总承包单位的条件和要求包括以下方面。

（1）资质要求

企业资质：具备国家规定的施工总承包相应等级资质，如建筑工程施工总承包特级、一级、二级等。资质等级应与招标项目的规模和复杂程度相适应；具有有效的安全生产许可证，确保在施工过程中能严格遵守安全规范，保障施工安全。

人员资质：项目经理应具有相应专业的注册建造师执业资格证书，具备丰富的项目管理经验，有类似规模工程的成功管理案例；技术负责人，具备相关专业高级技术职称，熟悉工程技术规范和标准，能有效指导施工技术工

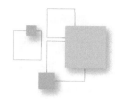

作；其他关键岗位人员如施工员、质量员、安全员、资料员等应具备相应岗位证书，且有一定的工作经验。

（2）业绩要求

类似项目业绩：要求总承包单位在过去一定年限内（如近五年）承担过类似规模和性质的施工总承包项目。业绩应具有良好的质量评价和履约记录，以证明总承包单位有能力胜任项目。

获奖情况：总承包单位所承担的项目获得过国家级、省级、市级优质工程奖项或安全文明示范工地奖项等，可作为加分项，体现其施工管理水平和质量控制能力。

（3）财务要求

财务状况良好：要求总承包单位的净资产、资产负债率等财务指标符合一定要求，确保其在项目实施过程中有足够的资金保障。一般可通过提供近三年经审计的财务报表，包括资产负债表、利润表、现金流量表等，以证明总承包单位具有稳定的财务状况和较强的资金实力。

资金垫付能力：根据项目实际情况，可能要求总承包单位具备一定的资金垫付能力，以保证工程进度不受资金短缺的影响。

（4）技术要求

施工组织设计：总承包单位应编制详细的施工组织设计，包括施工方案、施工进度计划、质量保证措施、安全保证措施、环境保护措施等。施工方案应科学合理、技术先进，符合工程实际情况和相关规范标准要求。

技术装备：具备满足项目施工需要的技术装备和施工机械，如塔式起重机、混凝土搅拌站等，确保施工效率和质量。

技术创新能力：鼓励总承包单位在施工过程中采用新技术、新工艺、新材料，提高工程质量和施工效率，降低工程成本。

（5）信誉要求

良好的商业信誉：总承包单位在市场经营活动中应无不良行为记录，如违法违规行为、重大质量安全事故、拖欠农民工工资等。可以通过查询信用中国、国家企业信用信息公示系统等平台，了解总承包单位的信用状况。

履约能力：有良好的履约记录，能够严格按照合同约定履行义务，按时完成工程建设任务。

总之，施工总承包单位的招标采购要求应根据项目的具体情况进行合理设置，以选择到具备实力、信誉良好、能够高质量完成工程建设任务的施工总承包单位。同时建设单位应在招标文件中明确招标内容、工期、质量、安全目标等等相关内容，便于施工总承包单位在应标过程中可以针对性地进行人员安排及相关部署。

16.1.2　劳务单位招采管理要点

　　劳务单位选择会影响总体施工进度管控。劳务单位的招采主要由施工单位进行，但应符合建设单位的要求，如应选择信誉良好的劳务单位，进场后应能配合建设单位及施工单位对所有工人定期进行产业培训等要求。每个项目进场时会根据施工合同、施工图纸等文件编制施工总进度计划，进而根据施工总进度计划及施工图纸、作业工程量编制劳动力计划。通过劳动力计划可以确定各工种在各施工阶段需要的作业人员数量，从而提前进行劳务单位的招采工作。而在劳务单位招标时除了需要明确各施工阶段各工作作业人员数量要求外，还需要在劳务招标文件中明确该项目的管理目标和施工技术方法，管理目标如：工期目标、质量创优目标、安全文明施工目标等；施工技术方法如：模板采用木模板还是铝模、架体采用扣件式钢管脚手架还是轮扣架、外架采用钢管悬挑架还是爬架等。上述内容均需在劳务单位招标文件中进行明确体现。避免合同签订后因合同约定不明确、进场的劳务作业人员不能满足作业规范要求而导致总体工期延误。

　　（1）项目施工地点对招标的影响

　　编制劳务单位招标文件时，必须明确本项目的施工地点，因为不同的施工地点对劳务施工单位的作业习惯、差异影响非常大。例如有些劳务单位的劳务作业人员大部分是北方人，习惯在北方作业，假设施工地点在广州、深圳等南方城市，若仍选择该单位，则会造成劳务作业人员水土不服且人员调动困难、调动成本高等影响。出现在北实力强劲，声誉卓著，南下力不从心，难以企及的现象。反之亦然，南工北上亦会存在上述问题。可见，招标时明确施工项目地点是非常必要的。

　　（2）工期目标对招标的影响

　　根据施工总承包合同约定的总工期日历天进行工期分解，从而制定各阶段各个工种需要进场的施工人员数量，并在劳务单位招标文件中予以明确。如果招标文件中未明确各阶段各个工种需要进场的施工人员数量要求，劳务单位进场后往往会优先考虑最节约成本的方式进行劳务作业人员数量安排，这种安排方式有时很难满足总体施工进度要求，从而影响总体施工进度。为了避免施工过程中某个或多个工种在某个或多个施工阶段人员数量不足，在劳务单位招标文件中必须根据项目需求明确各个施工阶段各个工种的人员数

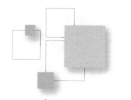

量要求。这样在项目施工过程中,施工总承包单位才能更好地对人力资源进行合理分配,可以根据实际施工需求及时对人力资源进行调整,有效减少劳务单位的制约因素,更有利于对项目总体施工进度管控。

(3)质量创优目标对招标的影响

在劳务单位招标文件中需明确质量管理目标,该管理目标不仅要满足施工总承包合同中质量管理目标要求,同时还需满足施工单位管理目标要求。大部分项目建设单位对质量要求较高,制定的质量目标较高,施工单位若无制定更高质量目标的需求,则在编制劳务单位招标文件时质量管理目标即可直接按施工总承包合同约定的质量管理目标要求进行编制;而有一些项目,建设单位对质量管理要求较宽松,施工总承包合同中质量管理未提有特别要求,但施工单位有意将此项目打造成区域的亮点项目、标杆项目,施工单位的质量管理目标便往往会高于施工总承包合同质量管理目标要求,则在制定劳务单位招标文件时,质量管理目标就要以施工单位管理目标为准。

不同的质量管理目标对劳务单位选择也尤为重要。大部分劳务单位都有自己执操过创高优项目的"王牌"班组,如:"鲁班奖""国家优质工程奖"等,但一般劳务单位所有"王牌"班组的数量都较有限,甚有未参与创高优项目的班组,同时"王牌"班组的劳务作业费用较普通班组高很多。如果劳务招标文件中未明确质量管理目标,施工过程中劳务单位一般会选择施工成本较低的普通班组,达到最大的营利目的。这时,如果项目质量管理目标以创"鲁班奖""国家优质工程奖"等为创优目标,一般普通班组无法满足创优要求,则必须更换劳务班组。而更换"王牌"班组,势必会增加劳务作业费用从而导致施工成本增加,同时更换班组后,班组需要重新熟悉项目施工现场、施工图纸及管理要求等现场情况,会对进度管控造成一定影响。在班组调整过程中如果选择的劳务单位的"王牌"班组有作业任务,无法调离,这时势必要更换劳务单位,更换劳务单位需重返招标流程,再次招标往往时间较长,则会严重影响项目施工进度;假设选择的劳务单位是没有参与过创高优项目的"王牌"队伍,也需要更换劳务单位,重走招标流程,便会对整个项目进度总控管理非常不利。所以编制劳务单位招标文件时必须提前明确的质量管理目标。

(4)安全、文明施工管理目标对招标的影响

安全、文明管理目标一般为:

1)无死亡、重大机械安全事故;

2)因工轻伤事故率小于3%;

3）无重伤事故发生；

4）施工现场安全达标率100%；

5）危险性较大工程合规管理100%；

6）无重大交通事故。

安全、文明创优目标一般分为市级、省级和国家级。项目安全、文明施工目标不同，则对应施工措施及费用投入相差甚远。

每个项目都有安全、文明施工措施费用，而安全、文明施工措施费用往往会放到劳务单位施工合同中，给到劳务施工单位。劳务单位往往会把这部分费用作为盈利点，施工时压缩安全、文明施工措施费用的投入，如果劳务招标合同中对项目安全、文明施工措施费用投入没有明确约定，将很难对劳务单位进行有效约束。

安全、文明施工管理通常仅需要投入基础安全、文明施工费用即可满足要求，若安全、文明施工管理需要实现创优目标则需投入大量的标准化安全文明防护措施及安全标语，并且需要定期进行维护；同时现场材料堆码需整齐有序，需要增加大量材料清理、堆码人员；现场临时施工道路，需每天清扫、洒水湿润，保持清洁。每项工作均需增加大量人力、物力，从而增加劳务成本，如果劳务合同中没有明确约定，劳务单位会大量减少该部分投入，导致项目很难实现安全、文明管理目标，甚至不能满足安全、文明管理基本要求，从而导致政府部门给予停工整改的要求等情况出现，影响现场进度总控管理。

16.1.3 施工过程管理要点

（1）施工单位管理

施工单位应组建以项目经理为首的项目部，配备相应的项目管理人员，包括但不限于：项目经理、项目书记、技术总工、生产经理、质量总监、安全总监、机电经理、商务经理、物资经理、施工员、质检员、技术员、安全员、试验员、测量员、资料员、预算员等，按项目管理需求及相关文件要求设置各个职能部门。并明确各自的工作职责及责任分工，避免施工管理过程中个别"人"因为工作职责不明确或责任分工不明确，从而导致出现"工作推诿""偷奸耍滑""消极怠工"等现象。

项目经理岗位职责：

1）根据公司法人授权，代表公司负责对项目的全面管理，组织建立、保持和持续改进项目管理体系，对项目的成本、施工质量、环境、职业健康

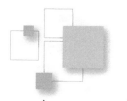

安全管理、工期等全权负责。

2）组织贯彻执行国家工程建设有关的法律法规和标准规范，实施公司总部的管理方针，管理体系文件和规章制度，维护公司的合法权益。

3）参与组织编制并组织实施《项目实施策划书》等项目策划文件，参与项目管理目标的制定，并组织管理目标在项目的分解和落实；按批准的项目策划文件的要求落实所需机械设备，生产设施、检测设备、资金、人员等资源。

4）按公司《项目管理手册》要求，安排编制并审核本项目的《项目环境管理计划书》《职业健康安全管理计划书（CI 管理计划书）》并组织实施。

5）在授权范围内，组织分包方、供应商的选择，签订分包合同，采购合同并组织对分包方、供应商的考核。

6）在授权范围内，与业主、设计、分包方、供应商等有关单位协调解决项目施工中出现的问题。

7）审批、签发以项目部名义发布的公文，分包合同、采购合同等。

8）负责项目成本控制，保证成本控制目标的圆满完成，审核分包方、供应商付款单，按授权审核或批准日常费用借款、报销。

9）参与事故的调查处理，并组织实施有关的纠正和预防措施，主持项目月度、季度经济活动分析会。

10）组织工程竣工验收，组织编写施工总结，督促商务部做好工程结算。

项目书记岗位职责：

1）负责项目党支部团队建设、氛围营造、思想引导等工作。

2）定期组织召开班子会，加强班子沟通与协作，落实"三重一大"决策制度。

3）负责职工培训方案制定，导师带徒计划及落实工作。

4）负责项目职工创先争优评选工作。

5）负责项目 CI、对标竞赛、群众路线实践、谈话交流制度落实、劳务实名制监督管理、效能监察、纪检监察等工作。

6）负责项目门禁系统、监控系统及会议视频系统的统筹管理。

7）负责宣传报道、新闻危机处理、群众信访、突发应急事件处理工作。

8）负责党支部机构建立、党支部规定动作的落实及各项活动的开展。

9）负责党建带工建、"职工小家"建设、工人先锋号创建等工作。

10）负责党建带团建、组织召开青年座谈会、后备人才培养、人才队伍培养与选拔等工作。

11）负责检查后勤保障工作。做好劳务队伍后勤管理，办公区及生活区卫生、消防管理，大小食堂、小卖部的管理等。

12）协助项目经理做好项目管理机构设置、人力资源配置及领导交代的其他工作。

技术总工岗位职责：

1）贯彻执行有关法律法规和公司有关规定，协助项目经理分管项目部技术管理工作。

2）协助组织工程项目实施的策划，并协助组织编制项目质量计划。

3）主持制定项目部年、月生产计划和施工进度计划。组织编制施工组织设计、重大施工技术方案和安全环保技术措施计划，并督促实施。

4）根据质量、环境与职业健康安全管理体系文件要求指导督促工程管理部、质量安全部等相关部门开展工作，监控运行效果。

5）组织优化施工方案设计，指导编制审批各项施工方案、技术文件、施工措施，解决日常生产技术问题。

6）负责主持对外工程技术联系、工程变更签证及索赔工作。组织对管理范围内有关活动、产品和过程中的环境因素、危险源的辨识与评价，组织编制有关管理方案、应急预案等控制措施，并督促实施。

7）负责项目部工程技术人员的培养、管理工作。负责主持对项目部专业技术人员实施绩效考核。

8）组织制定和实施项目部科研攻关计划以及推广、应用新技术、新材料、新工艺、新设备。

9）提出大宗物资及设备的需用量计划并提交项目经理批准。

10）参与制定项目部有关计划、规章制度和决策。

生产经理岗位职责：

1）遵守国家法律法规，遵守公司各项管理制度，遵守项目部有关管理制度。

2）开工前组织项目管理人员及时熟悉图纸，依照实际情况及时搞好"三通一平"及临建搭设工作，协助项目经理及时确定物资、设备的数量和进场时间等，并组织对供货单位的考察工作。

3）及时组织搞好施工生产和生活用具的配置和发放工作，及时准备好阶段性的阶段作业计划，下达施工任务单，阶段施工预算，物资采购进场计划、劳动力调配计划等。

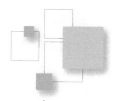

4）及时督促项目各部门依据进度计划要求，参照施工图预算，及时编制各阶段性资源需用计划，如劳动力、材料、设备、资金计划等。

5）及时收集生产、技术、质量、安全、劳动力、材料、设备、财务阶段性报表，并据此进行认真分析，及时下达相应的施工任务单，作业计划执行前应进行交底，执行过程中应严格检查、监督落实，做好检查监督记录及处理情况记录，并进行考核评比。

6）建立进度例会制度，组织好例会制度的召开。监督、检查施工计划和承包合同的执行情况，掌握和控制施工进度成本状况，质量安全状况。

7）认真做好施工日记，包括通话记录。摘要本班次工作内容及下一班需要继续办理的事项；做好值班调度报表的填写、上报、分发工作并及时检查和调整。

8）组织并督促实施安全设施、安全管理标准化。督促对施工验收规范、生产技术操作标准的执行规范化；督促对施工现场环境、场容场貌、现场标志进行标准化管理。

9）组织分包、劳务队伍进行公司项目管理制度和纪律的学习、教育。组织工长经常对劳务队伍进行上岗培训及生产进程中的培训教育工作。

10）定期或不定期地召开阶段性施工总结会议，分析施工管理成功之处或管理不到位的原因，研究解决办法，采取相应措施，并对主要责任人提出奖罚意见。

质量总监岗位职责：

1）项目质量总监协助项目经理进行工程质量管理，对项目的工程质量负监督责任。

2）认真执行有关工程技术质量的各项法律法规、技术标准、规范及规章制度；保证项目质量保证体系的各项管理程序在项目施工过程中得到切实贯彻执行。

3）组织项目的质量专题会议，研究解决出现的质量缺陷或质量通病，必要时联合技术体系共同进行分析评估。

4）配合项目总工组织工程各阶段的验收工作。

5）组织对项目部人员的质量教育，增强项目部全员的质量意识。

6）协助技术体系落实如四新技术应用等质量提升措施，并全程参与督导。

7）对工程施工质量具有一票否决权；负责项目质检资料管理，并定期检查质量管理资料填写的合规性与及时性，配合资料员的工程资料收集工作。

8）负责定期检查质量日常所用各类检测仪器有效期，及时与试验员沟通安排送检。

9）协助和配合科技创效工作。

安全总监岗位职责：

1）对项目的安全生产进行监督检查。

2）认真执行安全生产规定，监督项目安全管理人员的配备和安全生产费用的落实。

3）协助制定项目有关安全生产管理制度、生产安全事故应急预案。

4）对危险源的识别进行审核，对项目安全生产监督管理进行总体策划并组织实施。

5）参与编制项目安全设施和消防设施方案，合理布置现场安全警示标志。

6）参加现场机械设备、安全设施、电力设施和消防设施的验收。

7）组织定期安全生产检查，组织安全管理人员每天巡查，督促隐患整改。对存在重大安全隐患的分部分项工程，有权下达停工整改决定。

8）落实员工安全教育、培训、持证上岗的相关规定，组织作业人员入场三级安全教育。

9）组织开展安全生产月、安全达标、安全文明工地创建活动，督促主责部门及时上报有关活动资料。

10）发生事故应立即报告，并迅速参与抢救。

11）归档管理有关安全资料。

机电经理岗位职责：

1）协助项目经理做好总承包管理工作，使机电专业施工和土建施工统一计划、统一部署、统一指挥、统一要求、统一核算、统一对外。

2）参与机电专业分包的选择、招标及评判工作。

3）承担合同中总承包负责的机电管理责任，执行公司总部对专业管理的经营、技术、方案的要求，完成专业施工任务和对业主的承诺。

4）贯彻执行公司质量方针、环境与职业健康安全方针，负责三个管理体系工作在项目机电系统的运行，并对合同履约情况、体系执行情况进行监督、考核。

5）组织编制机电施工方案及进度计划，负责机电施工中工期、质量、消防、环境保护、职工健康、安全防护等方案、计划的审核。对机电施工的质量、工期负领导责任。

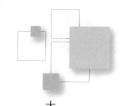

6）负责机电物资供应计划的审定，参与重要机电设备的选型及谈判。

7）负责组织机电制造成本的实施计划及机电专业效益目标的实现。

8）负责与设计、全咨、业主协调有关机电方面的施工、变更事宜。参加全咨例会和业主协调会，协调土建与机电施工中的交叉配合。

9）组织进行机电专业变更洽商、索赔工作的管理和审核，报业主和全咨确认。协调各系统及专业的竣工验收工作。

商务经理岗位职责：

1）负责本项目的商务工作，主管商务部、物资部，对本项目成本管理、合约管理、物资管理向项目总监、项目经理负责，做到公平、公开、公正、廉政。

2）按总包合同及各专业合同进行合同管理。

3）按计划需要确定各分包进场时间。

4）配合公司负责组织各分包、分供方的招标先定工作。

5）负责组织合同交底工作。

6）协调各分包施工界限、责任、合同分工。

7）负责项目工程款的回收和申请。

8）负责协助项目总监搞好项目资金的调度和统筹。

9）负责组织工程结算。

10）按施工计划和材料分析组织编制材料采购计划，并组织进场。

11）负责组织材料的统计、查点和月报。

12）负责材料的现场管理。

13）负责提供材料样品给业主及全咨确认。

14）负责各专业分包工程用材料的审核。

15）负责组织召开每月的成本分析会及成本报表的编制。

物资经理岗位职责：

1）认真贯彻执行国家物资工作的方针、政策、法律、法规，严格遵守企业有关规定和制度。

2）按项目下达的施工生产任务，做好材料调配工作，解决生产急需。

3）制定修正各种物资管理制度及条例。制定限额领料制度、限制浪费，并督促执行。

4）深入现场，了解材料、机具消耗情况，及时提出意见，以便节能降耗。定期对材料、机具等进行盘点，向项目做出评定报告。

5）配合施工员编制审核分部、分项工程大宗材料计划，编制半年或季度申请计划。

6）确保仓库物资和库区的安全，做好仓库"四防"工作，按现代科学管理方法管理仓库物资。抓好材料标识和可追溯记录工作。

7）切实加强材料管理，严格执行材料的进场验收制度。

8）广泛地开展材料市场调查，争取尽可能低的采购价格和及时供应。严格按采购计划采购，防止物资积压。

9）在采购工作中要奉公守法，严禁拿回扣、请客吃饭，保持自己的职业道德。

施工员岗位职责：

1）参与施工方案的编制，并编制具体的施工计划，并报项目经理综合平衡后实施。

2）熟悉并掌握设计图纸、施工规范、规程，质量标准和施工工艺。

3）按施工方案、技术要求和施工组织设计组织施工。

4）合理使用劳动力，掌握工作中的质量动态情况，组织班组操作人员进行质量的自检、互检。

5）负责检查班组的施工质量，制止违反施工程序和规范的行为。

6）参加上级组织的质量检查评定工作，并办理签证手续。

7）对因施工质量造成的损失，要及时调查，分析原因，评估损失，制定纠正措施，经项目经理批准后及时处理。

8）负责对施工班组进行质量技术交底和现场文明施工及安全技术交底，监督指导实际操作。

9）根据工程实际施工进度情况，向材料部门提供材料需用量计划。

10）负责组织工程技术档案的全部原始资料。

质检员岗位职责：

1）在项目技术总工和质量总监的领导下，根据设计图纸、施工规范、施工组织设计（方案）、质量安全标准，进行施工质量的检查、管理。

2）在熟悉国家质量政策、法规、规范、标准和设计施工图的基础上，严格把好每道工序的质量关，认真按质量管理规定和检验程序对工程进行检查，不合格不准进行下道工序的施工。

3）参加分部分项工程的质量等级核定，对工程质量等级负责。

4）参加隐蔽工程的检查验收，不合格的不签字验收。

5）跟踪检查，如发生漏检、发现质量问题或质量隐患，要立即向施工主管和技术负责人汇报，并提出改进措施，必要时签发整改通知书。

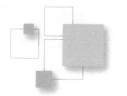

6）参加质量事故的调查，及时撰写质量事故调查报告，提出质量事故的处理意见，并报项目技术负责人批准后备案。

7）参加质量技术交底，指导作业工人按技术、质量、安全标准进行操作，纠正一切违章指挥、违章作业的行为。

8）检查进场材料质量证明或试验报告及现场混凝土、砂浆的配合比（每天不低于检查两次）。

9）协助施工员、资料员等搞好与质量相关资料管理的工作。

10）结合工程情况定期（一般一月）组织项目管理人员学习质量检验标准、探讨质量控制措施。

11）按时完成项目经理、技术总工、质量总监安排的其他工作。

技术员岗位职责：

1）施工图到后，认真对专业图纸进行审查，及时发现图纸问题，并汇总汇报，参与设计交底和图纸会审工作，并澄清图纸问题，并负责项目的二次深化设计工作。

2）在项目总工的组织下，参与编制施工组织设计、负责编制施工技术方案、安全技术措施、环境保护措施等，根据施工内容和要求选择科学经济的施工方法和工艺，并及时编制专业施工技术措施。

3）施工前，根据已审批的专业施工技术措施，组织施工队技术人员及施工人员进行方案交底，并做好记录。

4）施工过程中加强过程监督和控制，保证工艺纪律的严肃贯彻，确保施工工艺方法的正确，发现严重违反规程、工艺纪律、规范、标准的行为，应及时制止，并责令其停止施工，同时报告项目部有关领导令其进行整改。

5）处理解决施工过程中的技术问题，并对施工过程中的修改、变更等工作及时登记，取得设计、建设单位、全咨单位的认可；负责设计变更、洽商的办理，并及时发放到各相关部门与专业分包，并监督资料员做好设计资料收发文工作。

6）组织各专业的隐蔽工程、重要停检点的专项检查和验收工作，在三检合格的基础上通知业主代表、全咨单位、质量监督站和特检所等单位进行联合检查。

7）参与工序交接、设备材料到货验收工作，并对所检查内容承担相应的责任。

8）及时收集和保存施工过程中的技术记录和资料，并监督检查施工队各种原始记录的完整性和真实性，按要求认真填写、整理交工资料表格和分项、分部质量评定表，并取得参建单位的认可。

9）积极参与项目部组织的质量检查、质量例会、QC 活动、风险评估，并监督所检查出问题的整理和整改工作的落实情况。

10）参与项目危大、超危工程的过程检查验收与最终验收，并从技术角度提供检查、验收意见。

11）工程竣工后，应按照规范和标准的要求，协助资料员及时完成竣工资料的编制、装订、工程评定及验收工作。

12）负责施工技术标准与图纸的管理以及技术方案的管理。

13）负责协助工程体系完善工程进度计划和施工总平面布置。

14）完成公司下发的科技指标，包括但不限于提出思路、过程推进、后期总结等。

15）负责工程测量、监测、检验试验的管理。

16）及时与业主和设计方沟通，了解掌握设计意图，及时解决图纸问题并做好变更交底。

17）向项目总工提出就设计方面的任何可能的合理化建议，内部论证可行后，参与业主、全咨和设计的沟通工作。

18）联合商务体系完成科技创效上报工作。

安全员岗位职责：

1）宣传和贯彻国家和行业有关劳动保护的方针、政策、法律、法规和上级有关安全生产的规章制度和决议。

2）负责实施项目安全管理制度、文明施工规定和消防制度，并负责整个施工现场的安全规划布置和标识工作。

3）随时督促检查项目和班组执行安全性规章制度和安全技术操作规程情况，对违章和冒险作业要立即劝阻，对有可能造成重大伤亡事故者，有权先行令其停工。

4）参加编制施工方案和安全技术措施计划，对安全技术措施提出意见，并在施工中督促检查其落实和执行情况。

5）参加公司组织的每月安全大检查，对公司提出的安全问题的措施和意见要积极落实整改。

6）参加项目每星期的安全生产检查，并填写安全生产检查表。

7）协助项目和班组对职工进行安全教育和安全技术操作规程的学习，负责对施工班组进行安全技术交底。

8）负责指导、督促、检查施工队的班前安全活动。

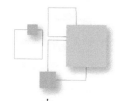

9）经常对施工现场、机械设备进行安全检查，及时发现各种安全隐患问题并及时向领导和上级主管部门汇报，发现严重安全隐患和特别紧急情况时，有权指令先行停止生产，并立即报告生产经理进行处理。

10）负责本项目外架工程的搭设、拆除及有关的安全工作。

11）检查落实各种安全生产合同的签订工作和各级安全技术交底情况。

12）负责安全生产资料的编制、收集、整理、归档工作。

13）负责本项目生活区的安全、文明施工和 CI 管理工作。

试验员岗位职责：

1）遵守国家法律法规，遵守公司各项管理制度，遵守项目部有关管理制度。

2）开工前应准备齐全项目所需的试验、检验的标准文件及公司有关试验、检验管理制度，并认真学习有关内容熟悉操作程序，根据公司制度办法要求编制全面的试验、检验计划，并将计划分发到有关人员手中。

3）按材料试验、检验计划进行原材料、试块、试样的取样检验。材料送检应填写材料实验委托单，进场材料未送检前不得用于施工。

4）不得遗漏工程检验和试验环节的各类试验，不能因试验员操作原因导致试件不合格。

5）不得发生因试验、检验不及时而耽误施工进度的事件。

6）试验合格记录表、试验报告表资料要求填写工整，整理规范；试验记录签字、盖章手续齐全；报告不得遗漏，并及时递交资料员。

7）试验发现不合格材料，应及时向上级反映，并执行不合格的审评程序，在未执行审评程序前不得故意泄密。

8）编制计量器具的监督管理计划，建立计量器具登记台账；保证计量器具完好使用，不得发生计量错误。

9）按计划对关键工序进行计量监督，保障工程质量，及时填写计量监督记录，对材料计量进行严格管理。

10）负责监督、检查进场各种原材料材质，及时整理试验成果，及时汇报。

11）做好现场混凝土台班、混凝土坍落度、试块的台账及原始记录。

12）做好装修材料控制有害物质的送样检测，配合甲方做好室内环境污染浓度的检测。

13）做好结构实体检验、测温及保证现场标养室内温度和湿度符合规范要求。

14）负责试验室的日常管理工作。

15）负责试验类各种仪器具的定期送检、台账管理。

16）负责管理分包、甲分包等单位的试验送检工作，并按照国优要求进行送检。

测量员岗位职责：

1）熟悉设计总平面布置图，施工场地及周围环境，了解结构形式及施工顺序，向业主索取书面的测量坐标控制点及高层控制点，并现场移交接收，对移交控制点进行测量复核，发现问题及时书面向业主反映，直至控制点满足施工需要。

2）根据施工情况及施工顺序，制定详细的测量方案，经项目技术负责人审定后实施。

3）负责测量仪器的送校、保管、维护及使用，不准使用不合格的仪器进行测量，确保测量精度符合要求，对施测成果负完全责任。

4）根据施工进度要求，及时提供实测成果，不得因测量工作影响正常的施工进度。

5）做好施测成果的校对、复核工作，及时做好测量记录，交资料员存档。

6）注意对测量控制点的检查、保护，发现问题及时采取相应措施。

7）项目经理赋予的其他职责。

8）负责对现场的危大超危工程、大型机械的过程监测和监测记录数据的整理归档上交资料员。

资料员岗位职责：

1）工程开工前，列出项目所需的技术资料清单并备齐所有的有关表格，并下发给相应相关部门和有关人员。

2）负责管理项目所有设计图纸、规范、标准及施工过程中的各种技术资料、工程档案。

3）负责所有资料及文件的发放、并按国家标准文件的要求进行有效控制。

4）协助有关部门和人员填写各种表格和资料。

5）负责外来资料和文件的收文登记工作和内部传递工作。

6）每月至少一次对所有工程资料、档案进行全面的收集、整理汇总工作，确保所有工程资料完整，方便检查以及组卷归档。

7）参与项目召开各种会议，并对会议内容进行整理记录。

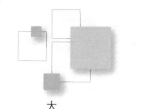

8）负责工程资料、档案的保管工作，杜绝丢失、霉变以及涂改。

9）分部分项工程完成及竣工验收前，要求对工程资料档案进行收集、整理、汇总、装订成册工作。

10）负责配合公司每月的资料检查，并对提出的问题积极整改落实。

预算员岗位职责：

1）认真学习、贯彻执行国家和建设行政管理部门制定的建筑经济法规、规定、定额、标准和费率。

2）认真熟悉图纸，编制工程概预算、年度、季度成本计划及分项工程工料分析。

3）熟悉单位工程的有关基础材料（包括施工组织设计和甲、乙双方有关工程的文件）及施工现场情况，了解采用的施工工艺和方法。

4）经常深入现场并熟悉设计图纸与施工方案，对设计变更、现场工程施工方法更改导致的材料、人工单价变化及时与技术部沟通，做到从商务角度可明确指导施工方案。

5）根据施工预算开展经济活动分析，进行预算与概算对比，协助工程项目部搞好经济核算。

6）商务部门需以项目目标责任书下达时考虑的合同条款、各项施工图设计方案、施工方案、资源投入等为参照基数进行效益计算；对科技创效实施计划书中科技创效措施进行单项估算及汇总；对实施过程中的科技创效活动进行过程计算；复核创效计算式是否清晰，数量和单价是否有相应的对比参数，效益计算内容是否合理；每项科技创效措施实施完成后的效益核算，项目最终完成后的总效益计算及再次复核。

7）整理齐全各项目部的招标投标文件、图纸答疑文件、标书、技术交底文件、工程变更资料、施工合同、工程预决算资料。

8）做出每个项目部施工图纸预算（施工预算）、材料分析。要求按分步、分项、分层、分类计算，以备后用。

9）做出每个项目部的成本核算。

10）审核每个项目部的每月人工工资结核算单、工程量及合同承包单价、金额。

11）工程竣工后做工程决算和成本核算。

（2）劳务单位施工管理

1）工程项目施工时一般施工人员较多、较集中，因此对所有进场施工人员进行有序管理，是项目管理的重点管理内容之一。工程开工前由施工单位组织对全体施工人员进行安全质量技术总交底，进场施工人员必须由项目工程管理部组织先到项目安全管理部门进行三级安全教育、办理身份卡且特殊工种必须持证上岗，然后再由项目质量技术部门进行质量技术交底。上述交底工作完成后才能进场施工。

2）每周一早上由项目生产经理组织对全体工人进行安全交底和每周施工情况讲评，每周定期由项目经理带队对现场进行安全、质量和文明施工检查，每周定期组织各劳务分包召开每周生产会，对各劳务分包的质量、安全和文明施工、施工进度进行评比，并按照项目相关规定予以奖惩。

3）按照政府部门及施工单位相关规定对项目施工人员实行劳务实名制管理，项目部应成立劳务管理领导小组，根据工程项目的实际情况，项目部需配备专职劳务管理员。劳务管理领导小组由项目书记担任组长，组员由项目生产经理、项目商务经理、项目总工、项目安全总监、项目质量总监、项目劳务管理员等组成。

项目劳务管理领导小组依据政府部门及施工单位劳务实名制管理的相关规定，负责本工程劳务实名制管理、劳务分包考核管理和其他劳务分包管理的相关事宜。劳务管理小组各成员根据各自负责的板块对劳务分包进行管理、考核等工作，其中项目劳务管理员要起到牵头组织的作用，全面具体地负责日常劳务分包管理工作，包括实名制信息的录入（①基本信息：姓名、身份证号码、家庭住址、联系方式等；②岗位资格信息：队别、职务、班组、工种、级别、证号、发证机构和发证时间等；③劳务用工合同信息：劳务公司与作业人员签订的劳务用工合同中工资发放方式和工资标准等；④班组承包协议信息：劳务公司与班组签订的计件或计时的承包协议）、监督劳务公司对工人工资的发放（留存影像资料），工人进退场手续的办理，各类相关资料的收集整理，各类定期对劳务分包的考核等。项目部与各劳务队伍一起，每周至少一次对门禁系统考勤数据和人工考勤数据进行收集和整理，整理后的考勤数据必须经劳务作业人员签字认可，上报公司劳务管理实名制领导小组，并留项目部备案。劳务实名制管理全套资料（包含花名册、劳动合同、班组承包协议、安全教育考试、考勤记录、工资发放、其他影像资料等）必须保存至工程竣工备案验收后两年以上。为保证劳务实名制管理的真正执行，对当期工程进行封闭管理，在工程前期临建的策划过程中要明确工人上下班的进出路线、刷卡机和视频监控安装位置，并保证工人生活区与施工现场分离。

4）在项目施工过程中项目部需制定安全培训计划，定期对施工现场的

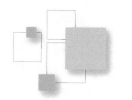

管理人员及作业人员进行培训。使现场管理人员知道其职在身，合理分配管理重心，使劳务作业人员了解整个现场的安全管理状况、安全措施分布情况，以及各项工作作业时存在哪些安全风险应该如何规避，减少现场施工风险。

5）在劳务作业人员生活及工资管理方面，可先建立项目工会。项目工会能够进一步拉近施工单位和作业层之间的距离，及时为困难职工群体办实事，为其排忧解难，让其安心工作，从而保证现场劳动力充足。项目施工过程中，需经常开展多种形式的安全生产监督检查活动，积极推动劳动安全卫生监督检查体系的建立健全，确保职工的劳动安全。同时，要贯彻落实社会保障政策，联合工会将加强对劳务分包的监督管理，定期检查分包商工程款的发放状况。在每月支付工程款时，公司要及时将付款的额度通知劳务公司作业班组长，让工人了解本公司的付款情况，稳定工人的情绪，保护劳务人员的知情权，从而制约和避免劳务公司挪用工资款项情况发生。

在劳务分包的合同中要明确约定劳务工程款的支付时间、结算方式以及保证按期支付的相应措施，确保劳动者工资按约支付。按照劳动合同约定的日期支付劳动者工资，不以工程款拖欠、结算纠纷、垫资施工等理由随意克扣或者无故拖欠。工程停工、窝工期间劳动者工资的支付，按照分包工程合同和劳动合同的约定办理。所有施工队伍必须为工人建立工资卡，工人工资不得低于政府要求的最低生活标准，工资发放实行月结季清。

最后，劳动工资需按时发放，并及时解决各种劳资纠纷，不影响工地秩序，不影响社会安定，不影响业主形象。

（3）劳务单位退场管理要点

施工过程中，项目部要根据施工现场进度情况编制劳务工退场计划，对劳务分包队伍劳务工退场工作进行动态管理，对退场劳务工提出的问题，项目部负责做好解释和解决工作。提前安排工程结算和工资发放准备工作，做好劳动保护用品、各种证件、各种物资及机具、行政用品等物品的回收工作。对劳务工提出的要求，合理评估并协调劳务分包队伍及时解决问题，不推诿，不推脱，项目部要做好各种防范应急准备工作，对潜在的突发事件做好各种防范措施准备。项目部需监督劳务队伍劳务工的退场工作，退场工资发放前劳务工本人要签订退场承诺书方可领取退场工资和其他费用。

16.2　"机"的因素及管理要点

"机"就是指生产中所使用的机械、设备等辅助生产用具。如：塔式起重机、施工电梯、自卸车、挖机等大型机械设备，也包括角磨机、电钻、电锤、弯箍机、切断机水泵等小型生产辅助工具。对于大型综合校园项目，由于校园占地面积较大，建筑物较为分散，所以需投入的大型机械、设备相对较多。施工机械、设备主要由建设单位对大型施工机械、设备提出相关要求，如使用年限要求等。由施工单位进行采购、安装和使用。

在施工生产过程中，工具设备的状况是否优良、操作是否规范都是影响生产进度及施工质量的要素。一个项目有效进度管控，除了"人"的因素管理外，"机"的管理也尤为重要。首先，要满足施工现场机械、设备等辅助生产用具正常使用需求，如果机械、设备数量不足以满足劳动工人的使用需求或未及时进场影响施工作业进程，便会直接影响施工进度；其次，设备的选择也尤为重要，优质的设备能提高生产效率，提高产品质量。如：改变过去的手锯为现在的台锯，效率提升数十倍的同时还提高了工人作业的安全性；又例如钢筋机械中的传统弯箍机改为现在的数控弯箍机，大大节省了人力资源的同时也极大程度缩短了作业时间。

所以说，"机"的管理是确保施工进度甚至加快施工进度的另一重要因素。

16.2.1　施工准备工作计划

（1）项目部料具及设备根据《施工组织设计》《专项施工方案》等要求，编制《项目料具及设备需用总计划》，技术人员编制的需求计划应明确填写工程项目、设备型号、料具名称、规格型号、材质、数量、到货日期，对有特殊要求的还应注明相关技术参数和要求，并根据《月度施工计划》编制《月度需用计划》。经项目经理批准后，由材料、机械设备部负责实施。其中《建设方提供物资的需用计划》由项目部按合同规定的途径和期限报建设方有关部门确认。

（2）经确认的《设备采购计划》《设备租赁计划》《料具采购计划》《分包商物料具进场计划》应报告项目部生产经理，以便协调现场道路交通及堆放场地。

（3）项目部根据实际所需情况，分别制定《机械设备申请表》《料具申请表》。

16.2.2　招标采购管理

（1）采购文件的编写、审核、批准、更改必须由项目经理签字确认，以保证其正确有效，采购人员必须严格按《料具设备采购计划》实施采购。当

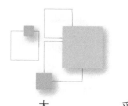

采购计划无法执行确需变更时，只有征得计划人员确认，并经计划人员修改后才能进行变更《料具设备采购计划》后的采购活动。

（2）机械设备采购须遵循一定的原则，即同等条件下优先选择安全质量高、环境管理好的合格供货商；优先选择绿色或环保产品，并尽量减少包装；机械、设备采购前要经过业主的评审和确认；采购应附有该机械、设备的安全质量证明文件。

（3）招标时，在入围的合格供应商中进行，应标供应商不少于三家，少于三家时重新发起招标流程。

（4）项目部成立包括机械、物资、财务、商务、技术等部门负责参加招标小组，负责料具设备采购招标的评标、比价、定标；对确定的中标单位，发放中标通知书。

（5）对于项目中批量小、品种单一、价格低廉的料具设备，采用非招标形式采购，由物资部上报项目经理审核、批准实施。

（6）采购合同经评审及相关部门会签后再由公司有关部门审核、批准、签署。

16.2.3　机械设备进场验收及检验

（1）项目部物资部按照机械设备采购进场安排，进场前组织全咨单位及施工单位工程部、技术部、安全部、质检部等相关人员进场验收。机械设备的进场验收需要对机械设备实体进行检查验收，同时需对机械设备相关资料进行检查验收。验收依据《机械及设备需用计划》《已订货通知单》、发货票据、材质证明、产品合格证及有关质量、安全、环保标准资料等，机械设备实体和相关资料均需符合要求才允许进场，否则做退场处理，直至整改合格后重新组织验收。

（2）当在供应商处对所采购的料具设备进行验证时，项目部需在采购合同中明确验证的安排和物资放行方法。物资部负责组织技术、质量等方面人员到供应商处对所采购物资进行验证并做好验证记录。

（3）项目物资部编制进场验收计划，经项目总工程师批准后实施，机械设备检验由设备管理员配合试验工程师完成，用于工程的所有采购机械设备都进行安全质量检查验收。验收的方式有货源处检验和施工现场进货检验。所有料具设备的检验结果都必须记录，检验不合格的产品需做明显标识，确保用于工程的为合格产品；对机械设备的检验和复试严格按国家、行业有关规范、标准以及技术检验制度等规定进行；机械设备复试需会同监理工程师共同参与，检验结果报全咨单位审核，合格后才能投入使用。

（4）机械设备安全质量、环境证明文件由安全部机管员统一进行收集管理，其中必须具备质量证明文件或合格证的有：施工机械、起重工具、料具、塔式起重机、电梯、电器材料等。各种证件原件由机管员负责分类、建账登记及装订保管。

16.2.4　机械设备日常运转管理

（1）项目安全机械部按机械设备管理规程对设备日常运转进行监督管理。

（2）项目安全部要对设备操作的特种作业人员进行持证上岗管理，实施班前教育、岗位交接、设备日常保养等制度。机械部对在用设备的使用费进行统计。

（3）项目部由安全部建立机械设备安全岗位安全责任制、机械设备安全监督检查制度，定期进行机械设备安全检查，消除隐患，做好检查记录。

（4）机械设备管理要求

1）机械设备必须标志清晰，管理号码醒目，严格执行"清洁、紧固、润滑、调整、防腐"十字作业法，突出保养规范，及时维修，保证机况良好，无带病作业现象。

2）固定安装的设备要有基础和机棚（房），机房要平整、清洁、通风。

3）备用机械停放必须上有遮盖、下有支垫，做到防盗、防火、防洪、防冻设施齐全。禁止任意拆卸机械上的附属设备和零件，做到随时可投入使用。

4）制动、防滑、防冻措施，并派专人看护。

16.2.5　机械设备使用制度

（1）岗位责任制度

1）使用机械设备必须实行"两定三包"制度（即定人、定机；包使用、包保管、包保养），操作人员要相对稳定，调整机械操作人员要征得机械部门的同意。

2）施工机械设备均应有专人负责保管。

3）机械运转中，操作人员必须坚守岗位，确保机械正常运转。

4）操作人员要做到"三懂四会"（懂构造、懂原理、懂性能，会使用、会保养、会检查、会排除故障），要正确使用机械，按规定进行保养。

（2）持证上岗制度

大型机械设备操作人员必须经过培训（包括职业资格培训），考试合格后取得设备操作从业资格证书，持证上岗。严禁无操作证人员操作大型机械

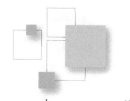

设备，无证操作视为违章操作。特种设备作业人员必须经专业培训和考核，并按有关要求获得地方有关部门认可的特种设备作业人员资格证书后，方可从事相应工作。

（3）交接班制度

交接班制度由值班司机执行。多人操作的单机或机组除执行岗位交接外，应进行全面交接，在机械运转记录本中填写交接记录。单班作业的机械设备，保管司机也应在运转记录本中填写交接记录。

机械交接时，要全面检查，不漏项目，严格做好以下交接工作：生产情况；记录情况；备品、附件、工具情况；设备技术状况；领导指示及注意事项；交班人认为需提醒的其他注意事项。

（4）巡回检查制度

1）为保持设备良好的技术状态并消除隐患，坚持履行巡回检查制度。

2）安全部制定每台机械设备巡回检查路线图及检查内容和标准。新装备的机械设备在投入使用前完成巡回检查路线图制定。

3）机械在使用前后、办理交接时，均应由操作人员按巡回检查图规定的路线和检查项目对设备进行一次详细、全面的巡回检查，正在生产的机械也应利用停机间隙进行巡回检查。一旦发现问题立即报告说明，并记入运转记录中。

4）大型专用设备由安全部、技术部人员组织操作人员进行巡回检查，并做好检查记录。

（5）机械使用随机附件、备件、专用工具保管规定

1）机械随机附件、工具、备件是机械密不可分的有机组成，其保管和使用由主管操作人员负责，主管操作人员更换或调出时应办理交接手续，对缺少的器具按照现价赔偿并补齐。

2）机械档案中，应有随机附件、工具、备件清单；暂时闲置的附件、工具、备件等可交由机械部门集中保管，建立临时卡片，单独存放。

3）新机进场后要建立随机附件、备件、专用工具账卡。

4）设备调出，其随机附件、备件、专用工具随机调出。

（6）机械设备保养

1）各类别机械设备均应按机械技术说明书保养规程保养。

2）保养的种类

① 例行保养：指机械在每班作业前后的检查、保养。例行保养由操作人员按规定的检查保养项目，对机械进行"清洁、紧固、调整、润滑、防

腐"十字作业，消除故障隐患。

② 定期保养：指依据机械技术保养规程规定的运转时间间隔和保养内容进行的保养。

③ 停放保养：指机械设备停放超过一周，每周进行一次的检查保养。停放保养主要是运转机械和进行"清洁、润滑、防腐"等工作。停放保养由保管司机负责。

④ 走合期保养：指机械走合期内及走合完毕后进行的保养。

3）保养实施计划

机械负责人负责保养计划的组织实施，机械保养由机械技术人员或机械人员带领机械操作人员及维修人员进行，租赁站负责监督并检查指导。保养质量由机械、安全、质量负责验收。保养计划完成后，经过检验，认真填写保养记录，列入该机技术档案；并按季、年度将保养完成情况报公司租赁站。

16.2.6　机械设备环保要求

（1）项目部要高度重视机械设备环境保护管理，建立健全各项环保管理制度，在日常设备管理中不定期进行检查，使设备各项排放、排出指标达到设备本身环保要求。

（2）机械设备排放的噪声、尾气不合格者严禁进场。在使用设备过程中发现噪声、尾气排放超出标准或不满足环保要求时，应及时进行维修保养。

（3）机械设备在使用、维修、保养、处置过程中产生的废油、废渣、废水及其他固体废弃物应及时清理回收，并进行适当处理，严禁将污染物直接排放或随意丢置。

（4）在采购机械设备时，应注意环保规范的要求（如废气粉尘排放及噪声应符合国家标准和地方要求）。

16.3　"料"的因素及管理要点

"料"是指物料，原材料、半成品、配件、设备等施工生产用料。建筑工程施工生产活动过程中的"料"主要分为两大类，第一类为用于工程实体中的材料，简称工程材料，如：钢筋、混凝土、门窗、涂料等；第二类为用于施工过程中辅助施工的材料，例如：某一项施工完成后所拆除的材料，简称周转材料，如：模板、木方、钢管、集装箱等。

整个建筑施工过程由多道施工工序组成，每一道施工工序用到的工程材

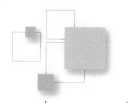

料与周转材料同中有异。施工过程中某一道工序工程材料或者周转材料未及时进场，会直接导致这一道工序施工进度滞后，从而影响下一道施工工序及整个施工过程的施工进度；而工程材料或周转材料进场时间过早，在施工现场大量堆积，则会大量占用现场用地，导致现场安全保障弱，影响施工形象，当这些堆积的材料占用其他施工工序位置时，对施工进度造成链式反应影响。此外，如果占用临时施工道路，则会严重影响现场交通秩序，整个工程施工进度将会多面受制。

对于大型综合校园项目，无论是第一类材料还是第二类材料，与常规项目的采购要求都有一定的差别。因大型综合校园项目占地面积大、建筑物较为分散、建筑物高度普遍不高，工期相对较紧等特点，决定了施工组织时无法形成大面积的流水作业施工，需采用多点开花的同步施工方式进行施工。这就导致第一类材料投入使用时间提前，招标采购时间缩短，因此对第一类材料的招标采购和进场要求会更高；而第二类材料因无法开展大面积流水施工，所以导致第二类材料的一次性投入量增加，二次周转率降低，施工成本增加，这些内容在"料"的招标材料及使用管理中都应综合考虑。

因此，"料"的管理也是施工进度管控的重要因素之一。

16.3.1 招标采购管理要点

（1）供方选择

物资采购合同定标前，项目管理团队需对已经入围的合格供方就其资金状况、垫资能力、货源质量、货源种类、存储量、生产能力、运输能力、运距远近、企业信誉度、供货项目是否饱和、综合实力等进行全面的考察以便选取最优供应商。

（2）采购合同

招标采购选定中标供应商后，由项目商务部拟定物资采购合同，并组织项目技术部、质检部、工程部、项目领导班子对合同条款进行初步评审。项目评审通过后，报相关部门进行审核，按采购流程签订采购合同。不同项目采购流程略有不同。

（3）供应商过程评价

在供货周期内，项目物资部、各标段工程部、质检部就其质量保障、数量保障、交货保障、服务保障等方面按季度进行过程评价，由物资经理汇总评价结论，选出优秀供方及不合格供方，并对不合格供方予以一定的警告或终止合同，综合评价结果上报上级单位物资部备案，为后续项目招标做参考。

16.3.2 采购计划管理

（1）物资材料需求总计划

施工单位项目部组建后，需在 1 个月内由项目商务经理牵头组织项目技术总工、生产经理、质量总监对甲供、甲控、乙供等材料进行分类，编制本项目所有材料设备的需求计划，以此来指导项目的招标采购工作及作为单位工程材料计划控制消耗量的依据。

（2）月度物资材料需求计划

工程部需依据施工总进度计划在每月月底前编制下月材料需求计划，由项目物资部汇总生成项目月度物资需求计划。经项目生产经理、商务经理审核、项目经理审批之后，由物资部人员编制月度物资采购清单发给各供应商，为本月项目需进场的材料备货。

（3）物资材料计划要求

材料采购计划由项目施工员提出，经项目生产经理、项目经理审核审批后，由项目物资部集中采购。因不同材料的加工及配送周期不同，需对各种材料及设备需提前计划的天数作出要求，具体要求如表 16.3-1 所示。

表 16.3-1　材料设备计划要求

序号	材料名称	需提前天数及要求
1	钢筋	4d
2	混凝土	1d，200m³ 以上提前 2d
3	模板、木方	3d
4	钢管、盘扣	3d
5	泵车	1d
6	其他	大部分材料均需提前 2d

16.3.3 进场验收管理

（1）验收人员要求

所有进入施工现场的物资材料，需由项目物资部组织项目质检、带班领导、分包材料员、全咨方代表共同验收。有特殊材料需要项目总工、安全总监共同完成验收。

（2）验收主要内容

项目开工前，一般由项目物资经理牵头组织项目质检部、商务部、安全

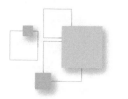

部、物资部共同参与编制物资材料进场验收计划，物资材料进场验收计划由项目总工审核。项目经理审批后，由物资经理对参与现场验收人员交底，对后续进场物资的验收工作予以指导。

1）资料验收

材料员应根据进场物资材料内容核实供方提供的该批次物资材料的质量证明文件（材质证明书、检测报告、产品合格证等）、运输票据、过磅单、出库单等是否与实物相符。

2）外观质量验收

主要通过简单工具或手摸、眼观，来检验材料的包装、表面状态、外观形态及气味变化等，判断是否存在质量问题或缺陷。

3）材质质量验收

依据相关规定对材料的物理、化学性能进行检验。由材料员通知技术部门（试验员）按规定进行见证取样送检。试验报告出来后，应反馈物资部及工程部，以便合理安排使用。

4）设备、配件进场验收

由物资部通知技术部、机电部。工程部、质检部及全咨单位监理工程师进行开箱检查并填写有关记录。

5）甲供材料的验收

需由项目物资部组织建设单位、全咨单位、项目质检部、工程部、技术部等共同验收。对验收合格的物资需要填写物资验收记录、进行四方签字确认、收集材料质量证明、合格证、许可证等证明材料。对验收不合格的材料，要及时清除退场并做好相关记录。

物资材料验收完成后要把验收结果标明在材料验收牌上，以便工人辨别使用。

（3）主要材料验收要点

1）钢筋

钢筋质量必须符合《钢筋混凝土用钢 第2部分：热轧带肋钢筋》GB/T 1499.2—2024要求。

外观验收：卡尺，检验钢筋直径是否在允许偏差范围内。

表观验收：检验钢筋表面是否锈蚀严重，肋是否整齐规则，认真核对材质证明与钢材铭牌是否对应。

重量验收：螺纹钢材采用点条计重，需物资部对其重量过磅检查，如超过规范允许偏差值坚决退场；线材采用过磅计重。

2）混凝土、商品砂浆

进场的混凝土的质量必须符合《预拌混凝土》GB/T 14902—2012 及有关国家、行业和地方现行最新标准，施工单位需在项目上设置地磅。同部位、批次混凝土浇筑时，由材料员对混凝土罐车不定时抽查，每次至少五车，并将得出数据与当批次浇筑配合比的理论重量对比分析，过程中要留影像资料。磅单上需要司机和抽查操作人员双方共同签字确认。同时项目质检、工长及试验人员对混凝土表观及坍落度进行检查。

3）袋装水泥、腻子等

对产品合格证、生产日期等进行检查，同时对袋装水泥、腻子进行重量过磅抽检。

4）模板、木方

要按照规定的方法进行检尺。如木方：先检长度、宽度、厚度，得出实际平均值再点根数，用计算公式算得实际方量。木材的外观要查验其磨损、弯曲、边皮、活死结、裂纹等缺陷是否与标准规定的等级相符。

5）钢管、轮扣、顶托等外架材料

需按照规范要求对其壁厚、直径、长度进行检验。扣件对其单体重量检验，外观检验对锈蚀严重或夹杂大量混凝土残渣的外架材料不允许进场。

6）蒸压加气混凝土砌块

尺寸要符合国家标准要求，不应缺边断角，对养护龄期未到强度、未达到要求的坚决退场。

所有材料根据不同验收要求，要把验收过程中的实测实量数据分类别记录在验收记录表中。

（4）验收过程中发生问题的处理

进场物资若发生品种、规格、质量、数量不符或经检验、验证判定为不合格品时，必须按照质量体系文件要求的不合格品处置程序处理并保留过程影像资料，并视情节严重性对供应商予以相应的处罚。

（5）物资的存放要求

1）仓库物资管理要求

① 按物资的性能及保管要求设置仓库，并按材料品种、规格、产地分别放置；

② 仓库内需保持干净、整洁、明亮；通风、防雨、防潮、防火、防盗等；

③ 物资码放整齐、安全，标识清楚、齐全；

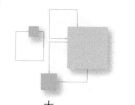

④ 必须有仓库防火措施；

⑤ 仓库管理人员要确保仓库的安全，对进出仓库的人员进行记录。

2）露天存放物资管理要求：

① 物资进场必须按施工平面图（分阶段）码放，并予以明确标识；

② 必须按品种、规格分别存放；

③ 钢管、轮扣等架料码放时，必须下垫15cm，高度不得超过1.5m，端头对齐；

④ 各种材料使用后应及时清点、清理、保养、码放（指定位置）整齐或及时退场；

⑤ 砂、石成堆堆放，保持四周干净，留有足够宽度的人行道和车道；

⑥ 砖、砌块码放之前，必须将地面铲平、夯实，防止倒塌和地基下陷；砖成丁码放，每丁为200块，每跺高度不得超过1.5m；

⑦ 钢筋原材或成型钢筋存放场地应路基坚实，存放于指定地点；必须按品种规格、使用部位，分别码放整齐；码放钢筋应一头偏高，以便流水，下垫20cm；

⑧ 模板、木方存放管理存放时应下垫上盖、码放整齐，码放高度不得超过1.5m，并防止暴晒、受潮后起拱变形。

16.4 "法"的因素及管理要点

"法"顾名思义，法则，方法。指施工生产过程中所需遵循的法律法规、规章制度、施工方法等。它包括：施工图纸、工艺指导书、施工方案、作业标准、检验标准、各种操作规程以及建设过程中需遵守的法律法规、规章制度等。

大型综合校园项目与普通建设项目施工生产过程中所需遵循的法律法规、规章制度、施工方法等基本相同，其中施工方法根据大型综合校园项目的特点略有创新。

根据国家制定法律法规要求，每个工程施工前需具备经过审核的施工图纸，设计施工同期同行或无图纸施工均属于违法行为。各工序施工前应需编制施工方案，即明确施工方法，且施工方案需要相关人员审核、审批后才能进行该工序施工，根据法律法规要求当该工序属于超过一定规模的危险性较大的分部分项工程时，该方案需要经过相关专业专家论证，论证并通过后方可进行该工序施工，否则均属于违法、违规行为。当建设施工过程出现违法、违规行为时会被全咨单位或政府建设行政主管部门叫停施工，从而严重影响施工进度。

因此"法"的管理也是施工进度管控的重要因素之一。

16.4.1 招标管理要点

不同的施工技术方案对劳务单位招标会起到决策性的影响，例如：模板施工方案、外架施工方案、砌筑施工方案等。每个方案中采用的施工方法不同时，需要的技术性施工人员和施工成本均不相同，需要在招标文件中予以明确，避免施工时产生合同纠纷，对施工成本及进度总控产生影响。

（1）模板施工方案

模板施工有多种施工方法，采用的模板、钢管等材料不同会形成多种支模体系。例如：

1）木模施工体系，采用传统的扣件式钢管脚手架或新型的盘扣架。采用的架体型式不同，对施工作业人员也有一定的影响。专业施工扣件式钢管脚手架的队伍来做盘扣式钢管架，因为架体搭设方式不同，斜撑、剪刀撑等构件要求也不同，会大大降低施工效率，浪费不必要的施工时间，同时还增加了施工成本；同样采用木模施工体系，如果梁底主龙骨与次龙骨支模构造不同，对施工作业人员影响也是比较大的。通常梁底平行梁方向设置钢管作为主龙骨使用，但是一些区域施工作业人员习惯采用木方垂直两方向设置作为主龙骨使用。如果招标时未明确做法，选用的施工作业人员不能按方案要求进行施工，施工时会出现大量整改或者返工情况，从而造成工期延误及施工成本增加，不利于进度管控。

2）铝模板施工体系，模板采用铝模，支撑体系采用独特的快拆体系。施工时，顶板梁板不需要主龙骨、次龙骨等加固措施，采用顶托形式；架体为独立的立杆，不需要纵向和横向水平杆，铝模体系施工时更简便、快捷。但是采用铝模施工体系时，需要的施工作业人员与普通的木模施工体系施工作业人员完全不同，如果使用做木模的施工作业人员来做木模，不仅垂直度、平整度等施工质量无法满足要求，而且施工速度较慢，会大大延长施工时间增加，从而应用进度管控。

（2）外架施工方案

根据建设工程项目不同的特点和不同的创优要求，外架施工方法的选择也会不同。

1）扣件式钢管脚手架，一般采用扣件式钢管脚进行搭设，外立面采用绿色密目网进行防护，层间防护采用大眼网＋挑板或者模板进行防护，可以满足多层同时作业的要求。这种外架通常一～三层采用落地式脚手架，即以地面为基础从地面开始搭设脚手架，四层至屋面层。由于搭设基础不在地面而是位于空中，通常会采用16号以上工字钢作为脚手架基础进行搭设，工字钢以悬挑形式固定在已施工完成的结构上。当总体搭设高度不超过35m时一般采用落地式脚手架一次搭设到顶，这种搭设方式较为节省施工时间以及施工成本。而当脚手架搭设高度超过35m时，一般会以一～三层采用落地式脚手架，三层以上采用悬挑式脚手架形式进行搭设。《建筑施工扣件式钢管脚手架安全技术规范》JGJ 130—2011脚手架搭设规范中并未对搭设高度作出要求，仅要求落地式钢管脚手架搭设高度超过50m时，编制的脚手架施工方案需要进行专家论证。当扣件式钢管脚手架搭设高度超过35m时，通常竖向钢管承载力很难满足要求，需要采用双管进行搭设。而采用双钢管搭设时，施工时间及施工成本都会翻倍，费时费力，对项目进度总控及成本管控极为不利，所以通常脚手架搭设高度超过35m时，一般上部会采用悬挑架形式搭设。采用悬挑架搭设时，每一段悬挑架搭设高度一般不超过20m，超过20m时，根据《建筑施工扣件式钢管脚手架安全技术规范》JGJ 130—2011要求，编制的脚手架专项施工方案需要进行专家论证。超过20m时，随着架体搭设高度越高架体自重也越大，对作为架体基础的工字钢要求比较高，需要采用更大型号的工字钢才能满足要求。目前悬挑架搭设采用的工字钢型号以16号、18号工字钢居多。当采用20号及以上型号工字钢时，市场资源较少，而且周转率较低，会大大增加施工成本，同时搭设难度和施工时间也会增加，不利于施工进度管控。

2）盘扣架搭设外脚手架，盘扣架是近年来新兴的一种新型架体搭设材料，具有承载力高，搭设便捷的特点，但要满足特定的情况才能使用，比如外立面较为规则，没有大量的造型或者凸凹不平的结构。盘扣架立杆、水平杆及斜拉杆等均具有固定的模数，使用时只能选择特定的模数进行使用。由于是新型架体，搭设时需要专业的人员进行搭设或者经过专业培训的人员进行搭设，否则搭设的架体不符合《建筑施工承插型盘扣式钢管脚手架安全技术标准》JGJ 231—2021要求，会出现大量整改或者返工的情况，对施工进度管控极为不利。

3）智能附着式升降脚手架，这种架体对建筑物要求更高，只能用于地面上外立面较为规则、没有大量的造型或者凹凸不平的结构且待施工的建筑物高度较高时。搭设完成后是一个整体，不能随着结构形式的改变而改变，所以建筑物外立面不规则时不能使用这种架体。又因为这种架体属于新型定型化架体，需要根据建筑结构形式进行深化设计（通过深化设计确定架体的构造图纸，然后在工厂内生产加工架体的构配件，加工好后运至现场进行组装），所以架体一次成本非常高，需要多次使用来均摊一次加工生产的成本，所以当楼层较低不能多次使用时，其施工成本远高于扣件式钢管脚手架。楼层越高的建筑智能附着式升降脚手架成本越低，建筑物达到一定高度时，成本甚至低于传统的扣件式钢管脚手架。智能附着式升降脚手架通常是在建筑结构施工至标准层时开始搭设，一般是二层或者三层，搭设完成后是一个整体，可以随着结构施工架体不断提升，做到防护效果。架体整体搭设完成后使用方便，提升速度较快，可以节约大量施工时间及人力资源，外形美观，属于新技术应用。满足使用条件的情况下创优项目多采用这种架体。

由于是新技术，施工时许多主要事项就要在招标文件中予以明确，避免进场后产生纠纷，对施工进度造成影响。例如人员要求方面，需要配备足够数量的专业安装人员及顶升作业人员；附墙支座要求方面，需要配置 4 套附墙支座。如果不作要求，厂家通常配置 3 套附墙支座，满足正常使用要求，但不满足爬升要求（爬升时属于违规操作且存在较大的安全风险，对施工安全管控极为不利）。

（3）砌筑施工方案

二次结构墙体目前大部分都是采用蒸压加气混凝土砌块。这种砌块尺寸精度一般较高，尺寸偏差大多数都在 2mm 以内。采用蒸压加气混凝土砌块作为砌筑材料时，可以采用两种砌筑方法。

1）传统砌筑方法

传统砌筑方法采用水泥砂浆进行砌筑，灰缝一般控制在 10mm 左右，不小于 8mm，不大于 12mm。这种砌筑方法灰缝较大，水泥砂浆用量比较大。施工时，需要的施工人员较多，且大量的水泥砂浆在运输过程中会造成遗撒，运至施工作业面过程中大部分会直接倒在混凝土结构板上，对现场的安全文明施工管理相当不利，需要安排大量人员每天进行清扫。由于砌筑灰缝较大控制起来相对较难，灰缝大小很难保证完全一致，且很难保证全部填满，施工较慢，施工质量效果也相对差一些。

2）薄砌方法

采用砌筑专用胶凝材料，灰缝一般为 2 ~ 4mm。专用胶凝材料用量较少，均为袋装，可在现场采用桶直接搅拌，不会造成污染，施工现场较为整洁，安全文明施工效果较好。因为灰缝较小，除了节约材料以外，施工时灰

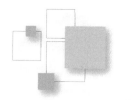

缝尺寸控制也较为精确，施工成型效果较好，对现场质量管控较为有利，且可以为项目创优打下良好基础。

因为两种砌筑方法不同，所需施工作业人员要求也不同，所以在编制招标文件时需要明确砌筑方法。

16.4.2　设计管理要点

工程项目包含的专业工种复杂，参与建设的专业分包单位众多，又面临有限的时间和空间。所以项目管理团队必须在加强工程管理的同时也加强设计管理工作，避免造成图纸上的混乱，确保工程施工有序进行。一般项目部会成立以项目总工为组长的设计管理小组，组员由方案工程师、技术员、各专业工长组成，以技术部为专项设计主管部门，专业深化设计单位配合的设计管理小组。项目设计管理小组涵盖支护、桩基及土石方等各专业深化设计人员。设计管理小组除了完成自行施工部分的工程的专业深化设计以外，主要工作在于联系协调对各自专业单位提交的专业深化设计图纸进行初步审核。确认该深化设计没有改变原设计后，提交设计单位和甲方审核，并负责联系设计单位，跟踪图纸审核进度和审核结果。

（1）深化设计的进度管理

深化设计是介于设计与施工的中间环节，对工程质量、进度乃至成本都有重要影响，是工程技术管理中设计管理的重要组成部分之一。

在建设单位提供完整的施工蓝图后，对于需要二次深化的专业，施工单位需进行全面的审查、学习，对在审查、学习过程中发现的图纸疑问、合理化建议进行汇总整理，编制出统一的深化设计计划。根据施工总控计划，统一编制年、季、月二次深化设计出图计划，分发给各专业分包单位，并要求其按此进度计划进行深化设计出图，并协调设计单位进行审核。

项目总工需组织各专业深化设计师按期进行对口督促和检查，并及时调整落实出图计划。深化设计管理小组要按时、认真填写出图计划的实施记录。

（2）深化设计的质量管理

深化设计管理小组要根据送审要求，统一深化图的格式、语言、要求及送审份数，并认真初审深化图及文件，严格遵循原设计意图，坚持深化设计图纸的会签制度。只有深化设计图纸准确无误、会签后才能出图交付施工。经过设计单位设计师审核批准的深化图，需由施工单位及时加盖同意施工印章发送分包单位组织施工。

（3）深化设计的综合协调管理

开工后，施工单位项目总工要负责与建设单位设计部、设计单位联系，充分理解设计意图及工艺要求，根据设计要求编制施工组织设计、施工方案，包括施工中可能出现的各种情况的技术措施，并协助设计单位完善施工图纸。之后向设计单位提交根据施工总进度计划编制的深化设计出图计划，并积极参与设计的细化工作。

施工单位各专业部门需经常对分包单位进行对口检查，尤其是机电工种，其管线错综复杂，必须对照综合管线图仔细核查。专业工程师之间要时常互通信息，密切配合。发现问题快速解决，以减少工程损失、加快施工进度。

施工单位设计管理小组需定期召开专题协调会，逐条逐项解决工程中发生的问题和难点，并及时更改差错。

16.4.3　技术管理要点

（1）图纸会审管理

工程开工前施工单位项目总工程师需组织项目管理人员（含分包）进行内部图纸会审，形成内部图纸会审记录，作为正式图纸会审的资料。

图纸会审会议由建设单位主持，会中由设计单位向施工单位项目管理人员就本工程设计意图、施工工艺、技术要求、注意事项等进行介绍和交底，解答有关问题。施工单位项目部根据会议意见，整理成正式的图纸会审记录，经建设单位、全咨单位、设计单位及施工单位签字、盖章后，由施工单位下发至各部门及有关分包单位。

有时因项目属"重、大、特、新"项目，技术难度大或图纸会审时间较为紧张，仅靠施工单位项目人员难以在有效的时间内对施工图纸进行有效的审查，这时施工单位应向直属上级单位技术部提出申请增加图纸会审人员，借助上级单位力量在有效时间内完成图纸预审和图纸会审。

施工单位图纸持有人（如：工程部、质检部、商务部等）应将图纸会审内容标注在图纸上，注明修改人和修改日期。项目部技术部门应定期检查图纸会审内容执行情况，避免因未按图纸会审内容施工导致现场返工，对施工进度及施工成本造成影响。

（2）设计变更和洽商管理

施工单位在项目实施过程中，需严格以按图施工为准则。需要变更时，应坚持先沟通获得建设单位认可后再办理变更流程，不宜先施工而后沟通。

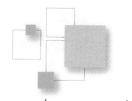

如果建设单位或设计单位不允许进行变更就会造成返工，对施工进度和成本管控造成影响。变更中涉及经济签证的要会同商务部及时按合同要求办理并完善相关手续。

凡在图纸会审时出现因设计产生的遗留、遗漏以及新问题，需由设计单位以变更设计通知单的形式下发建设单位、全咨单位及施工单位等有关单位；属建设单位原因产生的，由建设单位通知设计单位出具工程变更通知单，并下发全咨单位、施工单位等有关单位。

在施工过程中，因施工条件、材料规格、品种和质量不能满足设计要求以及合理化建议等原因需要进行施工图修改时，由施工单位项目部提出技术核定单。技术核定单由施工单位项目技术人员负责填写，并经项目技术负责人审核，重大问题须报上级单位总工审核。核定单应信息正确、填写清楚、绘图清晰，变更内容要写明变更部位、图别、图号、轴线位置、原设计内容和变更后的内容要求等。技术核定单由施工单位项目技术人员负责送建设单位、全咨单位及设计单位。经建设单位、全咨单位及设计单位审核认可后，由设计单位出具设计变更通知单。

在任何情况下的洽商与变更应时刻思考三个问题：是否必须变更？变更对施工能否更加便利？对效益有否提高？

工程洽商单（技术核定单）、设计变更通知单和设计变更图纸应由施工单位项目资料室统一签收，并及时下发至项目工程部、质检部、商务部、劳务等；图纸持有人应及时在施工图对应部位标注洽商（核定）或变更日期、编号、更改内容和依据等。

设计单位签发的设计变更通知单或设计变更图纸如果对施工进度、施工费用和施工准备情况产生影响，施工单位项目工程部、商务部应及时与建设单位、全咨单位现场工程师办理签证。

（3）施工组织设计管理

施工单位项目部需严格按照《建筑施工组织设计规范》GB/T 50502—2009、施工合同、项目策划书及上级单位相关文件编制项目施工组织设计。

施工组织设计需在开工前由施工单位项目经理组织项目有关人员讨论、分析、优化，确定资源配置、施工方法、措施、现场布置、设施、总进度；由项目总工程师主持，相应方案工程师进行编制。编制完成后必须进行内部评审并形成内部论证报告，评审合格后再汇总成册并上报上级单位总工程师进行审核。施工组织设计经施工单位总工程师审核，全咨单位总监理工程师审批通过后，由施工单位项目总工对工程部、技术部、质检部、安全部、质检部、物资部等各部门进行交底实施。施工过程中，由施工单位项目总工程师对项目施工组织设计的执行情况进行监督、检查。

施工组织设计因各个工程差异而不尽相同，但应包括以下主要内容：工程概况、施工部署、主要施工方法、进度计划、资源配置、施工技术组织措施、各项管理目标、施工现场平面布置图等内容与工程性质、规模、特点和施工条件相符，具有针对性；编制的内容不可缺项、层次清晰、严密，要有指导性；工艺要求和标准明确，具有较强的可操作性。

（4）施工方案管理

可对施工方案进行 A、B、C、D 类分类。其中 A 类方案为超过一定规模的危险性较大的分部分项工程安全专项施工方案、项目重大策划、施工组织设计；B 类方案为危险性较大的分部分项工程安全专项施工方案；C 类方案为一般性专项安全施工方案；D 类方案为专项技术施工方案。

项目开工前，由施工单位项目技术部根据工程施工总进度计划制定本工程施工方案编制总计划表。方案编制计划中需明确编制人、开始时间、完成时间等。项目编制的施工方案应严格按照分项工程施工进度进行编制，并在该分项工程施工前完成相应方案的审核、审批工作。专业分包编制的方案需由施工单位先进行审核，合格后再报全咨单位进行审批。所有施工方案应经施工单位项目部内部论证评审，并由施工单位项目经理审核同意后报全咨单位及建设审核批。

根据《危险性较大的分部分项工程安全管理规定》要求，超过一定规模的危险性较大的分部分项工程安全专项施工方案，应先经过施工单位公司总工审核，全咨单位总监理工程审批后需组织相关专业专家论证，专家论证后再报全咨单位、建设单位进行二次审批，经全咨单位及建设单位二次审批后报专家组组长进行签字确认。审核完成的施工方案由施工单位项目方案编制人员对项目部各部门及相关施工作业班组长进行交底、实施，施工过程中，施工单位项目技术部对方案实施情况进行监督、检查。

（5）技术交底管理

施工单位在施工过程中要严格执行质量技术交底制度。针对各施工方案和施工组织设计，经施工单位审核、全咨单位审批完成后，应由施工单位项目总工程师负责向现场管理人员进行交底，施工单位项目现场工长（施工员）负责向分包单位的施工人员进行分项工程施工技术交底，劳务施工队伍和分包单位技术负责人负责向班组操作工人进行技术交底。交底内容应明确项目的范围、施工条件、施工组织、计划安排、特殊技术要求、重要部位技

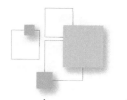

术措施、新技术推广计划、项目适用的技术规范、政策等。

施工单位在进行技术交底时，必须以书面形式或视频、语音课件、PPT文件、样板观摩等方式进行。交底后，交底人组织被交底人认真讨论并及时回答被交底人提出的疑问。交底人提前将交底资料提交项目总工进行审核确认，交底人及被交底人书面签字确认后，交底人负责将记录移交项目资料员处进行存档。

技术交底必须在各分项工程施工之前完成，未进行技术交底不得提前施工。施工单位项目方案工程师（技术员）负责对技术交底的实施情况进行检查和督促。

（6）资料管理

1）项目工程资料的组成

项目工程资料包括以下 7 个组成部分：

① 施工管理资料；

② 施工技术资料；

③ 施工测量资料；

④ 施工物资资料；

⑤ 施工记录资料；

⑥ 过程验收及工程竣工质量验收资料；

⑦ 工程音像资料。

2）资料编制数量要求

工程项目施工完成后，除了施工单位项目部对施工资料进行留存外，工程技术档案资料还需根据国家标准和工程所在地档案馆的要求组卷。通过档案验收的资料应及时向城建档案馆、建设单位、施工单位档案部门移交工程档案。各单位需要施工资料套数如下：

① 城建档案馆：1 套；

② 建设单位：1 套；

③ 施工单位项目部：1 套；

④ 施工单位档案室：1 套。

3）施工单位项目部应根据项目策划及现场实际情况，配备专职资料员负责项目资料的发文、收文及资料收集、整理、保管、归档及移交。

4）施工单位项目总工程师、机电经理在开工前，应编制分部分项工程、检验批划分方案，并向项目部技术部、工程部、质检部及机电部等相关部门就项目统一的工程名称、单位（子单位）工程名称及分部分项工程、检验批的划分进行详细交底。

5）制定项目各相关人员的资料管理职责

① 项目经理是项目质量技术资料的第一责任人。项目经理负责工程资料的统筹管理和人员安排，参加分部工程的质量验收和评定，对项目工程资料的管理负领导责任。

② 项目总工是项目质量技术资料的直接组织人，对项目经理负责。项目总工负责组织对各分部工程进行验收，并评定各分部工程的质量，参加单位工程的质量检验评定，定期收集不合格品情况，制定纠正和预防措施并报项目，对项目工程资料的管理负直接责任。

③ 项目资料员全面负责项目工程技术资料的收集、整理、保管、归档及移交。从开工准备之日起，项目资料员需要根据技术资料清单开始收集、整理工程技术资料，确保工程技术资料与施工进度同步。项目部还要加强施工记录的管理，确保工程全过程施工记录的完整准确。

④ 项目质检员负责及时对施工过程进行验收核定，把好工程质量关，将不合格品情况进行汇总，按时上报项目技术负责人，及时填写和生成工程质量验收评定资料和相关质检记录，参加单位工程的验收。项目质检员对工程质量验收评定资料和项目管理资料的完整性和正确性负责。

⑤ 项目试验员负责现场试验工作。试验员应及时生成和整理各种材料的取样记录及各种材料的试验资料，并定期将整理完整的试验资料移交项目资料员存档。

⑥ 项目施工员应熟悉并掌握图纸、施工规范规程、质量标准和施工工艺，在各项工序工程施工前向班组工人进行技术、质量交底，做好交底记录，并监督指导工人按规范操作。对所负责的区域中需进行技术复核的内容要在下道工序施工前进行复核自查，做好复核记录，按时、认真地记录好施工日志。负责填写材料进场检验通知单（配合材料员）、混凝土浇筑申请单、混凝土施工记录、拆模申请单、负责区域内的各种工程质量技术资料（如隐蔽记录、中间交接记录、混凝土施工记录等）。

⑦ 项目材料员负责原材料、半成品原材料证明书的收集工作。在材料进场后，项目材料员需及时填写材料进场检验通知单，并通知试验员取样，之后交项目资料室整理归档。

⑧ 项目测量员负责项目定位测量、放线、垂直度及平整度观测、沉降观测等工作，并做好相应的记录，交项目资料室及时归档。

⑨ 专业分包单位资料员应服从总包资料员的管理，对于所填报资料必

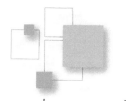

须按照总包创优要求进行填写。对于不符合要求的填报资料，总包资料员有权利要求分包资料员进行整改。

（7）试验管理

项目部需配置专职试验员，持证上岗，负责整个项目的材料送检、资料填报等所有试验管理工作。

工程施工前，方案工程师与项目试验员需结合工程实际情况编制本工程试验方案，包括见证取样和实体检验计划。如果施工进度计划和材料变更等情况发生，应及时调整试验计划。

施工现场需设置标养室，用于所有的试块制作、养护工作。试验员应严格遵守计量器具和试验设备管理制度、标养室管理制度对项目使用的各类计量器具、试验设备进行自检、送检，对标准养护室试块制作标准及养护标准进行管理。

对于现场原材料、混凝土（砂浆）、钢筋接头（焊接、机械连接）等送检应严格按照项目试验委托程序，进行试件的取样、送检，并建立相应的试验台账。

（8）测量管理

项目部需配置专职测量员，持证上岗，负责现场所有测量复核工作。

项目开工前，由施工单位项目总工程师组织测量员与技术员编写施工测量方案。施工测量方案审批后，由方案编制人员向项目管理人员及分包管理人员（包括测量员）进行书面交底，主要交代测量工作内容、测量方法、所用仪器、测量精度、控制点和基准点位置、验收程序及相关负责人，参加交底相关人员签字。

正式施工前，要对工程中使用的测量仪器应先进行检测、校正。施工中再定期进行检查、检测，以保证工程要求的精度。测量仪器由测量人员使用维护与保管。

项目测量员应严格按照测量仪器管理、测量资料管理、测量复核制度对整个项目的测量工作进行管理。

现场测量管理应遵循施工前测量管理、施工中测量管理的原则对现场控制点进行布设。

项目要严格按照设计图纸设置建筑物沉降观测点，并按图纸设计要求进行建筑物的沉降观测，并对观测资料进行整理、校对。

（9）计量器具管理

项目部应根据项目特点和生产需要，在《项目部实施计划》或《施工组织设计》中确定方案，并在使用前一周提出计量器具的配置计划。

施工过程中由施工单位项目部建立计量器具台账，对本项目使用的计量器具进行日常维护保养、修理、校准、调整、标识等管理，监督使用和保管好计量器具。

施工单位负责计量器具配置计划的审批、采购、验收、建账、调拨等管理。对流转过程中的计量器具进行校准、检定、修理、封存、启封、报废、标识等工作。

16.5 "环"的因素及管理要点

"环"是指环境，狭义的环境通常是指现场施工条件，除此之外环境还包括地域因素、气候因素、社会环境、市场环境等广义的环境。

施工生产过程中环境因素也与生产进度息息相关。狭义的环境，如场外环境应考虑：项目周边的交通环境是否便利，市政道路是否畅通，限行或限载是否有要求，是否满足现场各种施工车辆运输要求；现场周边是否存在居民区、办公区；现场夜间施工是否会对居民产生影响。场内环境应考虑：劳动工人携带作业工具到达作业面的道路是否畅通，是否存在"翻山越岭""跋山涉水"，大量浪费有效作业时间且施工作业人员的安全缺乏保障等现象；各工序的作业环境应考虑：钢筋、混凝土作业时临边洞口防护是否满足要求；上下层交叉作业防护措施是否满足要求等。而广义的环境应考虑如何应对气候因素，如南方区域的台风季节，北方的冬期施工等带来的对施工作业的影响。市场环境应考虑钢材涨价、货源短缺，砂石资源短缺等影响的应对措施。建筑施工中狭义的环境大多为相对可控因素，也是施工进度管控的重点管理范畴。而广义的环境大多为不可控因素，只能提前制定相应的预防措施及紧急方案。但无论哪种环境因素都对施工进度管控存在重大影响。

现场施工条件方面，大型综合校园项目与普通项目存在较大的差异。大型综合校园项目普遍占地面积较大，施工时可以根据要求进行合理布置，对于推进施工进度较为有利，但临建投入成本也相对较大；同时，因占地面积较大，临时施工道路投入量也非常大，所以临时施工道路的布置就显得尤为重要，此时可以采用永临结合的方式进行处理：无建筑物位置可以考虑优先施工室外管网和正式消防道路，正式消防道路作为临时施工道路使用。

所以，"环"的管理也是施工进度管控的重要因素之一。

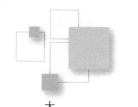

（1）安全防护

1）围护围栏：工地四周应有与外界隔离的围护设施，高度为2.5m，做到稳固、整洁、美观。

2）四口防护：电梯井口、通道口、楼梯口、预留洞口等设有有效防护设施。

3）五临边防护：阳台边、通道边、斜道边、坑道边、建筑物周边等设有有效防护设施。

4）安全网：建筑物四周用安全网围蔽，做到不漏挂、不脱落，安全网的质量符合规范要求，要有出厂合格证。

5）安全帽、安全带：凡进入施工现场必须佩戴安全帽，并系好帽带。高空作业，例如脚手架搭设、钢结构焊接等要佩戴安全带。

6）封闭管理：大门入口处挂牌标明工程项目名称、建设单位、全咨单位、设计单位、施工单位、项目经理、施工许可证批准文号、开工、竣工日期等。现场进出口门头设企业标志，门口设门卫，并有门卫制度，进入施工现场人员佩戴工作卡。

（2）场地整洁

1）施工现场必须按照施工组织设计（方案）的总平面图进行现场平面管理工作，做到布局合理，并做好"三通一平"（即水通、电通、路通、场地平整）。

2）材料堆放：要按场布图堆放整齐，加标识。易燃易爆物分类隔离存放。

3）施工现场的出入口、办公室、食堂、宿舍、厕所、材料堆放做硬地化。施工道路做硬底化，基础工程道路铺碎石、砂。

4）施工现场道路要畅通，施工现场应无积水，现场要有连续排水沟、沙井，做到污水、废水不外溢。

5）施工现场的出入口做洗车槽，配备冲洗设施。

6）施工现场设垃圾池围敝，垃圾集中堆放，及时清理。

（3）交通管理

1）进行场内施工总平面布置时，合理规划施工通道，设置交通标识。

2）场内临时交通主干道设置人车分流措施，控制车辆和人员的通行秩序。

3）现场材料堆放有序，严禁在交通干道上堆放材料。

（4）照明条件

1）夜间作业时，施工作业区域保证充足且均匀的照明，避免阴影和昏暗区域。室外照明灯具均设置灯罩，防止光源逸散造成光污染。

158

2）现场照明可利用塔式起重机平台设置灯具固定点，在塔式起重机顶升平台设置 LED 灯，LED 灯数量根据作业面大小和流水段划分进行布置，减少重复布置高空 LED 灯。满足现场夜间照明即可。

3）临边照明采用标准化安装 LED 灯，结合夜间施工人员数量和照度满足现场使用。

4）楼内采用 LED 灯带低压照明，灯带悬挂高度不低于 2.5m。

5）施工现场存放易燃和可燃材料的库房、木工加工场所、油漆配料房及防水作业场所不得使用明露高热强光源灯具，库房内照明应安装防爆灯具。

6）生活区照明采用低压电源，照明灯具使用 LED 节能灯。

（5）通风换气

在消防水池、蓄水池、储油池、狭小空间等封闭或半封闭空间作业时，应设置通风设备，确保良好的通风，防止有害气体积聚。施工前应进行有害气体检测，有害气体检测满足要求才能进行作业，且作业时应安排安全管理人员进行旁站。

（6）噪声控制

1）混凝土施工噪声的控制

混凝土振捣时，禁止触碰钢筋或模板，做到快插慢拔，并配备相应人员控制电源线及电源开关，防止振捣棒空转。振捣棒使用完后，应及时清理干净并进行保养。

混凝土浇筑过程中，要加强对混凝土的施工管理，及时进行监测（根据日常经验），对超过噪声限值的混凝土泵及时进行更换。

加强对混凝土泵、混凝土罐车司机等操作人员的培训及责任心教育，保证混凝土泵、混凝土罐车平稳运行、协调一致，禁止乱按喇叭。

2）模板、脚手架工程噪声控制

支拆模板、脚手架时，必须轻拿轻放，上下、左右有人传递，严禁抛掷。

模板在拆除和修理时，禁止使用大锤敲打模板，以降低噪声。

设置木工加工棚，并对木工棚进行一定围挡封闭处理，以降低噪声。

木料或木板在切割时，采用低噪声木工切割机或电刨空转。切割机或电刨用完后，应及时清理干净并进行保养。

木工机械的噪声控制工作由木工班组长在工作安排中进行要求，由木工责任工程师监督施工班组完成。

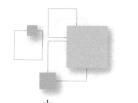

3）机电工程噪声控制

材料的现场搬运应轻拿轻放，严禁抛掷，减少人为噪声。

现场加工应在室内进行，严禁用铁锤等敲打的方式进行各种管道或加工件的调直工作。

机电工程的噪声控制应由施工单位机电班组长在施工前进行要求，由机电责任工程师监督施工班组实施。

（7）大气污染控制

1）土方、水泥等物料运输和临时存放时，应采取防风遮挡措施，以减少起尘量。

2）锚杆钻孔施工过程中应适当加水降尘，并采取必要的遮盖与围护措施。

3）施工现场临时道路做硬化处理，不但给雨期施工带来便利，又防止了尘土、泥浆被带到场外，保护了周边环境，很大程度上加强了现场文明施工。

4）装修施工垃圾清运，应采用搭设封闭临时专用垃圾道运输或采用容器吊运，严禁随意高空抛洒。

5）现场设封闭垃圾站，现场垃圾全部从楼层密封装卸至专用垃圾存放地点。现场垃圾按性质、类别分开存放，设专人定期清运。并适量洒水，减少污染。

6）在出场大门处设置车辆清洗冲刷台，车辆经清洗和苫盖后出场，严防车辆携带泥沙出场造成遗撒。

7）运输材料时使用环保合格的车辆，进货车辆控制好开车时的扬尘。

8）装修时切割石材在固定的场所内作业，及时用水消除切割带来的粉尘。

9）各个施工班组每天做好工完场清的工作，并设专人检查落实情况。

10）项目部设置专人进行大气污染的监测工作，检测人员如发现污染值超出规定的标准，应及时通知主管领导。根据产生问题的主要原因，采取必要的措施。

11）组织办理好市容、环卫、消防、交通各部门的有效证件，手续保证车辆机械的正常运行，派专人每天对工地附近的运土道路进行清扫，以保证路面整洁。

（8）水污染的控制

1）现场交通道路、材料堆放场地统一规划排水沟，控制污水流向，设置沉淀池，将污水经沉淀后，再循环利用。严防施工污水直接流出施工区域，污染环境。

2）加强对现场存放油料的管理。对存放油料的库房，进行防渗漏处理，采取有效措施。在储存和使用中，防止油料跑、冒、滴、漏污染水体。

3）项目部定时请有关环保部门对施工现场的水污染进行检测，每月派专人检查水处理设施的完好程度，并做好记录。

4）用于楼层的水应控制好水的用量，避免由于用水过多造成地面积水，浪费水资源。

5）临时食堂应设置简易有效的隔油池，产生的污水经下水管道排放要经过隔油池。平时加强管理，定期掏油，防止污染。

6）加强对职工、分包队伍进行节约和环保意识的教育和宣传，杜绝随意浪费水的现象发生。

（9）固体废弃物污染的控制

1）建立严格的废弃物管理制度，废弃物设专用场地堆放，集中管理。

2）生活区设置若干垃圾桶，集中储放生活垃圾，定期运至指定的垃圾中转站处理。

3）施工过程中的废弃物、边角料、包装袋等及时收集、清理，运至垃圾场掩埋。

4）对于机械设备的废弃物，在维修与保养的过程中要严格执行废弃物回收制度，对维修或保养机械的过程中产生的废零件、废手套、废面纱等废弃物则指定专人负责回收，并设立收集废弃物的专门容器。

（10）能源控制措施

减少自然资源浪费，加强材料管理。指定专人负责对节约用水，节约用电的管理，杜绝"长流水、长明灯、不关空调"的浪费现象。同时严格控制纸张的使用，积极推广无纸化办公。

（11）文物保护措施

施工过程中一旦发现地下有考古、地质研究价值或地下文物时，及时停止施工，尽快通知业主及有关文物保护部门，及时采取保护现场的紧急措施，避免人为的破坏。

（12）环境监测

1）定期对环境参数进行监测，如噪声、粉尘等。

2）根据监测结果及时调整管理措施。

（13）生活设施

1）工人生活区的宿舍、厨房、厕所、浴室等使用硬地面、砖砌墙体，内墙贴2m高瓷片，用彩色钢板顶屋盖。

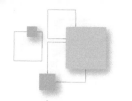

2）宿舍及周围环境每日由专人负责清洗干净，保持周围环境卫生。厨房内不得存放有毒有害物品，做到通风、卫生，地面排水良好。厨房加工、灶台、售饭、食物储藏严格分开，门窗设置窗纱。

3）每间房间住人不超过10人，使用双层铁架床，做到单人单铺，保持空气流通。

4）厕所设置洗手盆、蹲便器和冲水装置，设置化粪池排入下水道。

5）文娱：生活区内设有活动室，活动室可设置台球、乒乓球等供平时娱乐。

16.6 结论

除以上"五大因素"外，资金因素也尤为重要。资金不足，不能及时发放劳动工人工资，导致劳动工人罢工；不能及时支付材料款，导致工程材料不能及时进场等，从而影响各工序的有序施工，间接影响施工进度管控。

受以上诸多因素的制约，可见工程进度的控制既复杂又重要。除极少因素无法掌控，其他都是可通过有效的进度控制来弥补。因此，针对项目特性，制定各板块有针对性的施工进度计划及管控措施是尤为重要的，合理的进度计划及管控措施可以有序、有章法地进行进度管理，可以有效减少或规避各种因素对施工进度的影响。

第 17 章

进度总控方法

大型综合校园项目进度管控方法有很多层级的管控。建设单位作为施工项目的甲方，在进度管控方面主要负责制定项目工期和节点目标，如地下室封顶节点、主体结构封顶节点、消防验收节点及竣工验收节点等，不同的建设项目和建设单位关注点不同，相应的节点也会略有不同；全过程咨询单位（或监理单位）作为甲方的代言人，主要审核施工单位编制的施工总进度计划、年度计划、月度计划等相关计划，判断是否符合建设单位对工期的要求，同时监督整个施工过程是否按计划实施；施工单位作为具体实施单位，负责施工总进度计划等所有施工计划的编制及实施，并制定相应的管控措施，保证施工整个过程能按进度计划实施，顺利完成甲方制定的工期目标。

17.1 进度计划管控

为了保证工程项目的顺利实施，项目管理团队需要根据工期部署确定的总进度目标合理制定节点工期目标以管控进度计划，并积极采取有效的措施以确保节点工期目标的实现。

17.1.1 编制配套保证计划

为了控制各分部分项工程施工进度与项目总体施工进度整体协调，项目需制定里程碑计划、施工总进度计划。里程碑计划明确节点工期目标后，再根据里程碑计划编制项目总施工进度计划，并根据施工总进度计划编制劳动力计划及机械设备等资源配置计划。同时为便于过程中检查、纠偏根据总施工进度计划编制年度施工计划、月度施工计划等，工期要求较紧时还需编制

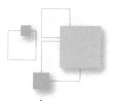

周施工计划。

根据各专项施工进度安排，各专业需要根据里程碑计划及总施工进度计划制定分部分项进度计划，包括制定详细的分包招标、定标及进场计划。进场后，钢结构工程、机电安装工程、幕墙工程、装修工程各专业及专业之间都需要进行深化设计，需编制深化设计进度计划来满足以上分项工程各阶段的进度目标。

17.1.2 施工进度的检查与监督

（1）检查体系与方法

项目进度管理一般由工程部门负责。工程部需设置计划管理工程师，以总进度计划及根据总进度计划分解的年度施工计划、月度施工计划、周施工计划为依据，在工程施工阶段进行检查与监督。

每周应进行一次进度计划的检查，对比实际进度计划与周进度计划的偏差，并及时上报给生产经理。通过分析进度偏差的原因，采取有效措施以保证周计划的有效执行。以周计划保月计划、月计划保年度计划，年度计划最终实现整个项目总进度计划。

（2）跟踪检查施工实际进度

在进度计划执行记录的基础上，将实际执行结果与原计划的规定进行比较。比较的内容包括开始时间、结束时间、持续时间、逻辑关系、工作量、总计划、网络计划中的关键线路等。通过现场专人实地、日常管理，收集进度报表数据，每周召开进度工作汇报，协调会。

（3）整理统计检查资料

对收集的进度数据，按计划控制的工作项目内容进行统计，以相同的网络和形象进度形成与计划进度具有可比性的数据。

17.1.3 对比分析实际进度和计划进度

将收集的数据整理和统计成与计划进度具有可比性的数据后，用实际进度与计划进度的比较方法进行比较分析。通常可以采用以下方法进行分析对比：

（1）横道图比较法

将实际进度用横道线绘制在计划进度的横道图上，可以直观地看出二者的差异，比如开始时间、结束时间、持续时间等方面的不同。横道图比较法优点是简单易懂、形象直观；缺点是对于复杂项目的细节反映不够精确。

（2）S形曲线比较法

根据计划时间累计完成的任务量绘制出计划S形曲线，再根据实际进度绘制实际S形曲线。可以比较不同阶段进度的快慢，也能反映出进度超前或滞后的情况。

（3）"香蕉形"曲线比较法

由两条S形曲线组合而成，一条是按最早开始时间安排进度绘制的ES曲线，另一条是按最迟开始时间安排进度绘制的LS曲线，实际进度曲线处于二者之间，能全面反映进度的执行情况和计划的合理性。

（4）前锋线比较法

在时标网络计划图上绘制前锋线，根据前锋线与工作箭线交点的位置判断进度偏差，可以准确地确定进度偏差的具体位置和数值。

（5）列表比较法

将检查时收集到的实际进度数据与计划进度数据列成表格进行对比，能清晰地显示各项工作的进度偏差值。

17.1.4　编制进度控制报告

将检查比较的结果及有关施工进度现状、影响因素和发展趋势、预防措施以简明扼要的书面报告形式通过施工单位收集，进而提供给进度职能负责人和业主，并作为调整进度、核发工程进度款的依据。

17.1.5　施工进度检查结果的处理

如进度偏差不影响总工期，则继续执行原进度计划。如果进度偏差影响总工期，但偏差较小，可在分析其产生原因的基础上采取有效措施解决矛盾，之后继续执行原进度计划。当偏差较大不能按原计划实现时，可对原计划进行必要的调整，确保关键节点及总控工期。

17.2　进度保障措施

17.2.1　组织保证措施

（1）实行施工单位项目经理负责制，对工程行使计划、组织、指挥、协调、实施、监督六项基本职能，确保指令畅通、令行禁止、重合同、守信誉。

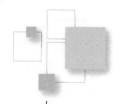

（2）项目部除项目经理主管项目的总体协调控制以外，生产经理具体负责项目的施工进度计划协调管理，并从施工单位管理的角度对项目自身工作内容和专业分包单位进行总体控制。

（3）项目工程管理部设置专业进度计划管理工程师，专职负责工程进度计划的编排与检查。

（4）施工单位的计划以施工进度计划协调调度为中心，实施进度计划的编制、下达、调整、更新、控制、反馈、对外协调等职能。以施工总进度控制为基础，确定各分部分项工程关键点和关键线路，并以此为控制重点，逐月检查落实、实施奖惩，以保证工期目标的按时实现。施工中将建立一系列现场制度，诸如工期奖罚制度、工序交接检查制度、施工样板制、大型施工机械设备使用申请和调度制度、材料堆放申请制度、总平面管理制度等。

（5）为了更好地解决工程中出现的重点技术课题，可聘请专家提供技术支持，协助解决施工难点，以保证工程质量和进度。

（6）加强施工单位与建设单位、全咨单位、设计单位的合作与协调，对施工过程中出现的问题及时达成共识，积极协助建设单位完成材料设备的选择和招标工作，为工程顺利实施创造良好的环境和条件。

（7）加强同各专业承包单位的施工协调与合作来进行进度控制，根据现场工程进展及时通知各专业承包单位进场，并为各专业承包单位的施工创造良好的条件。

17.2.2 管理保证措施

（1）推行目标管理

根据建设单位和全咨单位审核批准的进度控制目标，由施工单位编制总进度计划，并在此基础上进一步细化，将总计划目标分解为分阶段目标，分层次、分项目编制年度、季度、月度计划。后与专业承包单位签订责任目标，要求各专业承包单位对责任目标编制实施计划，进一步分解到季、月、周、日，并分解到队、班、组和作业面。形成以日保周、以周保月、以月保季、以季保年的计划目标管理体系，保证工程施工进度满足总进度要求，并由总进度计划分解出设计进度计划、专业分包招标计划和进场计划、技术保障计划、商务保障计划、物资供应计划、设备招标供货计划、质量检验与控制计划、安全防护计划及后勤保障一系列计划，使进度计划管理形成层次分明、深入全面、贯彻始终的特色。

（2）建立严格的进度审核制度

施工单位对于由专业承包单位递交的月度、季度、年度施工进度计划，不仅要审查和确定施工进度计划，还要分析专业承包单位随施工进度计划一起提交的施工方法说明，掌握关键线路施工项目的资源配置。对于非关键线路施工上的项目也要分析进度的合理性，避免非关键线路以后变成关键线路，给工程进度控制造成不利影响。

（3）建立例会制度

应要求施工单位每周组织召开有各专业承包单位参加的工程例会，在例会上检查专业承包单位的工程实际进度，并与计划进度比较，找出进度偏差并分析偏差的原因，研究解决措施，每日召开各专业碰头会，及时解决生产协调中的问题，不定期召开专题会，及时解决影响进度的重大问题。

（4）建立现场协调会制度

应要求施工单位每周组织召开一次现场协调会，通过现场协调会的形式，与建设单位、设计单位、专业承包单位一起到现场解决施工中存在的各种问题，加强相互间的沟通，提高工作效率，确保进度计划有效实施。

（5）明确节假日工作制度

由于施工项目一般施工周期较长，至少跨越一个至两个春节，个别项目甚至更多，而春节放假时间较长，对工程进度管控影响较大。所以从工程开工起就需明确春节及节假日工作制度。春节可视项目进度情况休息7～15d，其他节假日实行轮休制，正常上班，每天都需要有管理人员在场，确保现场可以正常开展施工。由于某种原因不能轮休的，按国家劳动法规定发加班工资。

17.2.3　资源保证措施

要求施工单位加大资源配备与资金支持，确保劳动力、施工机械、材料、运输车辆的充足配备和及时进场，保证各种生产资源的及时、足量地供给。

（1）劳动力保证

要求施工单位随时储备优秀的劳务分包商及材料供应商等下游分包合作单位。例如项目开工前，提前进行劳务分包商的业绩和综合实力的考核。在合格劳务分包商中选择具有一级资质的成建制队伍作为劳务分包，项目开工前即签订合同，做好施工前的准备工作，确保劳动力准时进场。

经历春节时，在春节前后劳动力比较难以保证，为解决春节期间劳务用

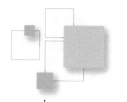

工问题，施工单位可采取以下措施：

1）春节前，及时与劳务队沟通，项目部将安排专人负责解决工人回家的交通问题，提前为工人买到车票，解决工人的后顾之忧，能够安心工作。

2）春节后，为使工人能够及时上班，在劳务队的聚集地，由项目部负责包车将工人运到施工现场，从源头做起，保证项目按计划施工。

3）春节期间，为确保关键工期目标，对确需在春节不放假，必须留下来连续加班的工人，做好思想工作，准备好法定加班工资和奖励政策，并保证遵守承诺。这样在春节期间也可以正常施工，确保总工期目标的实现。

（2）物资保证

1）建立完善的物资分供商服务网络，储备大批重合同、守信用、有实力的物资分供商。

2）物资及设备部根据施工进度计划，每月编制物资需用量计划和采购计划，能按施工进度要求进场。

3）项目试验员对进场物资及时取样（见证取样）送检，并将检测结果及时呈报监理工程师。

4）一般施工项目混凝土用量都非常大，并且大部分混凝土用量集中在某一阶段，单个混凝土搅拌站无法满足施工需求。在投标准备阶段对混凝土搅拌站进行考察，在保证混凝土质量的条件下，选择距离施工项目较近的混凝土搅拌站作为供应商，同时根据项目情况选择几家作为备用。

（3）资金保证

在工程项目施工过程中，资金保障是确保项目顺利进行的关键因素。为了有效管理资金，降低财务风险，提高资金利用效率，项目建设应选择具备良好资信、资金状况和履约能力、"重合同、守信誉"的单位或是具有较高信用等级企业，如：AAA 级信用等级。同时项目资金专款专用，严禁挪作他用。同时，要制定资金使用制度。每月月底物资及设备部和行政部都要制定下月资金需用计划，并报项目经理审批，财务资金部严格按资金需用计划监督资金的使用情况。下面从预算编制与管控、阶段拨款与审计、材料采购与计划、资金结算与跟踪、节约成本与消耗、融资渠道与扩展、资金回收与加快以及经济活动分析与改进等方面，对资金保障措施进行详细阐述。

1）预算编制与管控

① 编制详细预算：根据工程项目的规模、工期和技术要求，编制全面、准确的预算，包括直接成本、间接成本和税金等费用。

② 预算管控：建立预算管理制度，严格按照预算计划执行，对超预算现象进行严格控制，确保资金使用的合理性和经济性。

2）阶段拨款与审计

① 阶段拨款：根据项目进度和合同约定，建设单位制定阶段拨款计划，确保资金及时到位。施工单位制定资金使用计划，资金均衡使用，满足施工需求。

② 审计监督：加强资金使用的审计监督，定期对项目资金进行审查，防止资金挪用和浪费现象的发生。

3）材料采购与计划

① 材料计划：根据项目需求，制定详细的材料采购计划，确保材料供应及时，质量可靠。

② 材料成本控制：加强材料价格调查和比较，选择性价比高的材料供应商，降低采购成本。

4）资金结算与跟踪

① 结算管理：建立完善的资金结算管理制度，确保资金结算的及时性和准确性。

② 资金跟踪：定期对项目资金进行跟踪分析，掌握资金流动情况，及时发现和解决资金问题。

5）节约成本与消耗

① 节约成本措施：通过优化施工方案、采用新技术新工艺等方式，降低施工成本。

② 消耗控制：加强施工现场管理，减少材料浪费和人工损耗，提高资源利用效率。

6）融资渠道与扩展

① 融资渠道：根据项目实际情况，选择合适的融资渠道，如银行贷款、股权融资、财政拨款等。

② 融资扩展：积极寻求与金融机构的合作，拓展融资渠道，降低融资成本。

7）资金回收与加快

① 资金回收计划：根据项目进展和合同约定，制定资金回收计划，确保项目资金的及时回笼。

② 加快资金回收：通过加强与客户沟通、完善收款流程等方式，加快资金回收速度，提高资金使用效率。

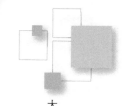

8）经济活动分析与改进

① 经济活动分析：定期对项目经济活动进行分析，评估资金使用的效果和效益。

② 改进措施：根据分析结果，制定针对性的改进措施，优化资金配置和管理流程，提高项目经济效益。

综上所述，资金保障措施涵盖了预算编制与管控、阶段拨款与审计、材料采购与计划、资金结算与跟踪、节约成本与消耗、融资渠道与扩展、资金回收与加快以及经济活动分析与改进等多个方面。通过实施这些措施，可以有效保障施工项目的资金需求，降低财务风险，提高项目的经济效益。

17.2.4　技术保证措施

（1）编制针对性强的施工组织设计与施工方案

"方案先行，样板引路"是现在施工项目管理的基本要求，项目应按照方案编制计划，制定详细的、有针对性和可操作性的专项施工方案，从而实现在管理层和操作层对施工工艺、质量标准的熟悉和掌握，使工程有条不紊地按期保质地完成。

（2）广泛采用新技术、新材料、新工艺

先进的施工工艺和技术是进度计划成功的保证。在施工期间，要针对工程技术难点组织攻关，包括结构变形控制技术、钢结构焊接技术、大体积混凝土施工技术、超高层泵送混凝土技术等，针对工程特点和难点采用先进的施工技术、工艺、材料和机具以及计算机技术等先进的管理手段，广泛采用新技术、新材料、新工艺为提高施工速度，缩短施工工期提供技术保证。

（3）采用项目管理信息系统，实现资源共享

项目上全面采用《建筑工程施工项目管理信息系统》，以项目局域计算机网络为基础建立项目管理信息网络。通过此系统，实现高效、迅速并且条理清晰的信息沟通和传递，为项目管理者提供丰富的决策数据。系统中的《计划管理》《过程管理》《技术资料管理》等一系列功能模块能够实现过程的可控性、质量的可追溯性，从而进一步理顺管理思路、协调专业职责关系，能及时向业主报告工程的进度、质量动态，提高工作效率，加快工作进程。

施工进度计划控制流程图如图 17.2 -1 所示。

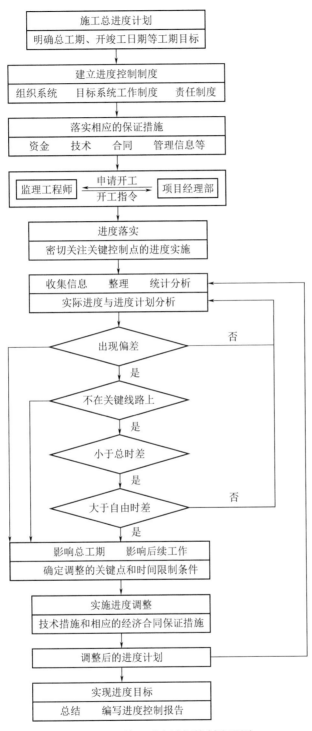

图 17.2-1 施工进度计划控制流程图

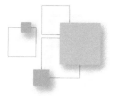

17.3　进度纠偏措施

项目施工进度管理是一个不断进行的动态控制，也是一个循环进行的过程。从项目施工开始，也就是施工进度计划进入执行的状态。实际进展按照计划进行时，两者相吻合；当实际情况与计划不一致时，便会产生偏差。如果产生了偏差，需要及时分析偏差的原因，采取相应的措施进行纠偏或调整原来计划，使两者在新的起点上重合，继续按期进行施工活动，并且尽量发挥组织管理的作用，使实际工作按计划进行。

17.3.1　进度偏差的分析

（1）分析进度偏差的工作是否为关键工作

若出现偏差的工作为关键工作，则无论偏差大小，都对后续工作及总工期产生影响，必须采取相应的调整措施；若出现偏差的工作不为关键工作，需要根据偏差值与总时差和自由时差的大小关系，确定对后续工作和总工期的影响程度。

（2）分析进度偏差是否大于总时差

若工作的进度偏差大于该工作的总时差，说明此偏差必将影响后续工作和总工期，必须采取相应的调整措施；若工作的进度偏差小于或等于该工作的总时差，说明此偏差对总工期无影响，但对后续工作的影响程度需要根据比较偏差与自由时差的情况来确定。

（3）分析进度偏差是否大于自由时差

若工作的进度偏差大于该工作的自由时差，说明此偏差对后续工作产生影响，其调整方式应根据后续工作允许影响的程度而定；若工作的进度偏差小于或等于该工作的自由时差，则说明此偏差对后续工作无影响，因此，原进度计划可以不做调整。

（4）进度计划调整最有效的方法是利用网络计划。调整的内容包括：关键线路长度的调整、非关键工作时差的调整、增减工作项目、调整逻辑关系、重新估计某些工作的持续时间、对资源的投入做局部调整等。

（5）当关键线路的实际进度比计划进度提前时，若不拟缩短工期，则选择资源占用量大或直接费用高的后续关键工作，适当延长其持续时间以降低资源强度或费用；若要提前完成计划，则将计划的未完成部分作为一个新计划，重新调整，按新计划实施。

（6）当关键线路的实际计划比计划进度落后时，在未完成路线中选择资源强度小或费用率低的关键工作并缩短其持续时间，并把计划的未完成部分作为一个新计划，按工期优化方法进行调整。

（7）非关键工作时差的调整在时差长度范围内进行，途径有三：一是延长工作持续时间以降低资源强度；二是缩短工作持续时间以填充资源低谷；三是移动工作的始末时间以使资源均衡。

（8）增减工作项目时不打乱原网络计划的逻辑关系，并重新计算时间参数，分析其对原网络计划的影响。

（9）若检查的实际施工进度产生的偏差影响了总工期，在工作之间的逻辑关系允许改变的条件下，改变关键线路和超过计划工期的非关键线路上的有关工作之间的逻辑关系，达到缩短工期的目的。只有当实际情况要求改变施工方法或组织方法时，才可进行逻辑关系调整，且不应影响原计划工期。

（10）当发现某些工作的原计划持续时间有误或实现条件不充分时，可重新估算持续时间，并计算时间参数。这种方法不改变工作之间的逻辑关系，而是通过缩短某些工作的持续时间使施工进度加快，并保证实现计划工期。这些被压缩持续时间的工作是位于关键线路和某些非关键线路上的工作，且往往是由于实际施工进度的拖延而引起总工期增长的关键线路。同时，这些工作又是可压缩持续时间的工作。

（11）当资源供应发生异常时，可采用资源优化方法对原计划进行调整或采取应急措施，使其对工期影响最小。

（12）如果存在潜在延误工期的潜在因素，将按照进度目标体系及时评估延误可能性的大小以及延误工期的长短。同时将协调各相关分包提出延误最小化的施工措施。

（13）当产生延误的突发事件发生时，应及时作出延误预期评估，发出延误通知，知会业主、设计单位，同时与业主、监理工程师联络是否要更改施工计划，以便抢回损失的工期。

17.3.2　进度偏差的调整

（1）加大资源投入，如增加劳动力、材料、周转材料和设备的投入量。通过配置充足的资源，来有效保证施工进度的加快。

（2）根据进度计划的变化，重新合理调整分配资源，将各工种的施工人数实行动态化的监控机制；投入风险准备资源，采用加班或多班制工作。

（3）优选机械设备租赁厂家，通过改善工具器具的工作效率来提高劳动效率。

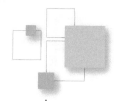

（4）加强作业培训，控制工人级别与工人技能的协调；加大工作中的激励机制，如设置节点奖金、开展技能竞技和班组比赛；改善工作环境，为施工人员提供防暑降温和保温防冻等各种劳保用品；动态调整各施工工序时间上和空间上合理的组合和搭接；组织工作沟通协调会，及时解决施工过程中存在的各种矛盾。通过以上的种种措施，进一步提高劳动生产率。

（5）合理调整网络计划中工程活动的逻辑关系，如将部分前后顺序工作改为平行工作，或采用流水施工的方法。

（6）将一些工作包合并，特别是在关键线路上按先后顺序实施的工作包合并，与劳务队伍共同分析研究，通过局部调整实施过程和人力、物力的分配，达到缩短工期。

（7）在施工过程中进一步优化施工方案，通过加强科技推广和创新工作来提高施工速度。

17.3.3　主要纠偏措施

根据偏差原因将纠偏措施分为组织措施、技术措施、经济措施、合同措施及其他配合措施。

（1）组织措施

1）建立包括建设单位、全咨单位、施工单位、供应单位等相关组织联合协调的进度控制体系，明确各方的人员配备、进度控制任务和相互关系。

2）建立进度报告制度和进度信息沟通网络。

3）建立进度协调会议制度。

4）建立进度计划审核制度。

5）建立进度控制检查制度并调节落实。

6）建立进度控制分析制度。

7）建立图纸审查及设计变更管理制度，及时办理工程变更和设计变更手续。

8）增加施工工作面，组织更多的施工队伍。

9）增加每天的施工工作时间，必要时采用三班制。

10）增加机械设备、物资的投入。

（2）技术措施

1）采用多级网络计划控制技术。

2）根据作业面组织平行流水施工，保证作业连续、均衡、有节奏。

3）减少技术间隔，缩短作业时间。

4）采用计算机辅助进度管理。

5）采用先进的施工方法、工艺和高效的机械设备。

6）改进施工工艺和施工技术，缩短工艺技术间隔时间。

（3）经济措施

1）合同中明确规定，工期提前给予奖励。

2）合同中明确规定对拖延工期给予罚款、收赔偿金、终止合同等处罚。

3）提供资金、设备、材料、加工订货等供应时间保证措施。

4）及时办理工程预付款和进度款支付手续，保证资金到位。

（4）合同措施

1）加强合同管理，加强组织、指挥、协调，以保证合同进度目标的实现。

2）严格控制合同变更，对各专业承包单位提出的工程变更和设计变更，总承包单位应配合工程师严格审查，而后补进合同当中。

3）加强风险管理，在合同中充分考虑风险因素及其对进度的影响，处理办法等，尽可能采取预控措施，减少风险对进度的影响。

（5）其他配合措施

1）改善外部配合条件，由施工单位积极主动协调业主、政府主管部门等有关单位。

2）加强劳动环境和条件改善。

3）必要时，使用行政手段，实施强制性的调度。

17.4　工期优化管理

工期优化是指在原有工期基础上，通过将不同线路上的工作进行穿插，实现工期优化，提高工期结余率。施工穿插管理主要包括四个方面（全过程穿插）：

（1）室内穿插管理

根据施工流水节拍合理安排主体结构、二次结构、机电工程、粗装修、室内精装、公共部位精装各项工序有序穿插进行，设置楼层截水，做到干湿分区，避免二次污染。

（2）外穿插管理

利用外架体系完成外墙腻子、外立面管道、室外烟道等同主体结构同步施工，主体结构封顶后2个月内，完成外立面油漆等装饰工作。

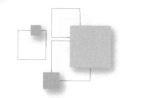

（3）市政园林穿插管理

对施工总平面合理布置、动态调整，采取后浇带提前封闭、化粪池提前施工等措施，实现市政道路、裙楼屋面、园林提前插入施工。

（4）地下室穿插管理

合理规划地下室工序穿插，针对设备用房等功能设施考虑提前穿插施工。

第六篇

大型综合校园项目进度总控工具

第18章

进度总控工具概述

进度总控工具是指一系列专门用于监控和管理项目进度的软件或程序。它们通过集成多种功能，旨在帮助项目团队全面、准确地掌握项目实施的各个环节。这些工具能够实时反映项目的进展情况，包括已完成、正在执行以及待执行的任务等，使得项目团队能够随时了解项目的最新状态。

在项目管理过程中，管理人员可通过这些工具，实时了解项目的实际进度，并与计划进度进行对比分析，从而及时发现进度偏差。一旦发现偏差，项目团队可以迅速采取措施进行调整，确保项目按计划有序推进。这种实时反馈和调整的能力，使得进度总控工具成为项目管理中不可或缺的一部分。

18.1 进度总控工具需求分析

（1）进度监控

项目进度总控工具的强大之处体现在其全面的监控能力和高效的数据处理能力。通过集成先进的项目管理理念和技术手段，它能够实时跟踪校园建设项目的进展情况。精确到每一个任务、每一个阶段，从教学楼的施工进度到设施的安装情况，从上到下，从内到外，从细节到整体都有精准的把控。同时，它还具备强大的数据分析能力，能够将海量的进度数据转化为直观、易懂的图表和报告，为管理者提供清晰的决策支持，使他们能够迅速掌握项目状态并作出相应的调整。

（2）资源管理

项目进度总控工具通过建立统一的资源管理平台，实现了对资源的集中管理和优化调度。在这个平台上，管理者可以清晰地看到各项资源的使用情况、剩余量以及潜在的瓶颈（比如建筑材料的库存状况和施工人员的分配情况），从而做出更为合理的资源分配决策。同时，进度总控工具还具备智能的预测功能，能够根据历史数据和项目需求预测未来的资源需求，帮助管理者提前做好准备，避免资源短缺或浪费的情况发生，确保项目的顺利进行。

（3）风险预警与应对

项目进度总控工具能够对项目进度潜在的风险点进行预警。这些信息不仅包括风险的类型、等级和影响范围（比如施工延误或预算超支），还提供了针对性的应对策略和建议。这使得管理者能够迅速做出反应，采取有效的措施来降低风险对项目的影响。同时，进度总控工具还具备持续学习和优化的能力，能够根据历史数据和项目经验不断优化风险识别和分析模型，提高预警的准确性和可靠性，确保项目能够按照预期的目标顺利完成。

18.2　进度总控工具选择原则

在项目管理领域，进度总控是确保项目工期管理与实现的关键要素。为确保项目进度目标的实现，选择适合的进度总控工具至关重要。

（1）易用性

一个理想的进度总控工具应当具有直观而清晰的操作界面，使项目团队成员能够轻松上手，迅速熟悉并掌握各项功能。同时，该工具还应提供详尽的帮助文档和实时在线支持，确保团队成员在遇到问题时能够迅速找到解决方案，避免进度受阻。

（2）功能性

功能性应涵盖项目管理的各个方面，如任务分解、时间估算、进度跟踪以及风险识别等，不仅能提升项目管理的效率和准确性，还能为团队成员提供全方位的支持和协助。同时，工具应允许项目团队根据项目的实际情况调整进度计划，以适应不断变化的项目需求。

（3）集成性和协作性

在项目管理中，团队协作和信息共享已经成为不可或缺的一部分。因此，进度总控工具应当能够与其他项目管理工具、团队协作工具以及通信工具实现数据快速延续或对接，确保数据的实时同步和共享。

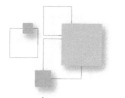

18.3　典型进度总控工具介绍与深入对比

在工程管理领域，各种进度总控工具软件层出不穷、各具特色。因此，如何选择最适合的工具软件成了一个挑战。强调对比研究的必要性，不仅在于揭示各软件间的差异，更在于如何更好为工程管理者提供决策依据。

18.3.1　甘特图介绍与特点分析

甘特图软件作为工程管理进度总控工具的重要组成部分，以其直观、易用的特点在工程领域得到了广泛应用。

（1）甘特图软件的基本功能与使用场景

甘特图的基本功能在于通过条形图的形式展示项目的各个阶段、任务及其时间进度，使得项目管理者能够清晰地了解项目的整体进度和各个任务的完成情况。在实际使用场景中，甘特图软件能够帮助项目团队更好地进行任务分配、时间管理和资源协调。

通过甘特图，项目管理者能够直观地看到每个阶段的任务安排、开始和结束时间，以及任务之间的依赖关系。这使得项目团队能够根据实际情况及时调整任务进度，确保项目按时完成。同时，甘特图软件还提供了任务进度跟踪和预警功能，当任务进度滞后时，软件会自动提醒项目管理者，以便及时采取措施进行纠正。

除了基本的任务管理和时间进度展示功能外，甘特图软件还具备一些高级功能，如任务优先级设置、资源分配优化等。这些功能可以帮助项目管理者更加精细地管理项目，提高项目的执行效率和质量。例如，通过任务优先级设置，项目管理者可以确保关键任务得到优先处理，从而避免项目延期或质量不达标的风险。

（2）甘特图在工程管理中的优势

甘特图在工程管理中的优势显著，其直观性使得项目管理者能够一目了然地掌握项目的整体进度。通过甘特图，管理者可以清晰地看到各个任务的时间节点、持续时间和依赖关系，从而有效地进行项目规划和资源调配。

此外，甘特图软件具备与其他工程管理软件的良好兼容性，可以与其他软件进行数据共享和协同工作。这使得项目团队能够充分利用各种工程管理软件的优势，实现项目管理的全面优化。同时，甘特图还具有灵活性，可以根据项目的实际情况进行调整和优化。当项目中出现变更或延误时，管理者可以迅速更新甘特图，重新安排任务和资源，以应对变化。这种灵活性使得甘特图成为应对复杂多变工程环境的得力工具。

（3）甘特图在工程管理中的局限性

然而，甘特图也存在一定的局限性。它主要关注时间和任务进度，对于项目中的成本、质量和风险等因素考虑不足。因此，在使用甘特图时，需要与其他项目管理工具和方法相结合以全面评估和管理项目。同时，甘特图对于大型复杂项目的表示可能显得过于简化，难以展现项目中的细节和复杂性。在这种情况下，可能需要结合其他项目管理工具，如关键路径法（CPM）或挣值管理（EVM）等，以提供更全面、深入的项目管理视角。因此，在使用甘特图时，需要根据项目的实际情况和需求进行选择和调整，以便充分发挥其优势并克服其局限性。

18.3.2 广联达软件介绍与特点分析

广联达软件作为工程管理领域的佼佼者，其核心功能涵盖了工程造价、项目管理、BIM 应用等多个方面。

（1）广联达软件的适用领域

1）在工程造价方面，广联达软件通过精确的算法和丰富的数据资源，实现了对工程项目成本的快速核算和精准预测。

2）在项目管理方面，广联达软件提供了全面的项目管理解决方案，包括进度管理、质量管理、安全管理等多个模块。通过实时监控和数据分析，项目团队能够及时发现并解决潜在问题，确保项目按计划顺利进行。此外，广联达软件还支持多项目协同管理，有效地提升了项目管理效率。

3）在 BIM 应用方面，广联达软件凭借其强大的 BIM 技术实力，为工程项目提供了从设计到施工的全流程 BIM 解决方案。通过 BIM 模型的建立和应用，项目团队能够更直观地了解项目情况，优化设计方案，提高施工效率。同时，BIM 技术还有助于实现工程项目的绿色建造和可持续发展。

4）广联达软件的适用领域广泛，不仅适用于建筑工程领域，还广泛应用于市政、交通、水利等多个行业。其强大的功能和广泛的应用领域使得广联达软件在工程管理领域具有极高的竞争力和市场占有率。

（2）广联达在工程管理中的实际应用效果

广联达软件在工程管理中的实际应用效果显著，为众多工程项目提供了高效、精准的管理支持。在项目实施过程中，广联达软件凭借其强大的数据处理能力，对项目的进度、成本、质量等关键指标进行了全面分析，可通过实时更新项目进度数据来监控项目的实施情况，为项目管理者提供有力的决策支持。

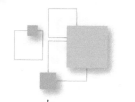

广联达软件的应用不仅提高了工程管理效率，还降低了管理成本。通过自动化、智能化的管理方式，广联达软件减少了人工操作的繁琐性，降低了人为错误的风险。同时，软件提供的可视化报告和数据分析功能，使得项目管理者能够更直观地了解项目情况，及时发现并解决问题。此外，广联达软件还具备较高的灵活性和可扩展性，能够根据项目的实际需求进行定制和优化，满足不同工程管理场景的需求。

同时，广联达软件也存在一定弊端，虽然广联达在数据分析方面表现出色，但在处理大规模数据时，可能会出现性能瓶颈。其次，软件的兼容性问题也可能影响与其他系统或工具的整合，增加了额外的整合成本和维护难度。

18.3.3 Project 软件介绍与特点分析

Project 软件作为一款功能强大的项目管理工具，为工程管理提供了高效、便捷的解决方案。

（1）Project 软件的基本操作

在 Project 软件中，用户可以轻松创建项目计划，通过设定任务、分配资源、制定时间表等步骤，构建出详细的项目进度表。同时，软件还提供了丰富的视图选项，如甘特图、网络图等，帮助用户直观地了解项目进展和关键路径。

（2）Project 软件的项目管理流程

在实际应用中，Project 软件的项目管理流程体现了高度的灵活性和可定制性。例如，在某大型建筑项目中，项目团队利用 Project 软件制定了详细的项目计划，并实时跟踪项目进度。通过软件的数据分析功能，团队能够及时发现潜在的风险和问题，并采取相应的措施进行调整和优化。此外，Project 软件还支持多人协作，团队成员可以共享项目数据，协同完成项目管理任务，提高了工作效率。

（3）Project 软件的报告和数据分析功能

用户可以根据需要生成各种报表和图表，对项目进度、成本、资源利用等方面进行深入分析。这些数据和分析结果有助于项目管理者做出更加明智的决策，推动项目的顺利进行。同时，Project 软件还支持与其他工程管理软件的集成，实现了数据的共享和互通，进一步提高了工程管理的效率和准确性。

（4）Project 在工程管理中的优势

Project 在工程管理中的优势主要体现在其强大的项目管理功能和灵活性

上。作为一款专业的项目管理软件，Project 提供了全面的项目管理工具，包括任务分解、进度安排、资源分配等功能，能够帮助项目经理更好地掌握项目的整体情况。同时，Project 还支持多种视图和报表的生成，使得项目信息的展示更加直观和清晰。管理人员可通过使用 Project 软件，将复杂的项目任务分解为多个子任务，并制定详细的进度计划。通过实时监控和调整，确保项目最终按时按质完成。

（5）Project 在工程管理中的不足

首先，其学习成本相对较高，需要用户具备一定的项目管理知识和操作经验。对于一些初学者来说，可能需要花费一定的时间和精力来熟悉和掌握软件的使用。此外，Project 在某些特定领域的适用性可能有限，例如对于复杂的工程项目或需要高度定制化的管理需求，Project 可能无法完全满足。因此，在选择使用 Project 时，需要根据项目的实际情况和需求进行综合考虑。

18.3.4　功能与性能对比

（1）甘特图

在功能与性能对比方面，甘特图软件以其直观性和简洁性著称。它通过条形图的形式，清晰地展示了项目的各个阶段和关键节点，使得项目管理者能够一目了然地掌握项目进度。然而，甘特图在复杂项目管理中可能显得力不从心，因为它缺乏对项目资源、成本等关键因素的深入分析。

（2）广联达软件

相比之下，广联达软件则提供了更为全面的项目管理功能，包括进度管理、成本管理、质量管理等多个方面。它不仅能够实时更新项目进度信息，还能够对项目成本进行精确核算，为项目管理者提供了更为全面的决策支持。在实际应用中，广联达软件在大型工程项目中得到了广泛应用，其强大的功能和稳定的性能得到了用户的一致好评。

（3）Microsoft Project 软件

Microsoft Project 软件则以其易用性和强大的项目管理功能受到用户的青睐。它提供了丰富的项目管理工具和方法，能够帮助用户制定详细的项目计划，并实时监控项目的执行情况。然而，Project 软件在数据处理和报表生成方面可能存在一定的局限性。

18.3.5　成本与效益对比

在成本与效益对比方面，工程管理进度总控工具软件的选择显得尤为关键。

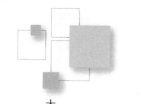

（1）甘特图

其成本相对较低，主要适用于小型和中型工程项目。虽然甘特图在直观展示项目进度方面表现出色，但由于其功能相对单一，对于复杂的大型项目可能难以胜任，从而限制了其效益的发挥。

（2）广联达软件

相比之下，广联达软件在功能丰富度和适用领域上更具优势，但相应的成本也较高。对于需要精确控制成本和资源的大型工程项目，广联达软件能够提供更全面的解决方案，从而实现更高的效益。

（3）Microsoft Project 软件

Microsoft Project 软件在项目管理领域具有广泛的应用，其成本与效益之间的平衡也值得探讨。Project 软件功能强大，操作便捷，适用于各种规模的工程项目。虽然其价格相对较高，但考虑到其能够提升项目管理的效率和准确性，降低项目风险，其成本投入是值得的。此外，Project 软件还提供了丰富的定制和扩展功能，可以根据项目的实际需求进行灵活调整，进一步提高了其效益。

18.3.6　进度总控工具的选择

在选择工程进度总控工具软件时，必须紧密结合工程的具体需求。

（1）对于规模较小、进度要求相对简单的工程项目，甘特图软件因其直观易用的特点而备受青睐。甘特图能够清晰地展示项目的起止时间、关键节点和进度情况，有助于项目经理快速把握项目整体进度。然而，对于大型复杂工程项目，甘特图的局限性便显现出来，此时需要更为强大的工程管理软件来支持。

（2）广联达软件在大型工程项目管理中表现出色。广联达软件不仅具备甘特图的基本功能，还提供了丰富的项目管理工具，如成本分析、资源调配等，能够全面满足大型项目的复杂需求。相关数据显示，使用广联达软件的项目，其进度控制精度和成本控制效果均优于传统管理方法。

（3）Microsoft Project 软件以其强大的项目管理功能和灵活的定制性受到广泛好评。Project 软件能够支持复杂的项目管理流程，包括任务分解、资源分配、进度跟踪等。同时，Project 软件还提供了丰富的报表和图表功能，有助于项目经理更好地分析项目数据，制定科学的决策。然而，Project 软件的学习成本相对较高，需要项目经理具备一定的项目管理知识和经验。

综上所述，在选择工程管理进度总控工具软件时，应根据工程的具体需求进行综合考虑。对于规模较小、进度要求简单的项目，可以选择甘特图软件；对于大型复杂项目，则需要考虑更为全面的工程管理软件，如广联达软件或 Microsoft Project 等。同时，还应结合项目的实际情况，考虑软件的学习成本、操作便捷性、成本效益等因素，选择最适合的软件来支持项目顺利进行。

第 19 章

三图两曲线进度总控工具

19.1 三图两曲线的内容

三图两曲线通常用于项目管理和数据分析中，特别是在进度和资源管理方面。

三图：通常指的是网络图、矩阵图、甘特图。网络图指项目各个阶段及各个条线的时序进度关系；矩阵图显示各个工序之间的进展情况；甘特图显示各项工序节点设置情况及先后关系。

两曲线：通常指的是进度曲线和成本曲线。进度曲线展示项目实际进度与计划进度的对比；成本曲线则显示实际支出与预算支出的对比。

这些图表和曲线帮助项目管理者直观地监控项目的执行状态，及时调整策略以确保项目按计划进行。

三图两曲线工期管控体系中各工具均有侧重点，网络图、甘特图侧重于科学编制计划，矩阵图侧重于精细化核定工程量，形象进度对比曲线和项目资金支付曲线侧重于加强调度。

19.1.1 三图两曲线生成方式

建设单位应基于管理要求和历史经验制定统一节点库，各建设单位可参考节点库并根据实际情况生成项目适用的节点（任务）集，在节点（任务）集基础上生成项目三图两曲线。甘特图及工作量矩阵图的计划和完成情况分别对应形象进度对比曲线中计划完成投资曲线和实际完成投资曲线的生成。

19.1.2 三图两曲线的优势

三图两曲线之间是一套环环相扣的联动体系，每个项目的"三图"通过同一套"节点（任务）集"实现关联和衔接，其优势如下：

（1）理论体系完备

可实现指挥调度、计划编制、工程施工之间的联动与衔接；时间跨度广阔；涵盖项目建设的各个阶段，贯穿项目管理全周期。

（2）管理内容全面

可实现设计、报批报建、招标采购、使用需求、施工等各条线全过程把控、系统推进。

（3）适用层级广泛

通过调整时间单位的颗粒度，实现署机关月调度、中心周调度和项目日调度。

（4）表现形式丰富

图、表设计重点突出、直观明了、精简易懂、形式丰富、便于使用。

19.2　三图两曲线应用思路

三图两曲线中的"三图"全面图示项目总进度计划、子系统进度计划、节点控制目标、完成工程量等，"两曲线"直观反映项目全周期形象进度、年度形象进度及年度资金支付计划。

19.2.1　三图两曲线的统筹作用

三图两曲线是一套更加科学实用的管理工具，在项目管理中可以发挥以下重要作用：

（1）科学合理安排工程项目进度计划；

（2）定期比较工程项目的实际进度与计划进度；

（3）预测后期工程进展趋势；

（4）管好、用好资金、提高投资效益。

19.2.2　三图两曲线的管控目标

利用三图两曲线管控体系，采用科学的方法确定进度目标和排布投资计划，组织编制进度计划、资源供应计划、投资支付计划，编制项目三图两曲线，并结合项目情况实时更新，对本项目进度进行动态的、全过程的管理，在与质量、成本、安全目标协调的基础上，做到"以日保周、以周保月、以月保季、以季保年"，实现项目目标。

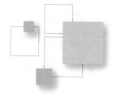

19.2.3　三图两曲线的管理职责划分

为保证管理效率，根据本项目的特点及三图两曲线精细化管理工作要求，明确参建各单位的主要职责如下：

建设单位：

（1）监督检查三图两曲线的管理工作执行情况；

（2）推广优秀项目三图两曲线的管理工作经验；

（3）确定项目进度目标，审核项目进度目标及里程碑节点；

（4）在三图两曲线的编制及实施中，把握总体方向，给予指导意见；

（5）统筹项目三图两曲线的编制及动态管理工作；

（6）对三图两曲线的关键事项进行决策，确定并保障整个项目的总体进度目标，即总进度目标和各重要节点里程碑；

（7）审核并统筹编制项目三图两曲线，参与三图两曲线进度目标控制；

（8）开展全程进度管控，在项目层级开展进度工作的沟通协调、管理执行和对标奖惩；

（9）审核确认三图两曲线的成果文件，考核各参建单位的三图两曲线管理工作。

全咨单位：

（1）制定三图两曲线管理制度；

（2）编制项目层级的三图两曲线成果文件；

（3）组织相关单位编制各子项的三图两曲线并对其成果文件进行审核；

（4）协助建设单位开展三图两曲线进度目标管控、沟通协调、管理执行和对标奖惩；

（5）组织相关单位进行三图两曲线的动态管理工作；

（6）督促实施单位落实三图两曲线工作计划安排；

（7）做好进度风险识别及管控重难点分析，基于进度计划关键路径，分析进度管控的重难点并提出针对性方案措施；

（8）定期组织专题会议讨论汇报三图两曲线工作计划的执行情况；

（9）建立进度管理制度，明确履约考核、定期报告、预警约谈等机制；

（10）运行过程中出现偏差时督促各实施单位制定相应的纠偏措施；

（11）协助建设单位对各参建单位的三图两曲线管理工作进行考核。

施工单位：

（1）在建设单位、全咨单位统筹下，根据项目层级三图两曲线开展各项工作，保证各节点目标的实现；

（2）根据项目层级的三图两曲线工作计划细化承包范围内子项三图两曲线工作计划；

（3）在各专项工程三图两曲线下，编制详尽的年度计划、月度计划，细化进度安排并及时盖章上报全咨单位、建设单位；

（4）配备相应资源落实三图两曲线的各项工作计划；

（5）定期汇报承包范围内三图两曲线的工作计划的执行情况；

（6）每周工程例会 / 监理例会明确周进度计划，结合矩阵图开展进度管理及汇报，加强计划的可操作性；

（7）执行过程中出现偏差时采取相应的纠偏措施。

19.2.4　三图两曲线的动态分解

（1）明确总交付目标

项目管理要坚持目标管理为导向，通过三图两曲线管理制度，将进度目标进行逐层逐级分解，细化颗粒开展管理，有效控制项目总体进度。项目以上述节点控制目标，倒排工期计划，区分重点及关键节点，加强计划编制的可控性。

（2）梳理关键线路和工作

三图两曲线明确了每项工作的开始时间、结束时间和持续时间，结合项目施工工序，确定关键线路为施工图设计、土石方、基坑支护和桩基工程施工、地下室主体结构、主体结构以及精装修工程等，明确了关键线路及里程碑节点。为重点工作管控及后续三图两曲线的细化和落地、实现智能调度和智慧纠偏打下坚实基础。

（3）明确重要分部分项

项目全周期甘特图原则上按照建设单位明确的一级节点来编排计划，同时结合项目的实际情况，可以选择性取消医疗专项工程施工，增加土石方、基坑支护和一标段基础工程、二三标段基础工程施工、各标段内工作等内容。

（4）时间和空间的细化

在搭建项目层级的三图两曲线之后，按照项目层级一级二级等节点目标，开展基坑土石方和桩基工程、一标段主体结构等三图两曲线的编制。在空间上细化至楼栋，在时间上细化至每周，结合楼栋长制度开展三图两曲线管理，逐级细化进度安排，确保进度目标实现。

（5）现场推进和落地

结合项目层级及各专项工程的三图两曲线与现场实际情况，对各项工作

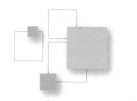

进行分析，统筹人员、材料、机械设备等资源配置。施工单位须每月提交下月施工进度计划（月度甘特图）、材料进场计划供全咨单位、建设单位确认，已确认资料须盖章上墙。各楼栋由施工单位楼栋长编制楼栋网络图、甘特图（年度、月度）；矩阵图每日更新，生产碰头会进行研讨，加强调度。标段长统筹部署，每日汇总楼栋矩阵图，形成工程日报。

（6）计划动态更新调整：三图两曲线需每月更新一次，计划节点在未审批情况下不得变动。每月需将最新进展进行更新完善，并在修改后提交全咨单位、建设单位审核确认，经审批后打印张贴。

19.3 三图两曲线节点集

19.3.1 工期节点

工期节点是指项目建设全周期过程中，为确保项目达成总体工期目标，由项目组明确的带有完成时限属性的业务事项或单位工程（分部分项工程）。

（1）节点属性

依据工期节点的性质不同，分属报批报建、招标采购、使用需求、设计工作、现场施工五条主线，所有节点须且仅能归属于其中一条主线，见图19.3-1项目节点主线图。

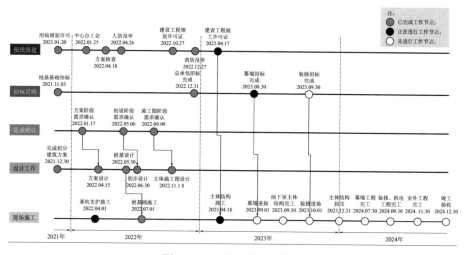

图 19.3-1 项目节点主线图

（2）节点分类

分为通用类节点、专用类节点、其他类节点，或从其他类节点中选取纳入。

190

（3）节点等级

依据工期节点的重要程度不同，原则上分里程碑、一级、二级、三级共四个等级，项目组根据项目管理的实际需要，可作进一步延伸。

（4）节点模板

模板是节点的组合，不同节点组合形成不同模板。可针对医院、学校、口岸、体育馆等不同类型工程制定节点模板。

项目组可根据项目管理的实际需要，将节点模板以外的业务事项或单位工程（分部分项工程），设定为自定义节点，设定时需同步定义该节点的所属主线、等级、责任主体、管控层级，以及是否为关键路径必经点等属性，如表 19.3-1 所示。

（5）节点分享

各建设单位可制定项目适用的节点库和模板，并可分享至有需要的同事。统筹处可吸纳优秀的节点和模板至标准中，不断优化节点库，形成节点库共建共治共享的良好环境。

19.3.2　节点（任务）集

项目节点（任务）集是制定项目三图两曲线的基础。项目组依据项目自身特点以及推进情况，参考节点模板，负责建立和调整项目的节点集，并在节点集的基础上编制各类计划。

（1）节点调用与修改

新增 / 修改节点（任务）集时，可以从节点库中选用节点自定义组合，也可以调用成熟模板，在模板基础上根据项目情况增加 / 修改节点。修改节点的操作有：新增节点、修改节点、删除节点、调整节点顺序、调整节点从属关系、调整节点前后依赖关系。

（2）前置节点与路径

任意节点间构成先后顺序的，应将先发生节点设定为后发生节点的前置节点。且注意预设关键路径必经节点，经过必经节点的最长路径为项目关键路径。

（3）节点集审批

各项目初次制定项目节点（任务）均需经建设单位统筹处审批。项目节点（任务）集应包含节点库中强制使用的节点，若因实际原因不使用，需在审批中标明原因。经审批的节点（任务）集不能随意修改内容和删除，只允许调整顺序和从属关系。

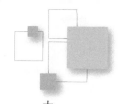

表 19.3-1　项目工期节点模板

序号	所属主线	节点名称	是否必选节点	是否关键线路必经节点	节点层级				节点管控主体	前置节点	是否属于合法开工必要条件/主管部门	备注
					里程碑节点	一级节点	二级节点	三级节点				
1	报建线	项目建议书批复或项目立项赋码	必选	是		一级节点			建设单位设计管理部/全咨设计管理部		是/市发展改革委	
2	报建线	建设项目用地预审与选址意见书	必选	是			二级节点		建设单位设计管理部/全咨设计管理部		是/市规划和自然资源局	
3	报建线	地下管线信息查询						三级节点	建设单位设计管理部/全咨设计管理部		是/市规划和自然资源局	
4	报建线	地质灾害危险性评估						三级节点	建设单位设计管理部/全咨设计管理部		是/市规划和自然资源局	
5	报建线	交通影响评价备案						三级节点	建设单位设计管理部/全咨设计管理部		是/市交通运输局	
6	报建线	土壤污染状况调查与风险评估						三级节点	建设单位设计管理部/全咨设计管理部		是/市生态环境局	
7	报建线	建设工程临时占用林地审批						三级节点	建设单位设计管理部/全咨设计管理部		是/市规划和自然资源局	
8	报建线	建设工程永久占用林地审批						三级节点	建设单位设计管理部/全咨设计管理部		是/市规划和自然资源局	
9	报建线	规划设计要点	必选			一级节点			建设单位设计管理部/全咨设计管理部		是/市规划和自然资源局	

续表

序号	所属主线	节点名称	是否必选节点	是否关键线路必经节点	节点层级				节点管控主体	前置节点	是否属于合法开工必要条件/主管部门	备注
					里程碑节点	一级节点	二级节点	三级节点				
10	报建线	可行性研究报告批复	必选	是	里程碑节点				建设单位设计管理部/全咨设计管理部	项目建议书	是/市发展改革委	
10.1	报建线	可行性研究报告申报					二级节点		建设单位设计管理部/全咨设计管理部			
11	报建线	固定资产投资项目节能审查						三级节点	建设单位设计管理部/全咨设计管理部		是/市发展改革委	
12	报建线	河道管理范围内建设项目工程建设方案审批（洪水影响评价审批）						三级节点	建设单位设计管理部/全咨设计管理部		是/市水务局	
13	报建线	出具建设工程方案设计核查意见（建筑类）	必选	是			二级节点		建设单位设计管理部/全咨设计管理部	规划设计要点	是/市规划和自然资源局	
14	报建线	航空限高审查						三级节点	建设单位设计管理部/全咨设计管理部		是/市住房和城乡建设局	
15	报建线	地铁运营安全保护区工程勘察作业对地铁结构安全影响及防范措施可行性审查						三级节点	建设单位设计管理部/全咨设计管理部		是/市地铁集团有限公司	
16	报建线	地铁运营安全保护区工程设计方案对地铁安全影响及防范措施可行性审查						三级节点	建设单位设计管理部/全咨设计管理部		是/市地铁集团有限公司	

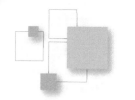

续表

序号	所属主线	节点名称	是否必选节点	是否关键线路必经节点	节点层级				节点管控主体	前置节点	是否属于合法开工必要条件/主管部门	备注
					里程碑节点	一级节点	二级节点	三级节点				
17	报建线	地铁安全保护区内工程施工作业对地铁结构安全影响及防范措施可行性审查						三级节点	建设单位设计管理部/全咨设计管理部		是/市地铁集团有限公司	
18	报建线	建设项目环境影响评价技术审查建设项目环境影响报告书（表）审批	必选				二级点		建设单位设计管理部/全咨设计管理部		是/市生态环境局	
19	报建线	危险化学品建设项目安全设施设计审查						三级节点	建设单位设计管理部/全咨设计管理部		是/市应急管理局	
20	报建线	危险化学品建设项目安全条件审查						三级节点	建设单位设计管理部/全咨设计管理部		是/市应急管理局	
21	报建线	建设项目压覆重要矿产资源审批						三级节点	建设单位设计管理部/全咨设计管理部		是/市规划和自然资源局	
22	报建线	区级文物保护单位保护范围内进行其他建设工程审查						三级节点	建设单位设计管理部/全咨设计管理部		是/市文体局	
23	报建线	省级以下文物保护单位建设控制地带内的建设工程设计方案审核						三级节点	建设单位设计管理部/全咨设计管理部		是/市文体局	

续表

序号	所属主线	节点名称	是否必选节点	是否关键线路必经节点	节点层级				节点管控主体	前置节点	是否属于合法开工必要条件/主管部门	备注
					里程碑节点	一级节点	二级节点	三级节点				
24	报建线	水利工程管理和保护范围内新建、扩建、改建的工程建设项目方案审批						三级节点	建设单位设计管理部/全咨设计管理部		是/市水务局	
25	报建线	土地划拨决议书(或土地使用权出让合同)	必选	是		一级节点			建设单位设计管理部/全咨设计管理部		是/市规划和自然资源局	
26	报建线	建设项目用地规划许可证	必选	是		一级节点			建设单位设计管理部/全咨设计管理部	建设项目用地预审与选址意见书	是/市规划和自然资源局	
27	报建线	应建(易地修建)防空地下室的民用建设项目许可					二级节点		建设单位设计管理部/全咨设计管理部		是/中共市委军民融合委员会办公室、各区住房和城乡建设局	
28	报建线	地名批复(建筑物命名核准/公共设施名称核准/专业设施名称备案)						三级节点	建设单位设计管理部/全咨设计管理部		是/市规划和自然资源局	

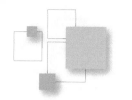

续表

序号	所属主线	节点名称	是否必选节点	是否关键线路必经节点	节点层级					节点管控主体	前置节点	是否属于合法开工必要条件/主管部门	备注
					里程碑节点	一级节点	二级节点	三级节点					
29	报建线	新建、扩建、改建放射诊疗建设项目卫生审查（预评价审核）						三级节点	建设单位设计管理部/全咨设计管理部		是/市卫生健康委	
30	报建线	生产建设项目水土保持方案审批	必选				二级节点		建设单位设计管理部/全咨设计管理部		是/市水务局	
31	报建线	建设项目用水节水评估报告备案（政府投资）						三级节点	建设单位工程部/全咨工程部		是/市水务局	
32	报建线	迁移、移动城镇排水与污水处理设施方案审核						三级节点	建设单位工程部/全咨工程部		是/市水务局	
33	报建线	超限高层建筑工程抗震设防审批						三级节点	建设单位设计管理部/全咨设计管理部		是/市住房和城乡建设局	
34	报建线	燃气方案设计审批						三级节点	建设单位设计管理部/全咨设计管理部		是/市燃气集团	
35	报建线	气源接入点办理（含变更补办）						三级节点	建设单位工程部/全咨工程部		是/市燃气集团	
36	报建线	建设工程验线						三级节点	建设单位工程部/全咨工程部		是/市规划和自然资源局	

续表

序号	所属主线	节点名称	是否必选节点	是否关键线路必经节点	节点层级				节点管控主体	前置节点	是否属于合法开工必要条件/主管部门	备注
					里程碑节点	一级节点	二级节点	三级节点				
37	报建线	占用城市绿地审批						三级节点	建设单位工程部/全咨工程部		是/市城市管理和综合执法局	
38	报建线	砍伐、迁移城市树木审批						三级节点	建设单位工程部/全咨工程部		是/市城市管理和综合执法局	
39	报建线	林木采伐许可证						三级节点	建设单位工程部/全咨工程部		是/市规划和自然资源局	
40	报建线	雷电防护装置设计审核						三级节点	建设单位设计管理部/全咨设计管理部		是/市气象局	非土方、桩基提前开工的条件
41	报建线	水利工程初步设计文件审批	必选	是	里程碑节点			三级节点	建设单位设计管理部/全咨设计管理部		是/市水务局	
42	报建线	概算批复							建设单位设计管理部/全咨设计管理部	可行性研究报告	是/市发展改革委	非土方、桩基提前开工的条件
42.1	报建线	概算申报	必选			一级节点			建设单位设计管理部/全咨设计管理部			

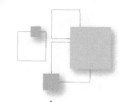

续表

序号	所属主线	节点名称	是否必选节点	是否关键线路必经节点	里程碑节点	一级节点	二级节点	三级节点	节点管控主体	前置节点	是否属于合法开工必要条件/主管部门	备注
43	报建线	占用、挖掘道路审批					二级节点		建设单位工程部/全咨工程部		是/市规划和自然资源局	
44	报建线	开设路口审批						三级节点	建设单位工程部/全咨工程部		是/市规划和自然资源局	
45	报建线	市政管线接口审批						三级节点	建设单位工程部/全咨工程部		是/市规划和自然资源局	
46	报建线	建设工程桩基础报建证明书核发				一级节点			建设单位设计管理部/全咨设计管理部		是/市规划和自然资源局	
47	报建线	涉及国家安全事项的建设项目审批						三级节点	建设单位设计管理部/全咨设计管理部		是/市国家安全局	
48	报建线	城市建筑垃圾处置（排放）核准（住建）						三级节点	建设单位工程部/全咨工程部		是/市住房和城乡建设局	非土方、桩基提前开工的条件
49	报建线	新建建筑物通信基础设施报装						三级节点	建设单位工程部/全咨工程部		是/通信建设管理办公室	非土方、桩基提前开工的条件

续表

序号	所属主线	节点名称	是否必选节点	是否关键线路必经节点	里程碑节点	一级节点	二级节点	三级节点	节点管控主体	前置节点	是否属于合法开工必要条件/主管部门	备注
50	报建线	特种设备施工告知						三级节点	建设单位工程部/全咨工程部		是/市住房和城乡建设局	非土方、桩基提前开工的条件
51	报建线	污水排入排水管网许可证核发（新办、施工作业需要）						三级节点	建设单位工程部/全咨工程部		是/市水务局	非土方、桩基提前开工的条件
52	报建线	建设工程施工许可（提前开工核准）变更登记、延期、停工登记、复工申请					二级节点		建设单位工程部/全咨工程部		是/市住房和城乡建设局	
53	报建线	建设工程验线						三级节点	建设单位工程部/全咨工程部		是/市规划和自然资源局	
54	报建线	基坑支护与土石方、桩基础工程施工许可证（住建）						三级节点	建设单位工程部/全咨工程部		是/市住房和城乡建设局	
55	报建线	临时工程规划许可证					二级节点		建设单位工程部/全咨工程部		是/市规划和自然资源局	非土方、桩基提前开工的条件

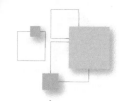

续表

序号	所属主线	节点名称	是否必选节点	是否关键线路必经节点	节点层级				节点管控主体	前置节点	是否属于合法开工必要条件/主管部门	备注
					里程碑节点	一级节点	二级节点	三级节点				
56	报建线	临时土地使用权合同书					二级节点		建设单位工程部/全咨工程部		是/市规划和自然资源局	非土方、桩基提前开工的条件
57	报建线	建设工程规划许可证	必选	是	里程碑节点				建设单位设计管理部/全咨设计管理部	出具建设工程方案设计核查意见（建筑类）	是/市规划和自然资源局	
58	报建线	特殊建设工程消防设计审查					二级节点		建设单位设计管理部/全咨设计管理部		是/市住房和城乡建设局	非土方、桩基提前开工的条件
59	报建线	建筑工程施工许可证	必选	是	里程碑节点				建设单位工程部/全咨工程部	施工总包单位招标	是/市住房和城乡建设局	非土方、桩基提前开工的条件
60	报建线	精装修建筑工程施工许可证（幕墙、智能化等专业工程发包）					二级节点		建设单位工程部/全咨工程部		市住房和城乡建设局	

续表

序号	所属主线	节点名称	是否必选节点	是否关键线路必经节点	里程碑节点	一级节点	二级节点	三级节点	节点管控主体	前置节点	是否属于合法开工必要条件/主管部门	备注
						节点层级						
61	报建线	建设工程竣工联合（现场）验收	必选	是	里程碑节点				建设单位工程部/全咨工程部		市住房和城乡建设局	
62	报建线	市建设工程竣工验收备案	必选						三级节点	建设单位工程部/全咨工程部		市住房和城乡建设局	
63	报建线	建设工程规划条件核实合格证核发							三级节点	建设单位工程部/全咨工程部		市规划和自然资源局	
64	报建线	特殊建设工程消防验收							三级节点	建设单位工程部/全咨工程部		市住房和城乡建设局	
65	报建线	民用建筑节能专项验收							三级节点	建设单位工程部/全咨工程部		市住房和城乡建设局	
66	报建线	雷电防护装置竣工验收							三级节点	建设单位工程部/全咨工程部		市气象局	
67	报建线	对水土保持设施验收材料的报备							三级节点	建设单位工程部/全咨工程部		市水务局	
68	报建线	海洋工程建设项目的环境保护设施验收							三级节点	建设单位工程部/全咨工程部		市生态环境局	
69	报建线	新建建筑物通信设施竣工验收备案							三级节点	建设单位工程部/全咨工程部		省通信管理局 市通信建设管理办公室	

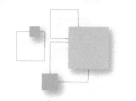

续表

序号	所属主线	节点名称	是否必选节点	是否关键线路必经节点	里程碑节点	一级节点	二级节点	三级节点	节点管控主体	前置节点	是否属于合法开工必要条件/主管部门	备注
70	报建线	城镇排水与污水处理设施竣工验收备案						三级节点	建设单位工程部/全咨工程部		市水务局	
71	报建线	特种设备安装监督检验（政府投资和社会投资建设项目）						三级节点	建设单位工程部/全咨工程部		市市场监督管理局	
72	报建线	其他建设工程消防验收备案						三级节点	建设单位工程部/全咨工程部		市住房和城乡建设局	
73	报建线	建设项目用水报装						三级节点	建设单位工程部/全咨工程部		市水务集团	
74	报建线	建设项目排水接入报装						三级节点	建设单位工程部/全咨工程部		市水务集团	
75	报建线	高压客户新装、增容						三级节点	建设单位工程部/全咨工程部		市供电局有限公司	
76	报建线	有线电视网络设施报装						三级节点	建设单位工程部/全咨工程部		市视讯公司	
77	报建线	非居民用气报装						三级节点	建设单位工程部/全咨工程部		市燃气集团	

续表

序号	所属主线	节点名称	是否必选节点	是否关键线路必经节点	节点层级				节点管控主体	前置节点	是否属于合法开工必要条件/主管部门	备注
					里程碑节点	一级节点	二级节点	三级节点				
78	报建线	物业专项维修资金（首期）缴交						三级节点	建设单位工程部/全咨工程部		市住房和城乡建设局	
79	报建线	有线电视网络设施竣工验收备案						三级节点	建设单位工程部/全咨工程部		市视讯公司	
80	报建线	室内环境检测建筑能效 低压配电检测－空调水总流量 度通风检测－空调系统明照 冷冻水、冷却水总流量通风 检测－空调机组水流量 通风检测－风口风量 通风检测－风管漏风量						三级节点	建设单位工程部/全咨工程部		市检测中心	
81	报建线	转固（暂定价）	必选				二级节点		建设单位工程部/全咨工程部		市财政局	
82	报建线	转固（实际价格）	必选				二级节点		建设单位工程部/全咨工程部		市财政局	
83	报建线	项目验收	必选			一级节点			建设单位工程部/全咨工程部		市发展改革委	

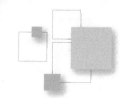

大型综合校园项目进度管控与论理操作指南理论管理理与

续表

序号	所属主线	节点名称	是否必选节点	是否关键线路必经节点	里程碑节点	一级节点	二级节点	三级节点	节点管控主体	前置节点	是否属于合法开工必要条件/主管部门	备注
84	报建线	国有建设用地使用权及房屋所有权登记（首次登记）	必选				二级节点		建设单位工程部/全咨工程部			
85	招标线	造价咨询单位招标						三级节点	建设单位工程部/全咨工程部			
86	招标线	勘察单位招标						三级节点	建设单位设计管理部/全咨设计管理部			
87	招标线	方案设计招标	必选		里程碑节点				建设单位设计管理部/全咨设计管理部	设计任务书编制		
88	招标线	监理（全咨）单位招标	必选			一级节点			建设单位工程部/全咨工程部			
89	招标线	工程保险						三级节点	建设单位工程部/全咨工程部			
90	招标线	融合通信集中服务采购						三级节点	建设单位工程部/全咨工程部			
91	招标线	土石方、基坑支护及桩基专业承包工程招标				一级节点			建设单位工程部/全咨工程部			

204

续表

序号	所属主线	节点名称	是否必选节点	是否关键线路必经节点	节点层级				节点管控主体	前置节点	是否属于合法开工必要条件/主管部门	备注
					里程碑节点	一级节点	二级节点	三级节点				
92	招标线	防水工程招标					二级节点		建设单位工程部/全咨工程部			
93	招标线	电梯工程招标					二级节点		建设单位工程部/全咨工程部			
94	招标线	施工总包单位招标	必选		里程碑节点				建设单位工程部/全咨工程部			
95	招标线	施工总包单位合同签订					二级节点		建设单位工程部/全咨工程部			
96	招标线	幕墙工程招标				一级节点			建设单位工程部/全咨工程部			
97	招标线	铝天花招标					二级节点		建设单位工程部/全咨工程部			
98	招标线	多联机招标					二级节点		建设单位工程部/全咨工程部			
99	招标线	开关插座招标					二级节点		建设单位工程部/全咨工程部			
100	招标线	室内LED灯具招标					二级节点		建设单位工程部/全咨工程部			

续表

序号	所属主线	节点名称	是否必选节点	是否关键线路必经节点	节点层级				节点管控主体	前置节点	是否属于合法开工必要条件/主管部门	备注
					里程碑节点	一级节点	二级节点	三级节点				
101	招标线	变压器招标					二级节点		建设单位工程部/全咨工程部			
102	招标线	母线招标					二级节点		建设单位工程部/全咨工程部			
103	招标线	低压配电柜招标					二级节点		建设单位工程部/全咨工程部			
104	招标线	木门招标					二级节点		建设单位工程部/全咨工程部			
105	招标线	铝合金门窗招标					二级节点		建设单位工程部/全咨工程部			
106	招标线	PVC卷材地板招标					二级节点		建设单位工程部/全咨工程部			
107	招标线	外墙涂料招标					二级节点		建设单位工程部/全咨工程部			
108	招标线	跑道招标					二级节点		建设单位工程部/全咨工程部			
109	招标线	防水工程招标					二级节点		建设单位工程部/全咨工程部			

续表

序号	所属主线	节点名称	是否必选节点	是否关键线路必经节点	节点层级				节点管控主体	前置节点	是否属于合法开工必要条件/主管部门	备注
					里程碑节点	一级节点	二级节点	三级节点				
110	招标线	防火门招标					二级节点		建设单位工程部/全咨工程部			
111	招标线	燃气工程监理招标					二级节点		建设单位工程部/全咨工程部			
112	招标线	智能化工程招标					二级节点		建设单位工程部/全咨工程部			
113	招标线	园林景观工程招标				一级节点			建设单位工程部/全咨工程部			
114	招标线	精装修单位招标				一级节点			建设单位工程部/全咨工程部			
115	需求线	项目接收	必选	是	里程碑节点				建设单位统筹处			
116	需求线	方案阶段需求清单确认					二级节点		建设单位设计管理部/全咨设计管理部			
117	需求线	方案成果确认	必选			一级节点			建设单位设计管理部/全咨设计管理部			
118	需求线	初设需求清单确认					二级节点		建设单位设计管理部/全咨设计管理部			

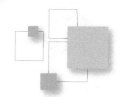

续表

序号	所属主线	节点名称	是否必选节点	是否关键线路必经节点	节点层级				节点管控主体	前置节点	是否属于合法开工必要条件/主管部门	备注
					里程碑节点	一级节点	二级节点	三级节点				
119	需求线	初步设计成果确认				一级节点			建设单位设计管理部/全咨设计管理部			
120	需求线	施工图需求清单确认					二级节点		建设单位设计管理部/全咨设计管理部			
121	需求线	施工图设计成果确认	必选			一级节点			建设单位设计管理部/全咨设计管理部			
122	需求线	总包工程品牌报审及样本确认					二级节点		建设单位工程部/全咨工程部			
123	需求线	精装修样板确认	必选			一级节点			建设单位工程部/全咨工程部			
124	需求线	精装修工程品牌报审及样本确认	必选				二级节点		建设单位工程部/全咨工程部			
125	设计线	项目策划(第一阶段)				一级节点			建设单位设计管理部/全咨设计管理部			
126	设计线	项目策划方案报建设单位设计管理部/全咨设计管理部审议通过					二级节点		建设单位设计管理部/全咨设计管理部			

续表

序号	所属主线	节点名称	是否必选节点	是否关键线路必经节点	里程碑节点	一级节点	二级节点	三级节点	节点管控主体	前置节点	是否属于合法开工必要条件/主管部门	备注
							节点层级					
127	设计线	项目策划方案报建设单位工程部/全咨工程部审议通过					二级节点		建设单位工程部/全咨工程部			
128	设计线	项目策划方案报署策划委员会审议通过				一级节点			建设单位工程部/全咨工程部			
129	设计线	地形测量、管线探测、红线放点、初步勘察						三级节点	建设单位设计管理部/全咨设计管理部	方案阶段需求清单确认		
130	设计线	设计任务书编制						三级节点	建设单位设计管理部/全咨设计管理部	方案设计招标		
131	设计线	方案设计	必选			一级节点			建设单位设计管理部/全咨设计管理部	方案阶段需求清单确认		
131.1	设计线	方案设计启动					二级节点		建设单位设计管理部/全咨设计管理部			

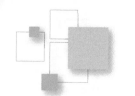

续表

序号	所属主线	节点名称	是否必选节点	是否关键线路必经节点	节点层级				节点管控主体	前置节点	是否属于合法开工必要条件/主管部门	备注
					里程碑节点	一级节点	二级节点	三级节点				
131.2	设计线	建筑方案设计(25%节点)(建筑方案关键技术论证)						三级节点	建设单位设计管理部/全咨设计管理部			
131.3	设计线	建筑设计方案比选(50%节点)(各专业技术论证)						三级节点	建设单位设计管理部/全咨设计管理部			
131.4	设计线	建筑方案深化设计(75%节点)(各专业互提资料)						三级节点	建设单位设计管理部/全咨设计管理部			
131.5	设计线	方案评审					二级节点		建设单位设计管理部/全咨设计管理部			
131.6	设计线	完成方案设计(100%节点)				一级节点			建设单位设计管理部/全咨设计管理部			
132	设计线	幕墙方案设计					二级节点		建设单位设计管理部/全咨设计管理部			
132.1	设计线	幕墙方案可行性研究						三级节点	建设单位设计管理部/全咨设计管理部			
132.2	设计线	幕墙方案设计						三级节点	建设单位设计管理部/全咨设计管理部			

续表

序号	所属主线	节点名称	是否必选节点	是否关键线路必经节点	节点层级				节点管控主体	前置节点	是否属于合法开工必要条件/主管部门	备注
					里程碑节点	一级节点	二级节点	三级节点				
132.3	设计线	幕墙方案设计比选（25%节点）						三级节点	建设单位设计管理部/全咨设计管理部			
132.4	设计线	幕墙方案深化（50%节点）						三级节点	建设单位设计管理部/全咨设计管理部			
132.5	设计线	完成幕墙方案设计（100%节点）						三级节点	建设单位设计管理部/全咨设计管理部			
133	设计线	景观方案设计					二级节点		建设单位设计管理部/全咨设计管理部			
133.1	设计线	完成景观概念设计						三级节点	建设单位设计管理部/全咨设计管理部			
133.2	设计线	景观方案比选(25%节点)						三级节点	建设单位设计管理部/全咨设计管理部			
133.3	设计线	景观方案深化（50%节点）						三级节点	建设单位设计管理部/全咨设计管理部			
133.4	设计线	完成景观方案（100%节点）					二级节点		建设单位设计管理部/全咨设计管理部			
134	设计线	景观初步设计（70%节点）设计成果提交概算					二级节点		建设单位设计管理部/全咨设计管理部			

续表

序号	所属主线	节点名称	是否必选节点	是否关键线路必经节点	节点层级				节点管控主体	前置节点	是否属于合法开工必要条件/主管部门	备注
					里程碑节点	一级节点	二级节点	三级节点				
135	设计线	室内方案设计							建设单位设计管理部/全咨设计管理部			
135.1	设计线	完成室内概念方案						三级节点	建设单位设计管理部/全咨设计管理部			
135.2	设计线	室内方案比选（25%节点）						三级节点	建设单位设计管理部/全咨设计管理部			
135.3	设计线	室内方案深化（50%节点）						三级节点	建设单位设计管理部/全咨设计管理部			
135.4	设计线	室内方案设计（70%节点）设计成果提交概算						三级节点	建设单位设计管理部/全咨设计管理部			
135.5	设计线	完成室内方案					二级节点		建设单位设计管理部/全咨设计管理部			
136	设计线	艺委会评审				一级节点			建设单位设计管理部/全咨设计管理部			
137	设计线	初步设计	必选			一级节点			建设单位设计管理部/全咨设计管理部	初设需求清单确认		

序号	所属主线	节点名称	是否必选节点	是否关键线路必经节点	节点层级				节点管控主体	前置节点	是否属于合法开工必要条件/主管部门	备注
					里程碑节点	一级节点	二级节点	三级节点				
137.1	设计线	初步设计启动					二级节点		建设单位设计管理部/全咨设计管理部			
137.2	设计线	初步设计(70%节点)设计成果提交概算					二级节点		建设单位设计管理部/全咨设计管理部			
137.3	设计线	初步设计评审					二级节点		建设单位设计管理部/全咨设计管理部			
137.4	设计线	完成初步设计及概算编制				一级节点			建设单位设计管理部/全咨设计管理部			
138	设计线	基坑设计					二级节点		建设单位设计管理部/全咨设计管理部			
138.1	设计线	基坑方案					二级节点		建设单位设计管理部/全咨设计管理部			
138.2	设计线	基坑施工图第一版提交概算					二级节点		建设单位设计管理部/全咨设计管理部			
138.3	设计线	基坑专家评审					二级节点		建设单位设计管理部/全咨设计管理部			
138.4	设计线	完成基坑施工图					二级节点		建设单位设计管理部/全咨设计管理部			

续表

序号	所属主线	节点名称	是否必选节点	是否关键线路必经节点	节点层级				节点管控主体	前置节点	是否属于合法开工必要条件/主管部门	备注
					里程碑节点	一级节点	二级节点	三级节点				
139	设计线	施工图设计	必选			一级节点			建设单位设计管理部/全咨设计管理部	概算、施工图需求清单确认		
139.1	设计线	施工图设计启动					二级节点		建设单位设计管理部/全咨设计管理部			
139.2	设计线	施工图设计（50%节点）						三级节点	建设单位设计管理部/全咨设计管理部			
139.3	设计线	施工图中间成果评审					二级节点		建设单位设计管理部/全咨设计管理部			
139.4	设计线	施工图设计（80%节点）设计成果提交预算编制					二级节点		建设单位设计管理部/全咨设计管理部			
140	设计线	幕墙施工图设计（50%节点）					二级节点		建设单位设计管理部/全咨设计管理部			
141	设计线	幕墙施工图设计（80%节点）设计成果提交预算编制					二级节点		建设单位设计管理部/全咨设计管理部			

续表

序号	所属主线	节点名称	是否必选节点	是否关键线路必经节点	里程碑节点	一级节点	二级节点	三级节点	节点管控主体	前置节点	是否属于合法开工必要条件/主管部门	备注
							节点层级					
142	设计线	景观施工图设计（50%节点）						三级节点	建设单位设计管理部/全咨设计管理部			
143	设计线	景观施工图设计（80%节点）设计成果提交预算编制					二级节点		建设单位设计管理部/全咨设计管理部			
144	设计线	景观专项评审					二级节点		建设单位设计管理部/全咨设计管理部			
145	设计线	室内施工图设计（50%节点）						三级节点	建设单位设计管理部/全咨设计管理部			
146	设计线	室内施工图设计（80%节点）						三级节点	建设单位设计管理部/全咨设计管理部			
147	设计线	室内专项评审					二级节点		建设单位设计管理部/全咨设计管理部			
148	设计线	常规专项（智能化、幕墙、泛光、标识、地下室划线、燃气、泳池、立面分色图、装配式、BIM、虹吸雨水回收、停机坪、太阳能、绿色建筑等）施工图初稿						三级节点	建设单位设计管理部/全咨设计管理部			

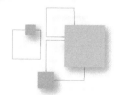

续表

序号	所属主线	节点名称	是否必选节点	是否关键线路必经节点	节点层级				节点管控主体	前置节点	是否属于合法开工必要条件/主管部门	备注
					里程碑节点	一级节点	二级节点	三级节点				
149	设计线	厨房、电梯施工图						三级节点	建设单位设计管理部/全咨设计管理部			
150	设计线	智能物流施工图						三级节点	建设单位设计管理部/全咨设计管理部			
151	设计线	全套施工图评审					二级节点		建设单位设计管理部/全咨设计管理部			
152	设计线	施工图设计交底					二级节点		建设单位设计管理部/全咨设计管理部			
153	设计线	预算编制	必选				二级节点		建设单位设计管理部/全咨设计管理部			
154	施工线	电力迁改工程						三级节点	建设单位工程部/全咨工程部			
155	施工线	施工临时用电工程EPC（设计-采购-施工）						三级节点	建设单位工程部/全咨工程部			
156	施工线	第三方检测和监测						三级节点	建设单位工程部/全咨工程部			
157	施工线	安全巡查评价服务任务					二级节点		建设单位工程部/全咨工程部			

续表

序号	所属主线	节点名称	是否必选节点	是否关键线路必经节点	节点层级				节点管控主体	前置节点	是否属于合法开工必要条件/主管部门	备注
					里程碑节点	一级节点	二级节点	三级节点				
158	施工线	水土保持监测和验收						三级节点	建设单位工程部/全咨工程部			
159	施工线	管理人员进场					二级节点		建设单位工程部/全咨工程部			
160	施工线	项目施工总体策划					二级节点		建设单位工程部/全咨工程部			
161	施工线	施工组织设计提交					二级节点		建设单位工程部/全咨工程部			
162	施工线	开工令下达	必选	是	里程碑节点				建设单位工程部/全咨工程部	建筑工程施工许可证		
163	施工线	图纸会审、设计交底							建设单位工程部/全咨工程部			
164	施工线	单位工程1（以实际工程名称为准）	必选			一级节点			建设单位工程部/全咨工程部			
164.1	施工线	分部工程1（以实际工程名称为准）					二级节点		建设单位工程部/全咨工程部			
164.1.1	施工线	分项工程1（以实际工程名称为准）						三级节点	建设单位工程部/全咨工程部			

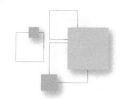
续表

序号	所属主线	节点名称	是否必选节点	是否关键线路必经节点	节点层级				节点管控主体	前置节点	是否属于合法开工必要条件/主管部门	备注
					里程碑节点	一级节点	二级节点	三级节点				
164.1.2	施工线	分项工程2（以实际工程名称为准）						三级节点	建设单位工程部/全咨工程部			
164.1.n	施工线	分项工程n（以实际工程名称为准）						三级节点	建设单位工程部/全咨工程部			
164.2	施工线	分部工程2（以实际工程名称为准）					二级节点		建设单位工程部/全咨工程部			
164.n	施工线	分部工程n（以实际工程名称为准）					二级节点		建设单位工程部/全咨工程部			
165	施工线	单位工程2（以实际工程名称为准）				一级节点			建设单位工程部/全咨工程部			
165.1	施工线	分部工程1（以实际工程名称为准）					二级节点		建设单位工程部/全咨工程部			
165.1.1	施工线	分项工程1（以实际工程名称为准）						三级节点	建设单位工程部/全咨工程部			
165.1.2	施工线	分项工程2（以实际工程名称为准）						三级节点	建设单位工程部/全咨工程部			
165.1.n	施工线	分项工程n（以实际工程名称为准）						三级节点	建设单位工程部/全咨工程部			

续表

序号	所属主线	节点名称	是否必选节点	是否关键线路必经节点	里程碑节点	一级节点	二级节点	三级节点	节点管控主体	前置节点	是否属于合法开工必要条件/主管部门	备注
						节点层级						
165.2	施工线	分部工程 2（以实际工程名称为准）					二级节点		建设单位工程部/全咨工程部			
165.n	施工线	分部工程 n（以实际工程名称为准）					二级节点		建设单位工程部/全咨工程部			
166	施工线	单位工程 n（以实际工程名称为准）				一级节点			建设单位工程部/全咨工程部			
166.1	施工线	分部工程 1（以实际工程名称为准）					二级节点		建设单位工程部/全咨工程部			
166.1.1	施工线	分项工程 1（以实际工程名称为准）						三级节点	建设单位工程部/全咨工程部			
166.1.2	施工线	分项工程 2（以实际工程名称为准）						三级节点	建设单位工程部/全咨工程部			
166.1.n	施工线	分项工程 n（以实际工程名称为准）						三级节点	建设单位工程部/全咨工程部			
166.2	施工线	分部工程 2（以实际工程名称为准）					二级节点		建设单位工程部/全咨工程部			
166.n	施工线	分部工程 n（以实际工程名称为准）					二级节点		建设单位工程部/全咨工程部			

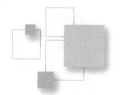

续表

序号	所属主线	节点名称	是否必选节点	是否关键线路必经节点	里程碑节点	节点层级			节点管控主体	前置节点	是否属于合法开工必要条件/主管部门	备注
						一级节点	二级节点	三级节点				
167	施工线	室外工程（参考）				一级节点			建设单位工程部/全咨工程部			
167.1	施工线	道路					二级节点		建设单位工程部/全咨工程部			
167.1.1	施工线	路基						三级节点	建设单位工程部/全咨工程部			
167.1.2	施工线	基层						三级节点	建设单位工程部/全咨工程部			
167.1.3	施工线	面层						三级节点	建设单位工程部/全咨工程部			
167.1.4	施工线	广场与停车场						三级节点	建设单位工程部/全咨工程部			
167.1.5	施工线	人行道						三级节点	建设单位工程部/全咨工程部			
167.1.6	施工线	人行地道						三级节点	建设单位工程部/全咨工程部			
167.1.7	施工线	挡土墙						三级节点	建设单位工程部/全咨工程部			
167.1.8	施工线	附属构筑物						三级节点	建设单位工程部/全咨工程部			

续表

序号	所属主线	节点名称	是否必选节点	是否关键线路必经节点	节点层级				节点管控主体	前置节点	是否属于合法开工必要条件/主管部门	备注
					里程碑节点	一级节点	二级节点	三级节点				
167.2	施工线	边坡					二级节点		建设单位工程部/全咨工程部			
167.2.1	施工线	土石方						三级节点	建设单位工程部/全咨工程部			
167.2.2	施工线	挡土墙						三级节点	建设单位工程部/全咨工程部			
167.2.3	施工线	支护						三级节点	建设单位工程部/全咨工程部			
168	施工线	附属建筑及室外环境（参考）				一级节点			建设单位工程部/全咨工程部			
168.1	施工线	附属建筑					二级节点		建设单位工程部/全咨工程部			
168.1.1	施工线	车棚						三级节点	建设单位工程部/全咨工程部			
168.1.2	施工线	围墙						三级节点	建设单位工程部/全咨工程部			
168.1.3	施工线	大门						三级节点	建设单位工程部/全咨工程部			
168.1.4	施工线	挡土墙						三级节点	建设单位工程部/全咨工程部			

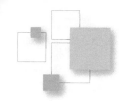

续表

序号	所属主线	节点名称	是否必选节点	是否关键线路必经节点	节点层级				节点管控主体	前置节点	是否属于合法开工必要条件/主管部门	备注
					里程碑节点	一级节点	二级节点	三级节点				
168.2	施工线	室外环境					二级节点		建设单位工程部/全咨工程部			
168.2.1	施工线	建筑小品						三级节点	建设单位工程部/全咨工程部			
168.2.2	施工线	亭台						三级节点	建设单位工程部/全咨工程部			
168.2.3	施工线	水景						三级节点	建设单位工程部/全咨工程部			
168.2.4	施工线	连廊						三级节点	建设单位工程部/全咨工程部			
168.2.5	施工线	花坛						三级节点	建设单位工程部/全咨工程部			
168.2.6	施工线	场坪绿化						三级节点	建设单位工程部/全咨工程部			
168.2.7	施工线	景观桥						三级节点	建设单位工程部/全咨工程部			
169	施工线	市政自来水接驳						三级节点	建设单位工程部/全咨工程部			
170	施工线	燃气点火						三级节点	建设单位工程部/全咨工程部			

续表

序号	所属主线	节点名称	是否必选节点	是否关键线路必经节点	节点层级				节点管控主体	前置节点	是否属于合法开工必要条件/主管部门	备注
					里程碑节点	一级节点	二级节点	三级节点				
171	施工线	10kV高压受电						三级节点	建设单位工程部/全咨工程部			
172	施工线	消防验收	必选				二级节点		建设单位工程部/全咨工程部			
173	施工线	节能、人防、无障碍等专项验收	必选					三级节点	建设单位工程部/全咨工程部			
174	施工线	竣工预验收	必选			一级节点			建设单位工程部/全咨工程部			
175	施工线	竣工验收	必选	是	里程碑节点				建设单位工程部/全咨工程部			
176	施工线	资料归档	必选			一级节点			建设单位工程部/全咨工程部			
177	施工线	工程结算	必选			一级节点			建设单位工程部/全咨工程部			
178	施工线	工程决算	必选			一级节点			建设单位工程部/全咨工程部			

注：1. 施工线涉及工程实体的节点设置原则上应符合单位工程－分部工程－子分部工程－分项工程－检验批的逻辑关系；
2. 项目因特殊情况不涉及某些节点的，可申请取消该必选节点。

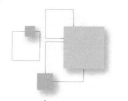

19.4 三图两曲线编制细则

根据项目进度、投资目标编制项目三图两曲线，在项目层级三图两曲线下，细化编制施工总承包三图两曲线、关键线路专业承包三图两曲线，并逐层逐级分解，在空间上将三图两曲线细化至楼栋，在时间上三图两曲线要管控到每周每日，同时也压实各单位进度与投资管理责任，共同推进项目建设，实现预定目标。

19.4.1 网络计划图

（1）编制总则

项目网络计划图展示项目总体进度计划，项目应通过科学方式方法，结合市委、市政府等节点要求，编制项目网络计划图。网络计划图中包含报批报建、招标采购、需求确认、设计工作、现场施工五条线路，展示项目里程碑节点、重要进度节点和工作目标。各节点时间为计划完成时间，若该项工作滞后，可在该节点后放置红色色块，重点突出提醒。

（2）注意事项

各条线与对应的主线颜色要做好区分。灰色表示已完成的工作节点，红色表示正在进行的工作节点，白色表示未进行的工作节点。注意不同主线上的时间先后顺序，逻辑关系线颜色和起点所属主线颜色应保持一致。

（3）其他要求

1）网络计划图用于体现重要节点之间的网络关系，突出关键线路；

2）网络计划图应包括主线、节点、完成时间、网络关系及节点状态等要素；

3）网络计划图由报批报建、招标采购、使用需求、设计工作、现场施工五条主线组成；

4）原则上网络计划图应覆盖项目节点集的里程碑及一级节点；

5）应标示节点的计划完成时间，在工序上构成先后顺序的，应重点体现其网络关系；

6）按已完成、正在进行、未开始、滞后等标识规则，及时更新节点状态。

19.4.2 甘特图

（1）编制总则

项目全周期进度计划甘特图展示项目形象进度计划，在网络计划图的基础上，对项目进度进一步细化，展示项目一级二级工作节点，突出关键线路和重要工作。将网络计划图中报批报建、招标采购、需求确认、设计工作、现场施工五条线路全部包含在内，细化节点体现关键工作，体现开始时间、结束时间、持续时间。

（2）注意事项

工程名称中，可设置橙色填充为一级节点，其他为二级节点，根据建设单位统筹节点编排计划，来进行修改完善和适当增减。

19.4.3　项目工程量矩阵图

（1）编制总则

项目工程量矩阵图精细化核定工程量，便于项目施工进展展示及数据统计。矩阵图中所有施工数据与现场实际进度相匹配，并体现与计划的对比。通过不同色块体现完成情况（是否滞后，是否开展）。工程量矩阵图是对年度甘特图的进一步细化，甘特图中的一个分部分项工程，在矩阵图中进一步拆解，体现重要施工工序，并每日更新进展，及时研判纠偏，做到以日保月。

（2）注意事项

可设置未开始项为白色、进行中为黄色、已完成为绿色、滞后项为红色；工作内容上分为空间和工序两大内容，空间上要具体到片区、楼层，工序上要将甘特图中分部分项工程进一步细化体现关键工序；底部要增加每周工作目标，每日进行进度研判。

19.4.4　形象进度对比曲线

（1）编制总则

形象进度对比曲线用于制定投资计划安排，比对实际完成投资与计划的差异。应包括计划完成投资、实际完成投资、计划进度、时序进度及实际完成进度，必要时增加内控计划和纠偏计划等要素。项目原则上应编制全周期曲线、年度曲线和季度曲线，全周期曲线以季为单位，年度曲线以月为单位，季度曲线以周为单位。项目时间跨度小于2年的，全周期曲线宜以月为单位。投资计划安排应与甘特图计划进行的节点（工作事项）的时序充分对应，发生调整时应同步调整。

（2）注意事项

全周期形象进度对比曲线图时间段原则上按照季度为单位编制；需添加合计数值，并在图中隐藏对应柱体；坐标轴刻度应跟随数据大小调整。

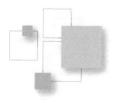

19.4.5　项目资金支付曲线

用于制定资金支付计划，比对实际完成支付与计划的差异。应包括计划支付、实际支付、计划进度、实际进度和时序进度，必要时增加内控计划和纠偏计划等要素。

19.5　三图两曲线应用保障机制

19.5.1　检查对标机制

各单位需在项目总体及各子项工程三图两曲线下开展进度控制。在项目实施过程中，全咨单位组织监理部及工程部和其他单位按每周、每月检查实际进度及投资情况，并与三图两曲线及相关季度、月度进度进行比较，以确定实际进度及投资是否出现偏差。

19.5.2　跟踪纠偏机制

全咨单位工程管理部采用"月度审阅""周度审阅"等形式跟踪计划实施情况，采用现场检查、数据统计、工程例会、进度专题会等形式，及时发现参建单位存在的问题，督促参建单位及时整改并加快工程进度。

各施工单位每周例会（工程例会／监理例会）汇报进度对标完成情况，对未完成的工作提出改进纠偏意见。

19.5.3　分级预警机制

（1）当施工进度或主要材料设备供货进度滞后，导致严重偏离三图两曲线进度计划、工期严重延误时，全咨单位及时启动进度预警。

（2）项目管理部发现进度延迟，及时向建设单位汇报沟通，并组织相关单位召开进度专题会议，分析进度延迟的原因，采取增强施工管理人员、增加施工作业人员、增加施工作业面、延长施工作业时间、优化施工顺序、加大材料设备的投入等措施，必要时约谈相关单位项目负责人和项目法人等。

（3）进度预警按其严重程度分为黄色预警、橙色预警、红色预警三种。

1）出现下列情况之一时，启动黄色预警：

参建单位进度管理混乱，人力、施工机械配备和材料设备供应不能满足工期要求；实际工期延误达到 10d 以上。

启动黄色预警后，项目管理部应在 24h 内报告建设单位，配合建设单位领导约谈相关单位领导及项目负责人。

2）出现下列情况之一时，启动橙色预警：

启动黄色预警10d后仍无明显改进或实际工期延误达到20d以上。

启动橙色预警后，项目管理部应在24h内报告建设单位，配合建设单位向相关单位发函，约谈相关单位法人代表及项目负责人。

3）出现下列情况之一时，启动红色预警：

启动橙色预警10d后仍无明显改进或实际工期延误达到30d以上。

启动红色预警后，项目管理部在24h内报告建设单位，配合建设单位约谈相关单位法人代表及项目负责人。在约谈后7d内若无明显改进，项目管理部应对相关单位提出处罚意见，报上级委员会审批。

19.5.4　评价

（1）事前节点设置合理性综合评判

由项目决策层策划制定项目的竣工时间，施工单位根据竣工时间倒排时间节点，从结构 ±0.000、封顶、幕墙插入及精装插入等时间节点进行排布。待进度计划提交至全咨单位综合性评判后，呈报至决策层决策实行。其中施工单位必须保障节点的准确性和富裕性，并对其申报的节点签订责任状和项目部设置奖罚节点。

（2）事中节点距离预期值综合研判

由全咨组织各施工单位对项目实际进展情况和三图两曲线进行对比，通过形象进度（矩阵图、甘特图、横道图）及资金支付等方面，对事中节点进行管控，研判项目进展，及时做好纠偏。

（3）事后节点达成目标值综合评估

针对项目设置的节点目标，事后若施工单位按照进度计划及时或者提前完成目标，应按照所建立的条款进行奖励（履约评价加分、奖金发放或表扬信等）；若施工单位未按照进度计划完成目标，滞后或严重滞后工期，将按照建立的条款进行处罚（履约评价、处罚金额或不良行为记录等）。

19.5.5　追责

当实际工作进度明显与三图两曲线计划进度不符时，可以采取以下措施对进度计划进行调整：

（1）日进度预警

当项目实际工作进度明显与三图两曲线计划进度不符合时，可以先采取

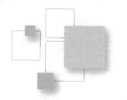

每日召开进度对标会这一方法，将施工总承包、平行发包、全咨单位和项目组组织在对标会上，用现场航拍图或日报（矩阵图）进行研判，并形成会议纪要和任务跟踪清单。

（2）周例会评判

项目每周召开工程例会，全咨单位评判项目施工进展，通过三图两曲线计划对标现场进度，并在会上将评判结果告知项目决策层，由决策层对三图两曲线计划进行调整，同时对施工单位进行奖惩。

（3）专题会督办

当三图两曲线进度计划大规模出现问题时，由全咨单位会同建设单位召集当前进度计划存在问题的所有单位对进度计划进行讨论，生成会议纪要与销项清单，后续由全咨单位专项进行督办跟踪。

（4）召开约谈会

当三图两曲线进度计划出现的问题均与某一或极少数单位相关时，由全咨单位会同建设单位组织对其约谈，分析进度计划的延误原因，生成会议纪要，并要求施工单位加强资源投入，纠偏进度计划。

（5）下发预警函

针对现场进度滞后较为严重的单位，由项目指挥部下发预警函至施工单位，要求施工单位资源倾斜，整改和追赶进度。

（6）记不良行为

当项目指挥部下发预警函后，现场进度仍未有较大改变，有关责任单位仍未按合同约定采取积极措施保障工期，经建设单位书面通知后仍未改正的记录不良行为记录，并视情形给予书面警告直至一年内拒绝其参与建设单位工程投标的处理措施。

第 20 章

数字化进度总控工具

20.1　数字化进度总控概述

数字化进度管理作为一种新兴的项目管理方式，正逐渐取代传统的进度管理方法，成为现代项目管理的重要工具。它借助云计算、大数据、人工智能等现代信息技术手段，将项目进度信息进行数字化处理，并通过高效的信息平台实现信息的实时共享和快速传递。

20.1.1　传统进度管理存在的问题与挑战

传统进度管理在应对现代项目管理的高复杂度和快速变化需求时，已经显现出明显的不足与缺陷。这种方式依赖于手动记录和整理，往往会出现效率低下和精确度不高的问题。在规模较小、流程简单的项目中，或许尚能勉强维持其功能性，但在面对大型、复杂的项目时，传统进度管理方式的局限性便暴露无遗。

（1）信息传递和共享

由于缺乏高效的数字化工具支持，项目各方很难实现信息的实时同步和更新，导致项目团队成员间常常存在信息不对称的现象。这不仅增加了沟通成本，还可能导致决策失误和项目进度延误。

（2）数据处理和分析

面对海量的项目进度数据，传统方法往往只能进行简单的汇总和统计，而无法进行深入的数据挖掘和分析。这使得项目管理人员难以准确评估项目的实际进度、预测未来趋势以及发现潜在风险。

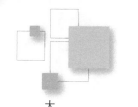

（3）人为因素干扰

由于人为操作的不确定性和易错性，传统进度管理在数据录入、处理和分析过程中容易出现错误和疏漏。这些人为因素不仅影响了进度管理的准确性和可靠性，还可能对整个项目的顺利推进造成负面影响。

20.1.2 数字化进度管理的定义与特点

数字化进度管理在解决传统进度管理存在的问题和挑战方面发挥了重要作用。它不仅提高了项目进度管理的效率和准确性，还提升了项目团队的协同能力和降低了项目成本。随着技术的不断进步和应用场景的不断拓展，数字化进度管理将在未来项目管理中发挥更加重要的作用。

数字化进度管理的特点在于其高效性、精准性和灵活性。

（1）高效性

数字化平台能够实现信息的实时更新和共享，确保项目各方能够随时获取最新的进度信息。这不仅提高了信息的传递效率，还增强了项目团队成员之间的协同能力。

（2）精准性

数字化进度管理能够对项目进度数据进行深入分析和挖掘。借助大数据分析和人工智能技术，项目管理人员可以对进度数据进行深入剖析，发现隐藏在数据背后的规律和趋势，为项目决策提供有力支持。

（3）灵活性和可扩展性

数字化进度管理还具备较高的灵活性和可扩展性。它可以根据项目的实际需求进行定制化开发，满足不同项目的特殊需求。同时，随着技术的不断进步和更新迭代，数字化进度管理也可以不断升级和完善，以适应项目管理的新需求和新挑战。

20.1.3 数字化进度管理的优势与价值

相较于传统进度管理，数字化进度管理在多个方面展现出显著的优势和价值。

（1）显著提高项目进度管理的效率和准确性

通过数字化平台，项目管理人员可以更加便捷地获取和处理进度信息，减少了繁琐的手工操作和数据录入过程。同时，数字化平台还具备强大的数据处理和分析能力，能够自动识别和纠正数据中的错误和异常值，提高了进度数据的准确性和可靠性。

（2）提升项目团队的协同能力

通过数字化平台，项目团队成员可以实时共享进度信息、交流意见和建议，加强了团队之间的沟通与合作。这不仅提高了团队的工作效率，还有助于形成良好的工作氛围和团队合作精神。

（3）降低项目成本

通过优化资源配置和减少浪费，数字化进度管理可以降低项目的运营成本和人力成本。同时，通过及时发现和解决项目中的问题和风险，数字化进度管理还可以避免潜在的成本损失和浪费。

20.2 数字化进度总控关键技术

20.2.1 BIM 在进度管理中的应用

（1）精确的数据支持

通过 BIM 模型，项目团队可以详细掌握每一个施工阶段的详细情况，包括所需材料、人员配置、设备需求等，进而制定出更为科学合理的进度计划。

（2）项目进度实时监控

借助 BIM 模型中的时间维度，项目团队可以清晰地看到各个施工阶段的进度情况，及时发现并解决潜在的问题。此外，BIM 技术还可以提供实时的进度报告，帮助项目团队了解项目当前的进度状况，为后续决策提供依据。

（3）项目进度优化

通过对 BIM 模型的分析，项目团队可以找出施工过程中的瓶颈和不合理之处，进而进行优化调整。这不仅可以提高施工效率，还可以降低项目成本，为项目的成功实施提供有力保障。

20.2.2 智能进度管理系统

智能进度管理系统是项目进度管理的又一重要工具。该系统利用先进的信息技术手段，实现了对项目进度信息的全面采集、分析和处理。通过智能进度管理系统，项目团队可以更加便捷地了解项目进度的实时情况，及时发现并解决潜在问题。

智能进度管理系统通常具备以下功能：

（1）对项目进度数据自动采集和整理，减少人工操作的繁琐和错误。

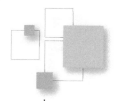

（2）通过数据分析，为项目团队提供决策支持，帮助他们更好地应对项目中的挑战。

（3）与其他系统进行集成，实现信息的共享和协同工作，提高项目管理的整体效率。

20.2.3　数据分析与决策支持

在项目管理中，数据分析与决策支持是不可或缺的一环。通过对项目进度数据的深入分析，项目团队可以获取更多的有用信息，为决策制定提供有力支持。

（1）数据分析

数据分析可以帮助项目团队发现项目进度中的规律和问题。例如，通过对历史数据的分析，项目团队可以预测未来可能出现的问题，提前制定相应的应对措施。此外，数据分析还可以帮助项目团队评估不同决策方案的影响和效果，选择最佳的方案。

（2）决策支持

决策支持则可以为项目团队提供科学的决策依据。基于数据分析的结果，决策支持系统可以为项目团队提供多种决策方案，并评估各方案的风险和收益。这有助于项目团队在面临复杂问题时，做出更加明智和合理的决策。

20.2.4　信息集成与共享平台

信息集成与共享平台是实现项目进度管理信息化的重要手段。该平台可以将项目中的各类信息进行整合和共享，为项目团队提供全面、准确的信息支持。

（1）通过信息集成与共享平台，项目团队可以实时获取项目进度的最新信息，包括施工进度、资源使用情况、质量问题等。这有助于项目团队及时发现问题并采取相应的措施。同时，该平台还可以实现不同部门之间的信息共享和协同工作，打破信息孤岛，提高项目管理的整体效率。

（2）信息集成与共享平台还可以利用大数据、云计算等先进技术，对项目数据进行深度挖掘和分析，为项目团队提供更加精准和科学的决策支持。通过该平台的建设和应用，可以推动项目管理向更加智能化、高效化的方向发展。

20.3　数字化进度总控实施方法

20.3.1　数字化进度总控流程

数字化进度总控流程是一个精心设计的项目管理过程，它犹如项目管理的中枢神经，确保了项目的每一个环节都能够得到精准的控制和有效的管理。通过采用先进的数字化技术，总控流程实现了对项目进度的全面把控，有效提高了项目管理的效率和精确度。

（1）规划与策划阶段

项目团队可以利用先进的项目管理软件，详细制定项目的进度计划。此计划能够详细到每一个任务的开始与结束时间，甚至每一个工作环节的负责人。通过数字化工具，这些计划信息被精准地录入到数据库中，为后续的数据采集和处理提供了坚实的基础。

（2）数据采集与处理环节

利用物联网、大数据等先进技术，项目团队能够实时采集项目进度数据，并进行深入的分析和处理。这些数据不仅包括任务的完成情况，还包括资源的消耗情况、风险的识别与应对等信息。通过对这些数据的深入挖掘，团队可以更加准确地掌握项目的实际进展情况，为后续的监控与预警提供有力的数据支持。

（3）监控与预警

通过实时监测项目进度数据，系统能够及时发现项目进度与计划的偏差，并自动触发预警机制。这些预警信息以可视化的形式展现给项目团队成员，使他们能够迅速了解项目的风险点，并采取有效的措施进行应对。同时，预警机制还可以根据项目的实际情况进行灵活调整，确保预警的准确性和及时性。

（4）信息可视化与报告

通过图表、报表等形式展示项目进度数据，使得项目团队成员和利益相关者能够更加直观地了解项目的进展情况。这些可视化工具不仅提高了信息的传达效率，还增强了团队成员对项目的信心和参与感。同时，定期生成的项目进度报告也为项目的决策提供了有力的支持。

20.3.2　数字化进度数据采集与处理

数字化进度数据采集与处理不仅能提高项目管理的效率和准确性，还有

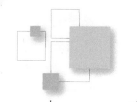

助于发现潜在问题和风险。通过深入分析处理后的进度数据，管理者能够更好地把握项目的整体进展情况，为项目决策提供科学依据。

（1）数据采集

充分利用物联网、传感器等前沿技术，实现对项目进度数据的实时采集。无论是工地上的施工情况，还是生产线上的生产进度，都能通过智能化设备实时监测并传输数据。此外，项目团队成员也能通过项目管理软件、电子邮件等渠道，主动提交和更新进度数据。

（2）数据处理

运用大数据分析和机器学习技术，对采集到的海量进度数据进行深度处理。这包括对数据进行清洗、去重、格式化等操作，以确保数据的一致性和准确性。同时，还可以利用数据挖掘技术，从数据中提炼出有价值的信息和规律，为项目进度监控和预警提供有力支持。

20.3.3　数字化进度监控与预警

数字化进度监控与预警机制的应用，显著提高了项目管理的效率和效果。它使团队成员能够实时掌握项目进度，及时发现并处理潜在风险，确保项目按计划顺利进行。同时，预警机制的引入也为项目决策提供了更加科学、可靠的依据。

（1）监控

借助先进的项目管理软件可以实现项目进度数据的实时更新与可视化展示。通过甘特图、看板等直观形式，项目团队成员可以迅速了解任务的完成情况、进度百分比等关键信息。同时，系统还能自动计算项目的关键路径和里程碑，帮助团队把握项目的整体进度。

（2）预警机制

根据项目特点和历史数据可设定合理的预警阈值，一旦项目进度数据触及或超过这些阈值，系统便会立即触发预警，通过邮件、短信等方式通知相关责任人。这些预警信息不仅提醒团队关注潜在问题，还为他们提供了足够的时间来应对和解决问题。

20.3.4　数字化进度信息可视化与报告

数字化进度信息可视化与报告在项目管理中发挥着不可或缺的作用，它们以直观、生动的方式展示项目进度，帮助团队成员和利益相关者更好地理解项目状态，提升决策效率。

（1）可视化

数字化进度信息充分利用图表、动画、虚拟现实等多种技术手段，将项目进度数据转化为形象化的视觉表达。甘特图、柱状图、折线图等图表直观地展现了任务进度、资源分配和里程碑达成情况；而虚拟现实技术则提供了一个沉浸式的项目环境，让管理者能够更深入地了解项目的细节和进展情况。

这些可视化工具不仅增强了项目进度信息的直观性和易懂性，还有助于快速发现问题和趋势。通过比较不同时间段的进度数据可以清晰地看到项目的进展速度，是否存在延误或提前完成的情况；而通过对比不同任务或阶段的进度数据，还可以发现哪些环节可能存在瓶颈或风险。

（2）报告

要注重报告的定制化和全面性。根据项目的特点和利益相关者的需求生成详细的项目进度报告。

第 21 章

清单化进度总控工具

21.1 内容与核心理念

清单化进度总控方法作为一种高效的项目管理与执行策略,其核心在于通过制定详细、全面的清单,对项目进度进行精准控制。这种方法强调将复杂的项目任务分解为一系列简单、具体的步骤,并为每个步骤设定明确的时间节点和责任人,从而确保项目能够按照预定计划有序进行。

据相关研究表明,采用清单化进度总控方法的项目,其成功率往往比传统管理方法高出 30% 以上。例如,在软件开发领域,某知名互联网公司曾采用此方法管理一个大型项目,通过详细的任务清单和时间节点设置,成功将项目周期缩短了 20%,同时降低了 15% 的成本。

清单化进度总控方法的核心理念在于"精细化"和"系统化"。精细化意味着将项目任务细化到最小可执行单元,确保每个步骤都清晰明确,减少模糊地带;系统化则是指通过构建完整的项目管理体系,将各个任务环节紧密衔接,形成有机整体。

21.2 清单化进度总控方法的应用范围

清单化进度总控方法的应用范围广泛,不仅适用于传统的工程项目管理,也适用于现代企业的日常运营和跨部门协作。

(1)工程项目领域

清单化进度总控方法被广泛应用于建筑、桥梁、道路等基础设施的建设中。据统计,采用清单化进度总控方法的工程项目,其进度控制精度可提高至 90% 以上，有效避免了工期延误和成本超支的风险。

（2）软件开发、市场营销等领域

清单化进度总控方法在软件开发、市场营销等领域同样能够发挥重要作用。例如，某知名互联网公司采用清单化进度总控方法管理其软件开发项目，通过明确的任务清单和时间节点，实现了项目的高效推进和按时交付。

（3）团队协作与沟通

通过制定详细的任务清单，每个团队成员都能明确自己的职责和工作重点，减少了沟通成本和时间浪费。同时，清单化进度总控方法还能够帮助团队成员更好地跟踪项目进度，及时发现和解决问题，确保项目能够按照计划顺利进行。正如管理大师彼得·德鲁克所言："管理就是决策"。清单化进度总控方法正是通过科学决策和精细化管理，实现了项目的高效推进和成功交付。

21.3　清单化进度总控方法的优势分析

21.3.1　提高工作效率与准确性

清单化进度总控方法在提高工作效率与准确性方面具有显著优势。通过制定详细的项目清单、设定明确的时间节点和任务分配以及监控进度和及时调整，可以确保项目执行更加有序、高效和准确。同时，通过标准化和流程化的方式，还可以减少人为错误和偏差，提高项目的成功率。

（1）任务清晰

通过制定详细的项目清单，可以确保所有任务都被明确列出，避免了遗漏和重复工作。同时，设定明确的时间节点和任务分配，使得团队成员能够清晰地了解自己的工作进度和职责，减少了沟通成本和误解。这种方法的实施，使得项目执行更加有序和高效。

以一家软件开发公司为例，该公司采用清单化进度总控方法管理项目，显著提高了工作效率和准确性。在软件开发项目中，任务繁多且复杂，传统的管理方式往往导致进度延误和质量问题。然而，通过制定详细的项目清单，并设定明确的时间节点和任务分配，该公司成功地将项目分解为多个小任务，并分配给不同的团队成员。每个团队成员都能够清晰地了解自己的工作内容和进度要求，从而更加高效地完成任务。同时，通过监控进度和及时调整，公司能够及时发现和解决潜在问题，确保项目按时交付并达到质量要求。

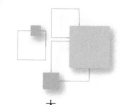

（2）标准化和流程化

通过制定统一的项目清单模板和任务分配标准，可以确保每个项目都按照相同的流程和规范进行，减少了人为错误和偏差。这种方法的实施，使得项目执行更加可靠和稳定，提高了项目的成功率。

21.3.2 降低错误率与风险

清单化进度总控方法通过明确的任务划分和详细的步骤描述，显著降低了项目执行过程中的错误率。

（1）精确把控

以某大型软件开发项目为例，采用清单化进度管理后，代码错误率下降了30%，项目延期率也降低了25%。这一成果得益于清单化方法对每个开发阶段和任务的精确把控，确保了每个步骤都按照既定规范进行，从而减少了人为的失误和遗漏。

（2）识别及评估风险

通过提前识别和评估潜在风险，并制定相应的应对措施，项目团队能够在风险发生时迅速作出反应，减少损失。研究数据显示，采用清单化进度管理的项目，其风险应对效率提高了40%，有效避免了因风险处理不当而导致的项目失败。

（3）"检查表"原理

通过定期检查和核对清单内容，确保项目进展与预期一致。这种持续监控和反馈机制有助于及时发现和纠正偏差，进一步降低错误率和风险。正如著名管理学家彼得·德鲁克所言："管理就是做好一系列平凡而必要的事情。"清单化进度总控方法正是通过做好这些平凡而必要的事情，为项目的成功实施提供有力保障。

21.3.3 促进团队协作与沟通

清单化进度总控方法在促进团队协作与沟通方面发挥了重要作用。通过明确的任务清单、定期的项目进度会议和反馈机制以及互相学习和成长的文化氛围，团队成员能够更加高效地协作和沟通，共同推动项目的成功执行。

（1）明确任务清单和时间节点

通过明确的任务清单和时间节点，团队成员能够清晰地了解各自的责任和进度要求，减少了因信息不对等而导致的误解和冲突。一项针对软件开发项目的调查显示，采用清单化进度总控方法后，团队成员之间的沟通频率提高了 30%，沟通效率也提升了的 25%。这得益于清单化方法使得每个成员都能快速了解项目整体情况和各自的任务，从而更加高效地协作。

（2）定期项目进度会议和反馈机制

清单化进度总控方法还通过定期的项目进度会议和反馈机制，加强了团队成员之间的交流和协作。在会议中，每个成员都可以分享自己的工作进展、遇到的困难和需要的支持，从而得到及时的帮助和指导。这种开放和透明的沟通方式不仅增强了团队的凝聚力，还提高了项目的整体执行效率。例如，在市场营销活动的清单化进度控制中，团队成员通过定期会议和反馈机制，共同解决了活动策划和执行中的多个难题，最终实现了活动的圆满成功。

（3）互相学习和经验分享

清单化进度总控方法还鼓励团队成员之间的互相学习和经验分享。通过分享各自在任务执行中的经验和教训，团队成员可以不断提升自己的能力和水平，为项目的成功贡献更多的力量。这种互相学习和成长的文化氛围，也是促进团队协作与沟通的重要因素之一。

21.4 清单化进度总控方法的实施步骤

21.4.1 制定详细的项目清单

制定详细的项目清单是提升项目管理与执行效率的关键策略之一。通过明确项目目标和关键里程碑、借鉴经典项目管理理论和方法、结合项目实际情况进行具体分析等步骤，可以制定出更加科学、合理的项目清单，为项目的顺利实施提供有力保障。

（1）明确项目整体目标和关键里程碑

以软件开发项目为例，项目清单应涵盖需求分析、设计、编码、测试、部署等各个环节，并设定每个环节的完成时间和质量标准。通过详细的项目清单，我们可以确保项目团队成员对各自的任务有清晰的认识，降低沟通成本，提高工作效率。此外，项目清单还应包括风险预测和应对措施，以便在项目实施过程中及时应对可能出现的问题。研究数据显示，采用详细项目清单的项目，其成功率往往比未采用的项目高出 30% 以上。因此，制定详细的项目清单是提升项目管理与执行效率的关键步骤。

（2）借鉴经典项目管理理论和方法

在制定项目清单的过程中，还可以借鉴一些经典的项目管理理论和方

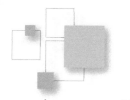

法。例如，WBS（工作分解结构）就是一种常用的项目分解工具，它可以将复杂的项目分解为一系列相对独立、易于管理的子任务。通过 WBS 可以更加系统地制定项目清单，确保每个任务都有明确的责任人和完成时间。同时，还可以利用甘特图等可视化工具来展示项目清单的进度和完成情况，便于团队成员了解项目整体进展和各自任务的完成情况。

（3）结合项目实际情况进行具体分析

除了理论和方法的应用外，制定详细的项目清单还需要结合项目的实际情况进行具体分析。例如，在市场营销活动中，需要根据市场趋势、竞争对手情况等因素来制定针对性的推广策略和活动计划；在制定项目清单时，需要充分考虑这些因素，确保清单中的任务能够有效地支持活动目标的实现；同时，还需要关注团队成员的技能和经验，合理分配任务，确保项目能够顺利进行。

21.4.2 设定明确的时间节点与任务分配

设定明确的时间节点与任务分配是清单化进度总控方法中的重要环节。通过设定明确的时间节点和任务分配，项目团队能够清晰地了解每个阶段的进度和完成情况，提高团队协作效率，确保项目按时完成。同时，项目团队还需要根据实际情况进行灵活调整，以应对项目实施过程中可能出现的各种问题和挑战。

（1）提高团队协作效率

在软件开发项目中，不同团队之间需要密切协作，共同完成项目的各个模块。通过设定明确的时间节点和任务分配，各团队能够明确自己的职责和进度要求，降低沟通成本，提高协作效率。同时，这也能够确保项目按时完成，避免延期交付的风险。

（2）灵活调整

在项目实施过程中，可能会遇到各种不可预见的问题和挑战，这时就需要根据实际情况对时间节点和任务分配进行适当调整。例如，当某个阶段的任务进度滞后时，项目团队可以通过增加人力投入、优化工作流程等方式来加快进度，确保项目能够按时完成。

21.4.3 监控进度与及时调整

在清单化进度总控方法中，监控进度与及时调整能够确保项目顺利进行。通过定期监控项目进度，可以及时发现潜在问题并采取相应的调整措施。

（1）清单内容动态优化。

随着项目的推进，新的需求或问题可能会不断出现，管理者需要根据实际情况对清单进行更新和完善。例如，在市场营销活动的清单化进度控制中，管理者需要根据市场反馈和数据分析，不断优化活动方案，调整推广渠道和策略，以提高活动效果。这种动态调整不仅有助于提升项目执行效率，还能确保项目始终与市场需求保持同步。

（2）有效的沟通机制

团队成员之间需要保持密切沟通，及时反馈进度信息和遇到的问题，以便项目管理者能够做出正确的决策。同时，项目管理者也需要定期向相关利益方汇报项目进展，以便获得必要的支持和资源。通过建立良好的沟通机制，可以确保项目在监控与调整的过程中保持高效运转。

21.4.4　清单化进度总控方法的持续优化与升级

清单化进度总控方法的持续优化与升级是项目管理领域不断追求的目标。随着技术的不断进步和项目管理理念的更新，清单化进度总控方法也在不断地改进和完善。

（1）清单化进度总控方法的优化体现在对清单内容的不断细化和完善上

传统的清单可能只包含基本的任务和时间节点，而现代的清单则更加注重对任务细节的描述和量化。例如，在软件开发项目中，清单可以细化到每个代码模块的编写、测试和上线等具体环节，从而确保项目进度的可控性和准确性。这种精细化的清单管理方式不仅提高了项目管理的效率，也降低了因沟通不畅或理解偏差导致的项目风险。

（2）清单化进度总控方法的升级体现在与其他项目管理工具的融合上

例如，将清单化进度总控方法与项目管理软件相结合，可以实现项目信息的实时更新和共享，提高团队协作的效率。此外，通过与风险管理、质量管理等模块的集成，清单化进度总控方法可以更好地发挥其在项目管理中的综合作用，为项目的成功实施提供有力保障。

第七篇

典型案例研究

项目概况

22.1 项目背景

深圳理工大学建设项目是广东省教育厅"十三五"规划重点项目。项目依托中国科学院深圳先进技术研究院现有科研优势和在深圳布局的重大基础设施，以及中国科学院在粤科研力量，以理工为基、科学引领，建设世界一流、小而精的研究型大学，为粤港澳大湾区建设提供人才支撑和智力支持，致力打造"绿色山水校园、开放便捷校园、未来理工校园、经典人文校园"。

22.2 工程概况

22.2.1 基本信息

项目基本信息见表 22.2-1。

表 22.2-1 项目基本信息

项目名称	深圳理工大学建设工程项目
工程地址	光明区新湖街道，公常路南侧，北圳路东侧
建设单位	深圳市建筑工务署工程管理中心（简称工务署）
全咨单位	上海建科工程咨询有限公司 & 深圳市华阳国际工程设计股份有限公司
施工图设计单位	中国建筑东北设计研究院有限公司（简称东北院）
勘察单位	一标段：中建二局第三建筑工程有限公司（简称中建二局三） 二标段：中建科工集团有限公司（简称中建科工） 三标段：上海宝冶集团有限公司（简称上海宝冶）/ 宝冶（深圳）建筑科技有限公司（简称宝冶）

总占地面积	54.16 万 m² (其中建设用地 474464.55 m², 管理用地面积 67099 m²)
总办学规模	8000 人
总建筑面积	56.2 万 m²
项目总投资	53.3 亿元
开、竣工日期	2021 年 12 月 29 日 ~ 2024 年 12 月 31 日
项目规划情况	2018 年 11 月签订办学合作协议、2019 年 8 月同意筹设、2020 年 9 月份项目正式移交工务署、2021 年 5 月确定方案设计和建筑专业初设方案，为连续三年的市重大项目及"十三五""十四五"规划重大项目
项目特点	该项目地势西低东高、在建设过程中需要考虑的重点问题包括：场地中部的 110kV 高压线、东北部和西部的山丘、东北部的水库、附近的地铁 6 号线支线、东侧的森林公园，南侧的高铁线路

22.2.2　项目区位

项目所在区位为深圳市光明区新湖街道，为深圳与东莞的交界区域，区域既是城市与城市的边界，同时也是城市与自然的过渡区域，自然与城市的双重边界属性赋予了设计挑战性的同时也带来了巨大的机遇（图 22.2-1）。

图 22.2-1　项目周边交通区位图

22.2.3　功能需求

深圳理工大学由 36 栋单体，1 个连廊，1 个景观湖组成。对场地内原有山塘进行科学、合理的改造，保证其原有的泄洪能力的同时，提升校园景观（图 22.2-2）。

图 22.2-2　项目功能分区图

具体面积指标，详见表 22.2-2 ~ 表 22.2-7。

（1）1 号组团

表 22.2-2　1 号组团

楼栋	21 号硕博公寓	24 号配电室
建筑面积	49393m²	203.01m²
建筑高度	94.8m，最高 23 层	7.1m，最高 1 层
结构形式	剪力墙结构	钢筋混凝土框架结构

（2）2 号组团

表 22.2-3　2 号组团

楼栋	7 号、8 号、9 号本科书院	10 号、11 号、12 号学研楼
建筑面积	24189.16m²	55183.46m²
建筑高度	21.9m，最高 5 层	38.7m，最高 7 层
结构形式	框架 – 剪力墙结构	混凝土框架结构

（3）3 号组团

表 22.2-4　3 号组团

楼栋	16 号、17 号、18 号本科书院	14 号、15 号学研楼
建筑面积	24123.69m²	56254.05m²
建筑高度	21.9m，最高 5 层	38.7m，最高 7 层
结构形式	框架 – 剪力墙结构	混凝土框架结构

（4）4号组团

表22.2-5　4号组团

楼栋	19号学研楼	20号重点实验室	22号、23号硕博公寓
建筑面积	64047.65m²	15886.78m²	41958.96m²
建筑高度	68.4m，最高12层	37.6m，最高5层	53.3m，最高14层
结构形式	钢筋混凝土框架结构	钢筋混凝土框架结构	剪力墙结构

（5）25号综合楼、26号国际交流中心、27号图书馆

表22.2-6　综合组团

楼栋	25号综合楼	26号国际交流中心	27号图书馆
建筑面积	18872.58m²	20054.87m²	22706.97m²
建筑高度	69.65m，最高13层	15.3m(报告厅)、21.4m(餐厅+公寓)，最高5层	48.75m，最高8层
结构形式	框架–剪力墙结构	钢筋混凝土框架结构	钢框架结构

（6）2~6栋体育场组团、1栋综合体育馆（表22.2-7）

表22.2-7　体育场组团及综合体育馆

楼栋	2~6栋体育场组团	1栋综合体育馆
建筑面积	14542.98m²	12527.12m²
建筑高度	6.65m/11.55m/13.55m，最高2层	22.65m，最高3层
结构形式	钢筋混凝土框架结构	钢筋混凝土框架结构

22.2.4　场地条件

本项目用地形状不规则，整体呈南北走向，地势东高西低。场址中南部有110kV高压线穿过。场地东北侧现存罗仔坑水库，现已降等为山塘，设计将结合总体规划对其进行景观改造，打造亮点。场地内存在大量林木与城市树木，城市树木部分进行迁移、砍伐申请，大树老树保留打造成为古树群落（图22.2-3）。

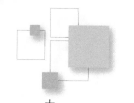

图 22.2-3　项目场地现状图

22.3　设计理念

深圳理工大学以创新科研为己任，将环境设计成面向未来的先锋生态校园，打造互通渗透的共享校园。引导设计基于场地、城市环境、需求特色打造独具一格的理工型大学。

（1）绿色山水校园

校园设计因地制宜，绿色建筑高效节能。融入自然山水，保护自然；利用生态条件，海绵城市设计，总控制率大于73%。图书馆及交流中心达到绿建三星标准；光伏应用年发电约占总用电量7%（图 22.3-1）。

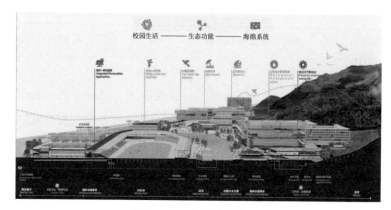

图 22.3-1　绿色山水校园

（2）开放便捷校园

公共建筑临街布置开放共享，校园组团紧密联系便捷通达。国际交流中心、图书馆、体育馆临街布置，提供公共设施。三院一体组团依山而建，步行通达，风雨连廊连接组团，形成便捷的校园布局（图22.3-2）。

图22.3-2　开放便捷校园

（3）未来理工校园

建筑空间打破学科物理分隔，灵活组合适应未来发展。项目建设根据学校使用需求将学研空间划分为干、湿、文三类不同的模块，采取标准化设计，通过平台化整合，鼓励跨学科交流，实现学科交叉、空间互融，同时便于灵活组合应对未来科技变化发展（图22.3-3）。

图22.3-3　未来理工校园

（4）经典人文校园

理工院校融入人文教育，提高人才自主培养质量。深圳理工大学秉承教育、科技、人才统筹安排的指导思想，提倡"三院一体，协同育人"的理念。学校以此规划书院、学院和研究院的组团式布局模式，促进科教融合和产教融汇，为培养急需人才提供良好环境（图22.3-4）。

图 22.3-4　经典人文校园

22.4　建管模式

22.4.1　项目建设联合指挥部

本项目成立以各参建单位"领导层"为成员的"项目建设联合指挥部"，提供"决策""协调""支撑"作用的高资源配置，快速高效推进项目。

（1）工务署

决策部署：贯彻署党组和署长办公会的决策部署；

统筹协调：统筹项目策划，及时掌握项目推进情况，协调项目建设的重大问题和难题；

建立机制：建立与使用单位的沟通协调机制。

（2）使用单位

使用需求提出与确认、协助协调外部关系、对参建单位公司领导提出建设要求。

（3）全咨、施工、货物、服务商

从公司层面监督项目服务质量及成果，协调公司资源服务项目（图 22.4-1）。

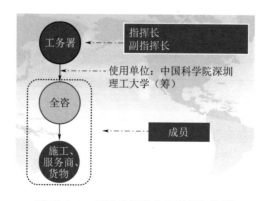

图 22.4-1　项目建设联合指挥部架构图

22.4.2　深圳理工大学项目 IPMT 组织架构

深圳理工大学项目采用"IPMT+ 全咨 + 总承包建管模式"，充分发挥三线并行以及三级联动优势，工务署成立中国科学院深圳理工大学（简称深理工）项目指挥部，对项目统筹、工程项目、前期设计、招采商务、材料设备、工程督导等进行全面管理督导（图 22.4–2 ）。

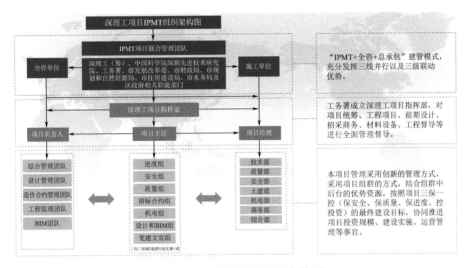

图 22.4–2　项目 IPMT 组织架构图

22.5　标段划分

22.5.1　标段划分的原则

（1）根据项目使用需求，一标段需先行完工交付使用的情况以及满足学校的教学、住宿、办公、食堂、实验室等基本需求，强行划分标段单体。一标段包括学研楼、本科书院、综合楼、实验室、硕博公寓等。

（2）施工场地内外的交通道路及出入口都需利于各标段的施工组织安排，如确保消防道路成环或者提前考虑设置临时回车场。

（3）各标段的建筑规模、合同金额尽量保证接近，以形成市场良性竞争；一标段现行交付，其余的施工界面所包含的规模较大，为保证标段的均衡性，将余下的施工界面划分为二标段和三标段，且两个标段交付节点一致。

（4）为保证系统的完整性以及施工的连续性，部分内容不做标段划分；如基础标、智能化（校园网）、智能化（设备网）等为根据标段进行划分，

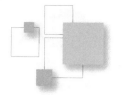

所有施工内容包含整个项目。

（5）各标段能源供应尽量独立（水、电、风、燃气），如实在无法保障，须考虑必要措施，同时室外管综需根据标段线做特殊处理（如设置阀门等）。

22.5.2 标段划分的内容

深圳理工大学建设工程项目为满足学校的招生，整体工期紧张，为满足整体施工节点能够按时按质完成交付，结合深圳年底的天气情况，采取了基础标先行的施工措施；同时考虑到建设单位、使用单位及其他外部单位的特殊要求，因此本项目的招标采购总体策划为：总体招标原则"整体上Ⅰ标先行，空间上基础先行"；总体招标策略"多标段同步推进、主体总包＋专业发包结合"（表 22.5-1、图 22.5-1 ~ 图 22.5-3）。

表 22.5-1 深圳理工大学建设工程项目标段划分的内容

	项目名称	施工内容	涉及范围	交付时间
基础标	土石方、基坑支护和桩基专业承包工程	整个项目的基坑支护工程、土石方工程、边坡支护工程、桩基工程（首批交付建筑群的桩基包括行政楼等）、校园道路工程、拆除工程、临时山体截排洪工程、临时用水用电接驳工程以及发包人临时设施工程及其配套设施等	整个项目	一标段：2023 年底 二、三标段：2024 年底
总承包	施工总承包Ⅰ标	一标段主体结构工程、钢结构工程、屋面工程、装饰装修工程（仅含普通装饰装修）、通风空调工程（不含洁净空调）、给水排水工程、电气工程、消防工程（不含消防弱电工程）、室外工程（不含铺装与景观绿化）、燃气工程等	一标段	2023 年底
	施工总承包Ⅱ标	二标段主体结构工程、钢结构工程、屋面工程、装饰装修工程（仅含普通装饰装修）、通风空调工程（不含洁净空调）、给水排水工程、电气工程、消防工程（不含消防弱电工程）、室外工程（不含铺装与景观绿化）、燃气工程、水利工程、光伏发电工程、充电桩工程等	二标段	2024 年底
	施工总承包Ⅲ标	三标段主体结构工程、钢结构工程、屋面工程、装饰装修工程（仅含普通装饰装修）、通风空调工程（不含洁净空调）、给水排水工程、电气工程、消防工程（不含消防弱电工程）、室外工程（不含铺装与景观绿化）、燃气工程等	三标段	2024 年底

项目名称	施工内容	涉及范围	交付时间
精装修工程Ⅰ标	一标段区域的精装修工程及室外铺装工程	一标段	2023年底
幕墙工程Ⅰ标	一标段幕墙工程及外墙面装饰工程施工		
景观绿化工程Ⅰ标	一标段景观小品工程、硬质铺装工程、景观绿化工程、景观给水排水、景观电气工程、海绵城市工程等		
动物实验室工艺工程	一标段20栋动物实验室电气工程、通风与空调工程、自控工程、给水排水工程、装饰工程、气体工程		
精装修工程Ⅱ标	三标段1号综合体育馆，14～15号学研楼的室内精装修工程及室外铺装工程	三标段	2024年底
精装修工程Ⅲ标	三标段7～9号本科书院及10～13栋区域的室内精装修工程及室外铺装工程		
幕墙工程Ⅲ标	三标段幕墙工程及外墙面装饰工程施工		
景观绿化工程Ⅲ标	三标段硕博公寓及三标段景观小品工程、硬质铺装工程、景观绿化工程、景观给水排水、景观电气工程、海绵城市工程等		
精装修工程Ⅳ标	二标段2号体育馆、3号看台、4号规划配套用房、5号学生活动中心、6号室外泳池、21号硕博公寓等室内精装修工程及室外铺装工程	二标段	2024年底
精装修工程Ⅴ标	二标段27号图书馆的室内精装修工程及室外铺装工程		
精装修工程Ⅵ标	二标段26号国际交流中心的室内精装修工程及庭院景观工程		
幕墙工程Ⅱ标	二标段幕墙工程及外墙面装饰工程施工		
景观绿化工程Ⅱ标	二标段（除景观湖、26号国际交流中心）景观小品工程、硬质铺装工程、景观绿化工程、景观给水排水、景观电气工程、海绵城市工程等		
景观绿化工程Ⅴ标	景观湖景观小品工程、硬质铺装工程、景观绿化工程、景观给水排水、景观电气工程、海绵城市工程、水生态工程等		

平行分包

续表

项目名称	施工内容	涉及范围	交付时间
平行分包 景观绿化工程Ⅳ标	管理用地的景观小品工程、硬质铺装工程、景观绿化工程、景观给水排水、景观电气工程、设备监控工程及整个项目室外的景观标识工程等	管理用地	2024 年底
智能化Ⅰ标	整个项目的信息接入系统（含光纤到户）、综合布线系统（校园网）、信息网络系统（校园网）、用户电话交换系统、有线电视系统、背景音乐系统、体育场和体育馆 LED 大屏显示系统（仅负责预留预埋）、多功能会议系统、多媒体教学系统（仅负责预留预埋）、信息引导及发布系统、弱电综合管网工程等	整个项目	一标段：2023 年底 二、三标段：2024 年底
智能化Ⅱ标	整个项目的综合布线系统（设备网）、计算机网络系统（设备网）、充电桩监控管理系统、安全防范综合管理平台、视频监控系统（含高空抛物监控系统）、入侵报警及紧急求助系统、电子巡查系统、出入口控制系统（含速通门系统）、停车场管理系统、无线门锁系统、建筑设备管理平台、建筑设备监控系统、能源管理系统（含远程抄表系统）、空气质量监测系统、智能照明系统、机房工程、UPS 电源系统、弱电综合管网工程等		

图 22.5-1　总承包及幕墙工程标段划分图

图 22.5-2 精装修工程标段划分图

图 22.5-3 景观绿化工程标段划分图

22.6 合同包划分

在校园建设项目的合同包划分中，应充分考虑项目的特点和建设内容，有针对性和实用性。深圳理工大学建设工程项目包括书院、学院、综合楼、图书馆、体育馆、实验楼等多个建筑，涉及多个专业如建筑、结构、装饰、景观等，针对本案例中使用方的需求及实际施工工期，项目 2023 年底须完成第一批（一标段）交付的需求，2024 年底须完成第二批（二标段及三标段）交付的需求，因此制定了招标采购总体策划，总体招标原则"整体上Ⅰ标先行，空间上基础先行"；总体招标策略"多标段同步推进、主体总包 + 专业发包结合"；总体招标思路"总包、精装修、智能化选用建设单位分类分级库"。合同包的划分应具有针对性和实用性，在招标采购总体策划的基础上进行合同包的划分，确保项目质量和进度是至关重要的。

（1）前期规划设计的合同包

这个阶段是项目成功的基石，主要负责项目前期的规划和设计工作，包括可研编制、环评报告编制、交评报告编制、林调规划、地质灾害危险性评估、水土保持方案设计、工程设计（含方案设计及施工图设计）、工程勘察（含初勘、详勘、超前钻）、第三方方格网等。此阶段合同包需要多家咨询公司和专业机构参与，重点在于制定合理的规划和设计方案（表22.6-1）。

表22.6-1　前期规划设计划分合同

序号	招标项目	合同类型	招标完成时间
1	设计工作坊	服务合同	2020 年 12 月
2	造价咨询	服务合同	2021 年 1 月
3	临时围挡工程	服务合同	2021 年 2 月
4	可行性研究报告编制	服务合同	2021 年 2 月
5	10kV 电力迁改工程监理	服务合同	2021 年 2 月
6	初步勘察	勘察合同	2021 年 2 月
7	工程教育设施用地林业行业调查规划	服务合同	2021 年 3 月
8	环境影响评价报告表编制	服务合同	2021 年 3 月
9	水土保持监测和验收	服务合同	2021 年 4 月
10	交通影响评价	服务合同	2021 年 5 月
11	方案设计及建筑专业初步设计	服务合同	2021 年 6 月
12	电力迁改工程	（EPC）合同	2021 年 7 月
13	交通设施及运营安全影响评估	服务合同	2021 年 8 月
14	初步设计（建筑除外）及施工图设计	服务合同	2021 年 8 月
15	110kV 电力迁改工程监理服务	服务合同	2021 年 9 月
16	详细勘察	勘察合同	2021 年 10 月
17	第三方方格网测量	服务合同	2021 年 11 月
18	土壤氡浓度检测	服务合同	2021 年 12 月
19	基坑支护、边坡支护和桩基检测	服务合同	2021 年 12 月
20	第三方监测	服务合同	2021 年 12 月
21	现场影像摄制服务	服务合同	2022 年 1 月
22	工程保险	服务合同	2022 年 1 月

（2）项目管理服务合同包

这个合同包涉及为工程项目提供全面的项目管理服务，包括进度安排、成本控制、质量监督、风险管理、合同管理等。此合同包由全过程咨询公司提供，以确保项目的整体进度和质量。项目管理团队需要具备丰富的经验，能够妥善处理项目中的各种问题和挑战（表22.6-2）。

表 22.6-2　项目管理服务划分合同

序号	招标项目	合同类型	招标完成时间
1	全过程咨询	服务合同	2021 年 8 月

（3）总承包合同包

包括土石方、基坑支护与地基基础工程、建筑施工总承包工程等。根据本案例三个标段的划分特点，采用一基础三总包的合同包划分模式，以加快施工进度和提高管理效率。如果项目规模较小，可以由一家具备综合施工能力的企业承担所有施工任务，这样可以确保各个分部分项工程的协调和统一，简化合同管理和减少接口问题（表22.6-3）。

表 22.6-3　总承包包划分合同

序号	招标项目	合同类型	招标完成时间
1	土石方、基坑支护和桩基工程	地基基础工程施工合同	2021 年 12 月
2	施工总承包 I 标	建筑工程施工总承包合同	2022 年 8 月
3	施工总承包 III 标	建筑工程施工总承包合同	2023 年 2 月
4	施工总承包 II 标	建筑工程施工总承包合同	2023 年 4 月

（4）专业分包合同包

包括装修工程、幕墙工程、园林景观工程、智能化系统、实验室工程等。每个专业领域由专业的分包商负责，以确保专业工程的质量和安全，并服从于各自范围内的总包管理。这种划分模式有助于提高专业工程的施工质量，因为分包商可以在其专业领域内发挥最大的优势（表22.6-4）。

表 22.6-4　专业分包划分合同

序号	招标项目	合同类型	招标完成时间
1	幕墙 I 标（I 标段）	幕墙工程合同	2022 年 11 月
2	精装修工程 I 标（一标段）	建筑装饰装修工程合同	2023 年 4 月
3	智能化 I 标（整个项目）	电子与智能化工程合同	2023 年 5 月
4	智能化 II 标（整个项目）	电子与智能化工程合同	2023 年 5 月
5	幕墙 III 标（三标段）	幕墙工程合同	2023 年 7 月
6	景观 I 标（一标段）	园林景观绿化工程合同	2023 年 7 月
7	精装 II 标（三标段）	建筑装饰装修工程合同	2023 年 7 月

序号	招标项目	合同类型	招标完成时间
8	精装修Ⅲ标（三标段）	建筑装饰装修工程合同	2023 年 9 月
9	景观Ⅳ标（管理用地）	园林景观绿化工程合同	2023 年 9 月
10	幕墙Ⅱ标（二标段）	幕墙工程合同	2023 年 10 月
11	精装Ⅳ标（二标段）	建筑装饰装修工程合同	2024 年 1 月
12	动物实验室（一标段）	建筑机电安装工程合同	2024 年 1 月
13	精装Ⅴ标（二标段）	建筑装饰装修工程合同	2024 年 3 月
14	景观Ⅱ标（二标段）	园林景观绿化工程合同	2024 年 3 月
15	景观Ⅲ标（三标段）	园林景观绿化工程合同	2024 年 3 月
16	景观Ⅴ标（二标段）	园林景观绿化工程合同	2024 年 3 月
17	精装修Ⅵ标（二标段）	建筑装修装饰工程合同	2024 年 4 月

（5）材料设备采购和安装合同包

包括多联机、防水材料、防火门、舞台工艺设施办公设备、体育设施、实验室设备等。可能涉及多家设备供应商和安装公司，重点在于设备的质量和安装的可靠性。这一阶段的合同包对于确保项目质量和进度至关重要，因为优质的材料和设备可以提高建筑的性能和使用寿命，而可靠的安装则确保了设施的安全和稳定性（表 22.6-5）。

表 22.6-5 材料设备采购和安装划分合同

序号	招标项目	合同类型	招标完成时间
1	多联机中央空调采购Ⅱ标	采购合同	2022 年 8 月
2	多联机中央空调采购Ⅰ标	采购合同	2022 年 8 月
3	Ⅰ标段防水工程	采购施工合同	2022 年 9 月
4	外墙涂料采购及施工Ⅰ标	采购施工合同	2022 年 10 月
5	母线采购Ⅰ标	采购合同	2022 年 12 月
6	低压配电柜采购	采购合同	2022 年 12 月
7	防火门采购及安装工程Ⅱ标	采购施工合同	2023 年 4 月
8	防火门采购及安装工程Ⅰ标	采购施工合同	2023 年 4 月
9	Ⅲ标段防水工程	采购施工合同	2023 年 5 月
10	Ⅱ标段防水工程	采购施工合同	2023 年 5 月
11	塑胶跑道球场及体育工艺采购及安装工程	采购施工合同	2023 年 5 月
12	电梯采购及安装	采购施工合同	2023 年 7 月
13	Ⅲ标段防火门工程	采购施工合同	2023 年 7 月
14	Ⅳ标段防火门工程	采购施工合同	2023 年 7 月
15	多联机中央空调采购及安装工程Ⅲ标	采购合同	2023 年 11 月
16	舞台工艺设备采购及安装工程	采购施工合同	2024 年 5 月

（6）检测及验收合同包

这个合同包涵盖了对工程项目的各个部分进行详细的检测及全面的验收评估。有助于确保工程项目的质量和效果，降低工程风险，提供了长期的保障，确保工程项目在完成后能够持续稳定地运行（表 22.6-6）。

表 22.6-6　检测及验收划分合同

序号	招标项目	合同类型	招标完成时间
1	地基基础工程第三方检测、监测工程	服务合同	2022 年 12 月
2	建筑变形监测	服务合同	2023 年 8 月
3	钢结构检测	服务合同	2023 年 11 月
4	节能检测、绿色建筑评估	服务合同	2023 年 12 月
5	室内空气污染物竣工验收检测	服务合同	2023 年 12 月

总之，在实际操作中，本案例的合同包的划分是基于项目的规模、复杂性、专业性以及管理效率等因素，进行合理的合同包划分，可以有效地控制项目的进度、质量和成本，同时也有助于提高项目的管理效率和协同作业能力。此外，合同包的划分还应该考虑到各方的责任和义务，确保每个合同包都有明确的责任主体和质量标准。在校园建设项目的实施过程中，各个合同包的协同运作和高效管理将是确保项目成功的关键。

第23章

建设目标

（1）设计目标

打造粤港澳大湾区标杆性具有中国特色的世界一流研究型大学，体现"三院一体、编码自然"的设计理念，在统一规划的基础上，严控投资，限额设计确保设计质量及深度标准满足高标准、高品质的精品工程。力争全国优秀工程勘察设计大奖。

（2）进度目标

编制总进度计划，确定里程碑节点；进度控制工作以完成总进度安排，工程如期交付使用为目标。确保2021年12月基础工程开工，2023年12月Ⅰ标段先行交付，2024年12月项目整体交付。

（3）安全目标

安全零事故，确保"深圳市建设工程安全与文明施工工地及广东省房屋市政工程安全生产文明施工示范工地"，力争国家"3A"工地；同时在工务署内每季度安全巡查排名确保前15%，年度排名前10%。

（4）质量目标

按相关规范规程、设计图纸及技术资料的要求进行施工，确保项目工程质量合格，确保"省级优秀工程"，争创"鲁班奖"；同时确保工务署合格工程，工务署预验收一次通过。

（5）投资目标

深入分析使用需求，精细化管理，避免缺、漏项，落实限额设计，严控各分项概算，严管变更签证，确保结算不超概算。

（6）成本管理目标

根据工程可行性研究、策划定位、概算等前置条件制定项目目标成本，确保项目技术经济、成本可控。

（7）合同管理目标

建立合同管理体系，通过合同管理，优质履约督促合同乙方实现合同所约定的质量、工期、造价三大目标。

（8）生态管理目标

满足"健康建筑""双碳"节能环保、海绵城市等要求，做好绿色建筑咨询，符合国家及深圳市绿色建筑相关政策法规《深圳经济特区绿色建筑条例》。

（9）报建管理目标

根据项目建设内容、目标详细梳理报批报建工作计划，积极对接深圳市政府部门，全力联动光明片区政府部门，及时完成各项行政审批工作。

（10）综合管理目标

建立以项目管理团队为处理核心的信息资料管理中心，协调各参建方之间信息流通，形成数字化、信息化、系统化的项目管理。

核心要点

本项目进度总控的核心思路有六条，一是系统的工期理念，二是精细管控体系，三是抓取关键要素，四是数字工具应用，五是质量安全保证，六是强调执行决心。核心思路需要在项目承接之初构建，确保整体项目进度总控顺利开展，下面结合部分案例描述。

24.1 系统工期理念

24.1.1 全周期管理

（1）工期总控不局限于施工阶段，应将总控的理念延伸至项目决策阶段、设计方案论证、图纸设计与招标投标阶段。本项目采用全过程工程咨询模式，在方案设计论证阶段由全咨单位设计管理团队协同建设单位建立专班，推进方案设计快速推进与确认，提升项目前期工作效率，为施工阶段赢得更多的时间。在招标阶段，综合考虑到广东区域气候特征，采用基础工程先行策略，将基坑土石方、支护与桩基础等受天气影响较大的施工内容放在旱季施工，缩短施工时间。

（2）项目前期，建立进度总控网络图，将报批报建、需求确认、设计工作、招标采购与施工五个维度纳入项目总控，以更宏观的视角控制工期。

（3）除了构建进度总控网络图，还要同步构建全周期、年度、季度、月度投资曲线图，通过项目现场投资情况反映形象进度，控制工期。

24.1.2 全方位管理

对影响项目全周期的各类风险进行分析,并制定应对措施。工期总控不留死角,确保每一项风险都有应对预案。通过事先控制与过程动态控制,确保工期目标总体可控。

24.1.3 系统内外管理

(1)标段内外管理:本项目分多个总承包标段与专业工程平行发包标段,形成大量物理界面与系统界面。工期总控的关键在于招标阶段划分明确的切割界面,在施工阶段解决标段内外的各项界面与技术争议,免除扯皮推诿对进度造成延误。

(2)参建单位之间管理:对于进度总控,需考虑实际的组织建设模式,认识到并不是每一个参建单位都可以勠力同心、目标一致地推进工作。如:当现场出现一个技术问题需要设计院协助解决,设计院潜意识认为是施工方做法错误引起,进而拒绝配合解决,而不是以进度为核心因素,考虑先解决问题再追究责任。建设方和全咨单位在管控的过程中需不断地统一各参建单位的目标,为进度总控服务。

(3)工序之间的控制:本项目采用施工总承包与专业工程平行发包的模式,每个施工参建单位都有自己的施工次序。如室外总体工程中,某一个分部工程由多家单位参与其中。本项目特殊的承发包模式不利于总承包单位发挥总体统筹的优势,此时全咨单位应及时补位进行统筹管理,确保进度总控工作正常开展。

24.2 精细管控体系

24.2.1 体系方法健全科学

本项目严格按照第 25 章的工作方法开展进度总控工作,针对进度总控构建从任务分解、责任分配、监督落实、考核奖罚的闭环管控体系。总结为"目标要求需明确、事项全面无遗漏、计划逻辑要合理、标准要求要明确、资源人员责任实(重点在于人)、监督检查应到位(量化指标,加以考核)、纠偏动态且及时、考核奖惩要有效"。

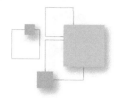

24.2.2 网格化的管理

本项目单体多、专业多、室外面积大，根据项目的实际管控特征，建立网格化管理方案。在项目一标段推进的过程中，前期按照专业构建"1+9+N"的网格化管理体系；在项目推进后期，楼栋与室外大面的工作完成后，需重新调整方案，对单体建立楼栋长制度进行问题销项，而对于室外则按照区域划分不同的责任人去跟进收边收口事项。

24.2.3 总结与复盘

本项目一标段先行交付，交付完成后，针对一标段进度总控过程中的各项问题进行复盘，目的是基于一标段的经验加快剩余标段的建设。特别是对一些设计做法不合理的地方，在后续标段优化规避。优秀的做法要总结经验，形成标准做法，在后续标段建设过程中予以参照。

24.3 抓取关键因素

24.3.1 场内外障碍因素

在本项目中，快速解决场内外的各类障碍物是进度总控的基础。场内外的障碍因素主要有：110kV 高压线、城市树木（含古树）、林木、坟地、水库、硬化场地、地下管线、文物、地铁等，进度总控应围绕上述要素重点策划。

24.3.2 关键楼栋

本项目楼栋多，每个标段中楼层高、功能复杂、施工困难的单体应被识别为关键楼栋，关键楼栋决定了标段单体的最长施工时间，应抓住重点突破。如一标段的综合楼在进度总控的过程中需要重点监督、率先推进，其余单体不构成关键楼栋的，可不作为监控的重点。

24.3.3 室外总体推进

室外总体是本项目作为大型综合校园项目控制的核心，应重点关注路口开设、道路永临结合与转换、场地移交、统筹整体施工次序等方面。室外总体形象的完成对校园整体形象的提升起到关键性作用。本项目的室外总体部分案例详见 24.7 节。

24.3.4　外立面（幕墙）施工

外立面施工与室外总体一样对整体校园形象起到关键作用，且幕墙的闭水影响着栋内的精装修施工。幕墙构件吊装对室外道路的影响大，在项目进度总控应作为重点因素关注。

24.4　数字工具应用

24.4.1　BIM 技术

本项目强调基于 BIM 技术的施工组织设计。在招标阶段通过模拟施工，可以更加清晰地明确工作界面，减少施工过程中因界面不清的责任推诿。在施工阶段，对于由多家施工单位共同参与建设的同一施工部位，可通过施工工序的模拟与交底，让各单位知悉自己的工作任务与标准。

24.4.2　数字化项目管理

本项目引入数字化项目管理模式，基于全过程工程咨询模式，重点解决"信息壁垒、数据杂乱、沟通不畅、决策艰难"等问题，构建项目管理新模式。

通过 BIM 技术与数字化项目管理的应用，在质量、安全与投资等板块持续开展精细化管理，可以全面保障进度统筹工作顺利实施。BIM 技术与数字化项目管理详见 24.8 节。

24.5　质量安全保障

24.5.1　质量管理

本项目质量控制是进度总控的保障，围绕"施工组织设计、样板引路、质量管理四队一制、分部分项三查四定"建立质量管控体系，确保质量管理稳定运行，为进度推进提供保障。

24.5.2　安全管理

本项目严格按照建设单位管理要求，建立安全管理四队一制、6S 管理、5 个 100% 等，确保安全管理稳定运行，为进度提供保障。

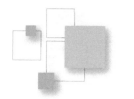

24.6 强调执行决心

24.6.1 目标清晰

执行力形成的前提是须有明确清晰的进度目标，如本项目的三个标段，均需要在明确的时间节点前完成确定的工作任务。

24.6.2 团队优质

无论是建设单位与全咨单位，还是各参建的咨询单位与施工单位，均应保证专业、尽心履职的团队负责人及能吃苦打硬仗的团队参与到进度推进工作中。

24.6.3 高层资源介入

进度总控与推进的核心是"人"，各单位应派驻能调度管理资源、劳务资源与材料资源的领导作为指挥长调度工作，确保足够的资源投入施工现场，最终实现进度目标。

24.7 实践案例介绍——室外总体工程

24.7.1 室外总体工程

1. 室外景观概况

本项目主要建设内容包括图书馆、本科书院和本科研学、国际交流中心、行政楼、硕博公寓、室内体育馆、室外体育场所、连廊 loop 等。建设用地面积约 54 万 m^2、总建筑面积约 56 万 m^2，投资约 53.3 亿元。其中，项目绿化总面积 18.2 万 m^2，水域面积 2.5 万 m^2，地面铺装面积 21.5 万 m^2。

本项目采用三个施工总承包＋多个平行发包模式建设，其中室外景观工程由建设方单独招标，与总承包标段对应的绿化与铺装工程分五家园林景观单位和五家精装修单位组织建设。基于施工总承包＋平行发包的特殊模式，项目室外景观建设难点在于施工内容多，工期紧（学校项目特有），场地移交晚且作业面零散，工艺质量及效果要求高，施工单位多，交叉协调工作多等特征（图 24.7-1、图 24.7-2）。

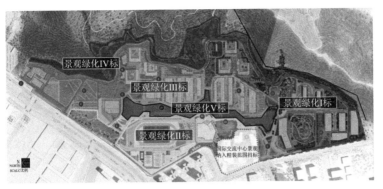

图 24.7-1　室外景观绿化合同标划分

图 24.7-2　室外景观铺装合同标划分

2. 界面划分特点

在本项目招标采购策划阶段，决策者把传统的室外景观工程内容的铺装与绿化进行拆分，其中铺装专项划分给项目楼栋区块内的精装修单位施工。采用此招标模式一是因为项目规模大，不能突破建设方招标投标规定的5000万元合同限额；二是基于本项目"三院一体"规划设计场地特点，精装修单位在承接室外铺装工程时，相较于非专业的施工单位，具有以下多方面的优点：

（1）专业技术与经验方面，精装修单位通常拥有一支经验丰富、技术过硬的施工团队，这些团队在铺装材料的选择、施工工艺的掌握以及施工流程的优化等方面具备显著优势，能够更好地应对各种复杂情况和突发问题。

（2）质量控制方面，精装修单位往往建立了完善的质量管理体系，从材料采购、施工过程到成品保护，都有严格的质量控制标准和流程，在室外铺装工程材料选择上更加注重品质，能确保施工质量达到设计要求和相关标准。

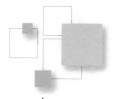

（3）工期与效率方面，精装修单位在工期紧张的项目中，区域楼栋内外一家单位实施，施工组织上将更加便利，室内外工序衔接更加合理，能够实现高效施工，提高工程整体效率。

（4）成品保护与后期服务方面，精装修单位对成品保护有严格的制度和措施，通常能提供完善的售后服务体系，能够在工程竣工后继续为业主提供技术支持和维护服务。对于施工中或竣工后出现的问题，精装修单位能够迅速响应并妥善处理，确保业主的权益得到保障。

3. 过程管理困局

基于项目室外景观工程铺装与绿化拆分招标施工的模式，在后期实际开展中室外园林景观管理困局重重，主要体现在：

（1）室外景观图纸中相关联工作内容的界面难拆分，最为突出的表现是水电管网和结构体的内容界面，然后是图纸拆分时容易出现清单漏项与图纸漏标或重复。

（2）增加了管理层次和复杂性，进而提升了管理成本，景观界面拆分导致每个拆分的界面或标段都需要进行独立的招标程序。

（3）施工单位间进度协调和技术协调多，拆分后的景观界面各承包商之间的施工进度存在差异，需要业主管理人员进行大量的协调工作，以确保整体工程能够按计划顺利进行。另外，不同界面之间存在技术上的关联和依赖，要确保各界面在技术上的一致性和协调性。这要求业主管理人员在管理中提前充分考虑及策划各界面之间的技术接口问题，并在施工过程中进行密切的技术指导和监督。

（4）施工单位利益优先导致质量风险增加。施工单位在工程建设过程中，可能会采取一系列"短视"行为，以降低成本和提高利润为原则选取材料或专业分包，而这些行为往往会对工程质量产生不利影响，这些潜在的问题得不到及时发现和处理，必然影响工程的使用效果和寿命。

24.7.2 控制条件分析

1. 室外道路组织

（1）永临结合策划

对于时间紧迫的建设工程项目，在室外道路组织施工中选择永临结合的策略是一个重要的环节。通过永临结合的策划，可以实现室外道路在施工期间的临时使用与未来永久使用的无缝衔接，确保消防通道在任何时候都能保持畅通无阻。

结合校园建设总结永临结合实施的注意要点有：

1）施工图纸稳定。建筑总平图纸中已明确永久消防道路的位置和走向，同步对应的园林景观图纸中需进一步明确稳定除消防路以外的机动车道图纸，便于统筹考虑。永临结合实施中需充分考虑到现场主体施工进度与道路需求的匹配，合理规划进场路线与退出路线，出入口规划好等候区及检查区，做好指示标识，做好全场行车路线交底，及时解决临时突发情况。实施过程中注意确保行车区与非行车区之间的隔断，尽量采用单线闭环路线减少交通量大及行车不规范造成拥堵。临时消防道路应满足消防车辆通行的基本要求，如宽度、转弯半径等。消防道路两侧设置明显的标识和警示标志。

2）永久消防道路预留。在施工过程中，对永久消防道路的基础设施进行预留和保护，避免施工活动对其造成破坏。根据永久消防道路的设计要求，提前完成路基、排水等基础设施的建设，为后续施工和使用奠定基础。

3）永临结合转换。根据工程进度和实际情况，适时将临时消防道路转换为永久消防道路。对转换后的永久消防道路进行验收和检测，确保其符合设计要求和消防安全标准。对临时消防道路进行拆除和清理工作，恢复施工环境整洁有序。

（2）路口开设策划

开设路口的手续相对复杂且繁琐，涉及多个部门和环节的审批与监管，必须严格遵守相关规定和程序，确保各项手续齐全、合法，因此需要耗费大量的时间和精力，需要尽早策划。

结合开设过程实际情况，注意要点有：

1）开设方案及图纸审批。尽早组织设计单位编制路口开设规划方案，明确路口位置、尺寸、交通组织方式等，报规划部门、交通管理部门及其他涉及市政设施、绿化、环保等方面审批。特别是地下燃气、综合管道的拆改，原交通设施迁改，原市政绿化迁改等需经现场实地勘察后，与其管辖范围内行政部门现场沟通迁改方案，需提请上会评审的及时组织准备。

2）施工前手续申请与审批。指定专人专岗跟踪配合手续办理进展，及时反馈传达行政部门指示意见。窗口报审前，提交资料需经检查核实后再上传网络系统，特别注意避免因文件缺漏造成时间耽误。系统平台需每天定时查看进展，报审意见不理解的，需及时线下跑窗口咨询。

3）现场施工准备。施工队伍、材料和设备需提前提醒施工单位准备，一旦施工许可证批准，现场可快速组织开展施工。

4）施工实施质量安全管理。在施工期间，施工单位必须按照施工设计

269

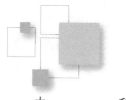

和安全规范进行施工，确保施工质量和安全，接受相关管理部门的监督和检查，过程中做好交通组织工作，确保交通顺畅和安全。

5）验收与交付。施工完成后自检合格，现场管理需及时向涉及的行政部门申请，组织验收工作，检查施工质量和安全标准是否符合要求。

（3）道路转换策划

永临结合的理念要求在设计时既考虑施工期间的临时通行需求，又兼顾室外景观道路铺装面层施工场地需求，以达到平衡现场工作面需求、完成整体形象进度，提高现场施工效率的目的。在道路改扩建或维修过程中，为了保证施工顺利进行和交通的基本通行，需要对现有道路进行转换策划。在实际操作中需注意以下问题：

1）根据永临结合总策划时序安排，在预定转换期间，需对现状施工区道路的交通流量进行研判，包括车流量、车型分布、高峰时段等，分析施工期间可能面临的交通压力，为道路转换提供数据支持。

2）明确道路转换改线时，需考虑永久路与现有道路的衔接，制定转换期临时交通组织方案，包括交通疏导、交通管制、交通诱导等措施。组织专班专会统一转换思想及现场执行要求，转换期派专人管理协调现场交通，确保施工期间和转换后的交通安全。

2. 室外管线组织

室外地下管网施工涉及燃气、消防、给水、雨污水、电力、弱电、景观管线等多种类型的管线，统筹施工需要综合考虑多个方面的因素。从前期规划与设计到施工过程中的注意事项，再到后期维护与管理都需要精心组织和周密安排。施工中减少各专业管线之间的矛盾需注意的方面有：

（1）施工图纸各专业间叠图检查，施工开展前做好做透设计交底及图纸会审工作，汇总叠加各管线专业图纸，汇集成项目整体管线综合平面图，利用 BIM 工具检查冲突从而确保各管线在垂直和水平方向上的间距满足规范要求，避免管线相互干扰，并针对处于复杂地段的管井增设坐标点，标明间距要求。

（2）施工前班组技术交底与读图看图要求，各管理人员加强看图读图深度，消化施工范围与内容，避免漏管漏线反复开挖，做好材料进场和施工人员与施工节奏的安排。对于有一定深坑的污水及泵站施工，需提前做提报施工方案，保证技术的可行及安全的可控。

（3）现场施工确定管线的敷设顺序，一般遵循"有压管道让无压管道、埋管浅的管道让埋管深的管道、单管让双管、柔性材料管道让刚性材料管道"，"遵循先深后浅、先大后小、先难后易的施工顺序"等原则。建立由总承包单位牵头平行承包单位，机电监理监督检查，签字移交的工作程序。

（4）管线交叉与避让原则，在管线交叉处，应遵循"压力管让重力自流管线、可弯曲管线让不易弯曲管线、分支管线让主干管线、小管径管线让大管径管线"等原则。电力电缆与电信管缆宜远离布置，并遵循一定的道路方位原则。检查井和阀门井的位置应根据现场实际情况合理设置，便于检修和维护。

（5）矛盾与冲突的解决措施，在施工现场设立以现场监理为核心的协调人员，负责各专业施工队伍之间的沟通与协调，及时发现并处理施工过程中的矛盾和问题，对于停滞难解决问题及时提级组会反馈情况，明确各自的施工任务、时间节点和配合要求。实施过程中定期反馈报告现场各专业进展，督导进度（图24.7-3）。

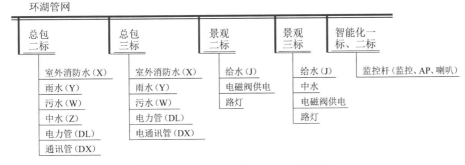

图24.7-3　室外地下管网施工划分图

3. 室外场地移交

室外场地移交涉及多个专业多个施工单位的组织配合，必须对涉及室外的各项施工内容进行总体部署，确保施工各项任务的顺利完成。施工场地是抢占出来的，也是东拼西凑连起来的，各施工单位必须积极认真参加项目各项管理会议，服从总部署和总控时间节点要求，各自梳理提报本界面范围内各项工作内容时序计划和所需的工作面的最晚时间，整理清楚交叉施工受制的紧前工作交付时间，错开作业、衔接作业。会议的决议对内做好沟通宣贯，会后协调好机械、人工、材料，严格执行（图24.7-4）。

（1）场地移交需明确移交时间、范围和要求，确定各施工具体移交场地范围及标高要求、移交的质量和具体时间，过程中需要加强沟通协调，确保信息畅通。

（2）场地移交时由建设管理单位、施工单位、监理单位等各方代表组成的移交工作小组，对验收过程中发现的问题进行记录和处理，必要时召开协调会议，讨论解决方案并落实责任。

（3）准备相关文件和资料，如施工图纸、设计变更、验收记录等，在确认无误后，签订移交协议，明确各方责任和义务。

（4）加强对移交清单、验收记录等重要资料管理和归档，确保相关文件和资料的完整性和可追溯性。

图 24.7-4　室外场地移交策划图

4. 室外材料与人机

工期紧、任务重、质量要求高，在工作面允许情况下，资源供应上需提前做好充分准备，强调依次作业、连续作业、交叉流水施工。合理配置现场机具，根据节点需求做好机械进场检修，制定机械设备进场计划，满足现场需求。各种材料下单排产前做好施工图、深化图核对确认工作，对弧形、异型、衔接上家施工单位部位材料加工提前与设计沟通确认，现场核查尺寸。

5. 样板先行与管理

通过样板先行和管理工作的有效实施，可以确保工程质量、提高施工效率、降低返工率，为项目室外园林景观施工的顺利实施和交付提供有力保障。

（1）设计管理组织设计单位根据项目工程内容及交付验收标准效果，在设计交底会议中提出实施样板的部位及内容。在图纸会审或初次工程策划会议上，施工单位汇报详细的样板施工计划，明确样板施工的内容、时间、责任人等（图 24.7-5）。

图 24.7-5　室外施工样板管控流程图

（2）按照样板计划样板施工完成后，施工单位报请组织相关人员进行验收，对验收不合格的样板需进行整改，确保样板施工的质量和效果，直至验收合格为止，同步做好样板验收记录等重要资料管理和归档（图 24.7-6）。

（3）样板验收合格后施工单位需及时组织施工人员进行交底，明确施工工艺、质量要求等。通过样板展示，直观地向班组工人展示施工工艺、质量要求等，提高对质量及效果的理解和执行能力。凡涉及室外铺装重点展示区域，只有经过样板验收合格并经过交底后，方可进行大面积施工确保工程质量。

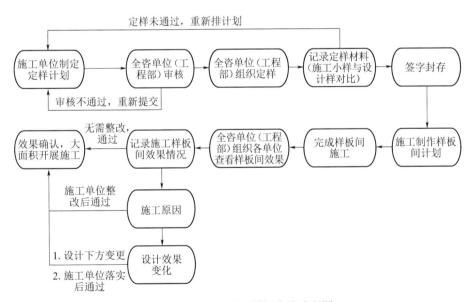

图 24.7-6　室外施工样板实施流程图

24.7.3　组织要点分析

1. 策划核心

校园建设园林景观作为室外穿衣戴帽的主要工程，往往需要赶在特定的时间节点保证项目的形象交付需求，为此通常需要在有限的时间内完成大量

273

的施工任务。由于园林景观本身涉及多个专业和领域，在施工过程中普遍存在交叉施工的情况，这就要求施工单位必须做好施工组织和协调工作，确保各个专业和领域之间的顺畅衔接和配合。

本项目校园绿化与铺装工程分五家园林景观单位和五家精装修单位组织建设，工期紧任务重，施工界面划分复杂，穿插工序多。根据项目总控交付节点计划，怎样在短时间内，在多家室外景观施工单位共同作业的现场实现共同交付，进度管理的策划是重点也是难点。

为此，全过程咨询项目负责人组织团队进行全过程、全专业策划，在施工阶段，将室外园林景观施工进度纳入整体策划综合考量一并策划。在策划过程中依据校园室外总体合同界面分区，结合建筑主体、幕墙、精装、道路等其他专项工程的施工时序进展及总的室外平面及竖向交付界限等因素，研究室外各施工分区先后及分区内各施工内容的先后及工序时间上的先后。

经策划研究，从项目室外景观设计内容重点、在项目中所占的地块位置及所需的施工时长综合考虑，项目景观湖区的施工进度是完成整个室外工程形象进度的关键点和重点。下文中将以景观湖区施工为重点介绍（图24.7-7、图24.7-8）。

图例

① 乐水大台阶　　⑤ 生态疏林草地　　⑨ 亲自然组团庭院　　⑬ 滨水阳光草坪
② 主入口广场区域　⑥ 生态溪谷廊道　　⑩ 中心湖体　　　　　⑭ 后山植物园（保护区）
③ 地铁出口区　　　⑦ 生态湿地体验区　⑪ 国交中心庭院　　　⑮ 管理区公园
④ 北部入口轴线　　⑧ 水敏组团庭院　　⑫ 滨水活力环（步道）　⑯ 古树广场

图 24.7-7　项目室外景观设计总平面图

2. 景观湖施工组织策划

校园规划阶段结合项目场地内情况进行水系统分析，为应对场地内和山体的自然汇水，减小内涝和山洪对场地的影响，采用"构建源头减排、排水管渠、排涝除险、超标应急的可持续水系统"的水安全策略。中小雨尽量收集利用，大雨错峰排放，减少下游城市排涝防洪系统压力，最终形成东侧山地雨、洪水排至景观湖，园区雨水汇至景观湖，景观湖超常水位后溢流至市政泄洪道的格局，即"三进两出"的园区水安全系统策略（图24.7-9、图24.7-10）。

图例

① 乐水大台阶　　⑧ 滨水花园广场　　⑮ 烂漫艺术草坡
② 二级滨水平台　　⑨ 景观步行桥　　　⑯ 艺术演奏平台
③ 皮划艇码头　　　⑩ 梯田式停坐区　　⑰ 亲水半岛+栈道
④ 自然无边泳池　　⑪ 入水草坡1/3~1/2坡比　⑱ 汇水旱溪
⑤ 体育馆滨水台阶　⑫ 图书馆前广场　　⑲ 水畔客厅
⑥ 表流湿地区　　　⑬ 观景挑台
⑦ 垂直流净化湿地　⑭ 源浮湿地群岛

图 24.7-8　景观湖区设计平面图

校园建设前，场地现状背部罗仔坑山塘水域面积约 1.8 万 m^2，集雨汇水面积 0.161km^2，南北跨度 220m，东西向最宽处 100m，岸线主要为浆砌石垂直挡墙，水面和地面高差 >2m，正常蓄水位 30.5m，山塘正常蓄水位相应库容 5.13 万 m^3，50 年一遇洪水位 31.18m，相应库容 6.60 万 m^3。校园建设后，景观湖区水域面积约 2.5 万 m^2，集雨汇水面积 0.481km^2，南北跨度 700m，东西向最宽处 100m，岸线共设计有 6 种类型，其中以草坡入水形式最多，水面和地面高差 > 2m，正常蓄水位 32.0m，正常蓄水位相应库容 3.63 万 m^3，100 年一遇内涝防治标准，百年一遇调蓄容积 4.69 万 m^3。

（1）景观湖区开挖

根据施工的便利性和快速性，景观湖区土方开挖工程分配到总承包二标施工，总承包二标组织人员及机械开挖至湖底标高后移交后续招标进场的景观五标单位实施湖底防水毯及湖沿岸水景及绿化堆坡工程。

按施工图纸景观湖区水面约 2.5 万 m^2，南北跨度 700m，东西向最宽处 100m，岸线长约 1.8km，现场施工预计开挖土方量共计约 6 万 m^3。根据图纸设计南高北低的水流向及跨湖结构桥体对湖面的切分，策划四个分区依次开挖交付。分别为景观湖 A 区、B 区、C 区、D 区（原山塘区），见图 24.7-11、图 24.7-12，策划实施中要点难点有：

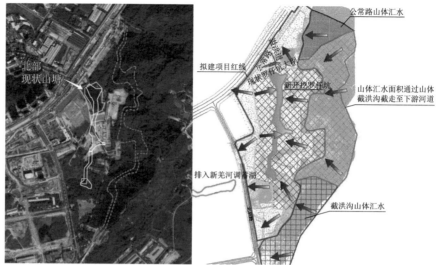

图 24.7-9　场地现状山塘与规划汇水策划

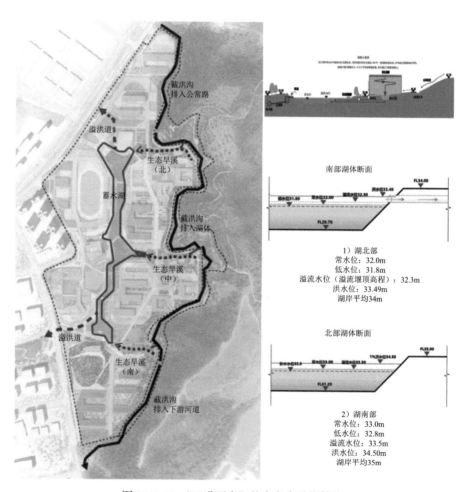

图 24.7-10　"三进两出"的水安全系统策略

1）施工前准备。行政手续提前办理如场地出纳证，施工设备充分考虑雨期施工需求，如船挖机、泥浆处理、大功率水泵等，进场需进行设备检查和调试。

2）勘测与设计。开挖前地理水文的复核特别注意地下水位线勘察标高，因地下情况复杂多变或限于勘测点密度，无法反映出地下实际情况，开挖中可能未开挖至湖底标高就出现涌水现象，需就涌水情况约设计、勘察等技术人员查看讨论下步实施计划。

3）雨季措施保障。场地内自然降水及区域汇水集中湖区导致开挖面遭雨水浸泡，改变土质物理性，由干湿土变沼泽稀泥，原机械设备无法下场或下场后挖掘难度增加，以至于降工、降效，进展缓慢。

4）测量与移交。经逐段、逐片分期完成开挖后需按移交流程组织方格网测量，避免超挖或欠挖。移交手续需各方签字确认，有问题及时沟通协商解决。

5）安全与环保。开挖过程中，边坡设置施工围挡和安全警示标志，定期监测地下水位和边坡稳定性确保安全。开挖未移交面做好防雨水及临时覆盖，开挖区的排水经过沉砂池和过渡区，严禁黄泥水直排市政管道。赶工期间做好夜间施工沟通，注意噪声扰民。

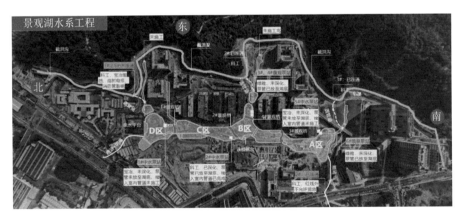

图 24.7-11　景观湖水系工程系统策略——"三进两出"

（2）景观湖区"见白"

景观湖区"见白"施工包括环湖道路完成至混凝土面层，跨湖景观桥完成至桥体结构层，沿湖亲水景观平台完成至结构层（表 24.7-1）。

图 24.7-12　景观湖水系工程系统策略——"湖区开挖"

表 24.7-1　景观湖区"见白"施工内容

分项	子分项	施工内容	涉及施工单位
环湖道路	消防车道	4m 宽 ×1.8km 长	总包二、三标，精装 2 标、3 标、4 标，景观 2 标、3 标、5 标
	人行道	1.2m 宽 ×1.8km 长	
跨湖景观桥	1 号景观桥	5m 宽 ×34m 长钢混结构	总包二标，景观 5 标
	2 号景观桥	7.5m 宽 ×47m 长钢梁结构	总包二标，景观 5 标
	3 号景观桥	4m 宽 ×40m 长钢结构	总包二标，景观 5 标
	4 号景观桥	1.8m 宽 ×27m 长钢混结构	总包二标，景观 5 标
沿湖亲水景观平台	室外泳池	占地 1600m² +90m 挡墙基础	总包二标，景观 2 标、5 标
	平台一	台阶 + 挑空平台，占地 120m²	精装 2 标，景观 5 标
	平台二	台阶 + 挑空平台，占地 280m²	景观 2 标、5 标
	平台三	占地 1600m² +44m 挡墙	精装 3 标，景观 5 标
	乐水大台阶	台阶 + 平台，占地 1200m²	总包二标，景观 5 标
	体育馆坡道	台地 460m² +93m 挡墙	总包三标，景观 5 标
	亲水码头	挑空平台 160m² +85m 挡墙	总包二标，景观 5 标
	2 号连桥挑台	挑空平台 100m² +45m 挡墙	景观 2 标、5 标
	3 号连桥平台	平台 300m² +25m 挡墙	景观 2 标、5 标
	挡水堰坝	1.5m 宽 ×25m 长	景观 5 标

　　根据施工招标进场时序，跨湖景观桥与室外泳池结构的施工给到总承包二标与湖区开挖一同施工，而后其装饰面层与其他沿湖亲水景观平台工作内容给到后续进场的景观单位施工（图 24.7-13、图 24.7-14）。策划实施中要点难点有：

1）保证图纸稳定。施工图纸的稳定性是确保工程项目顺利进行和最终质量达标的关键因素之一。湖区各内容图纸在专业上属于景观图纸，根据进度要求需立马开展施工，但景观单位未招标进场，因此会让先进场的总承包单位进行结构施工。之后根据实际情况需及时组织设计单位做好图纸拆分，并保证图纸拆分后衔接准确。实施前对涉及水电管线、装饰构件需预留预埋部分，做好充分的图纸交底及会审，施工前尽量暴露问题为顺利施工扫清障碍。

2）图纸技术变更。在实施过程中，由于设计效果优化、施工条件变化、赶进度节点快速完工等原因，需要对原设计图纸做法进行修改或补充。沿湖亲水景观平台存在多道挡墙，如按原挖坡修筑放坡方式，将对已施工的消防路和园林道路产生破坏，且施工周期长，占道占地也将对环湖其他施工单位施工生产形成阻碍。这就要求施工单位针对此类挡墙施工采取技术调整措施，如更换为钢板桩等形式，在同步征询设计技术意见基础上上报工作联系单，以便快速组织施工。

3）标高复核移交。标高复核是确保施工质量的重要环节，通过对设计标高与实际施工标高的对比，检查两者之间的误差，确认是否符合设计要求。景观桥体及亲水平台结构完成面标高复核的结果将直接影响后续环湖人行道路及消防道路完成面的接驳，标高的变动将波及后续的垂直度、水平度以及整体稳定性，必须高度重视。复核后及时组织办理标高复核资料的移交手续，明确接收单位和接收人，并填写相应的移交表格或文件，避免后续扯皮影响施工进度。

4）结构回填土质量。湖区桥梁台地回填土质量不合格，地基处容易出现沉降和裂缝，进而影响景观构筑物使用寿命及周边道路的平整度和行车安全。回填土质量必须严格控制，一是确保回填土料的选择和含水量的控制满足质量要求。二是回填施工要求，做到分层回填、机具夯实回填。三是雨期施工注意事项，做好雨期施工方案和排水系统检查确保雨期排水顺畅。

5）过程交通协调。景观湖区施工单位多，工作面需求多，沿线交通需求繁忙，景观桥及平台施工期间机械进出、占道施工等导致交通压力上升。需要综合考虑施工需求、交通状况、人员安全等多方面因素，通过制定科学合理的交通组织方案、采取有效的交通协调措施、加强宣传教育等手段，可以最大限度地减少施工对交通的影响，确保环湖区各模块施工作业的顺利进行和人员安全。

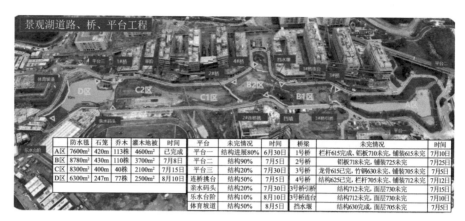

图 24.7-13　景观湖周边道路、平台、绿化施工计划

图 24.7-14　景观湖桥梁施工计划

（3）景观湖区见绿

景观湖区坡岸绿化面积约 1.4 万 m²，其中乔木共 21 种约 337 棵，大灌木共 7 种约 310 棵，地被小灌木共 40 种约 1.38 万 m²。景观湖区水域面积 2.5 万 m²，其中水生植物共 5 种约 2.45 万 m²，水生态构建工程鱼类共 6 种约 400 尾，底栖蚌、虾类共 3 种约 250kg，净藻生物种群共 2 类。

景观湖区坡岸绿化工程根据湖区土方开挖的交付时序按 A-B-C-D 的界面顺序组织栽植覆绿工程，覆绿完成一段后封闭移交其他景观铺装单位一段，环湖室外各施工单位从空间组织上遵守阶梯式流水施工大策略，尽可能地实现狭窄场地内多家单位同步协同作业、交替作业、交叉作业，从而确保室外总控进度计划节点（图 24.7-15、图 24.7-16）。策划实施中要点难点有：

1）乔木选苗提前开展。苗木质量好坏是植树成活的关键，为保证树木成活，提高绿化效果，必须对所种植的苗木进行严格的选择，在选苗中选择规定树种最好及最适宜的形态为宜。过程中注意：

①号苗前由设计单位向项目管理提供建议，苗木表内哪些品种需要号苗，确定后发送给施工单位排看号苗计划。

②施工方单位依据号苗表，编制"选型苗木图册"提交设计初步筛选，图册包含苗木品种名称、苗木照片、规格及拟定使用位置、苗源所在地等，设计通过图册初选后确定实地看苗内容。

③业主、设计、管理及施工单位苗圃基地精选看苗，对选定的苗木施工单位要上号苗锁，喷漆标记做好"定苗清单"邮件发给设计单位便于进行"苗木编号图纸落位图"工作，后期作为苗木到现场后，验收比对的依据。

2）土壤改良质量保证，土壤改良是保证植物健康生长和绿化效果持久性的重要环节，质量保证的详细措施注意有：

①在改良前，应对土壤的理化性质进行检测分析，了解土壤的现有状况，为后续的改良措施提供科学依据，若种植区本身土质较差应果断采取人工换土。

②注意局部环境长远影响，景观湖区充分考虑地下水和湖水对土壤盐碱化影响采取相应的预防措施，如增加土壤通透，培育土壤生物改善土壤结构和通透性，施用有机肥料等。

③减少区域土壤裸露，尽早铺设草坪、覆盖植物或有机覆盖物等，减少土壤水分蒸发和太阳暴露，保持土壤温度稳定，减少水土流失。

3）水中种植围堰分区，景观湖区种植水下植物，种植条件需要合适的水深且底质松软，为满足采用分区块围堰抽水，采用扦插法人工操作，扦插过程保持插穗的稳定性。扦插完成后需控制种植区水位高度，避免因湖区水质浑浊，水位过深导致光照不足而影响其生长。定期检查植物的生长状况和湖区的水位变化，及时清理死株、杂草和垃圾等杂物，保持湖区的整洁和美观。

4）效果巡查局部提升，植物种植效果的检查与提升是一个持续且关键的过程。施工阶段设计驻场组织巡查，参与树木进场验收，以及栽植过程效果技术指导，每月每周定期对植物种植情况进行持续跟踪和评估，检查植物状态和效果，从整体角度评估植物种植与周边环境的协调性，包括色彩搭配、形态层次等，检查植物布局是否满足设计要求，是否达到预期的景观效果。

5）反季种植措施保障，景观湖区种植面临夏季施工，天气炎热、蒸腾量大需要综合考虑植物品种、土壤条件、运输方式、修剪方法以及后期养护等多个方面以确保施工质量和成活率。反季节绿化园林施工要素以及注意事项有：针对品种习性非适地或成活率差的树种，如落羽杉、水杉等调整推迟到秋季10月后种植；坚持选用苗圃驯化苗严禁地苗，保证土质肥沃疏松，透气性和排水性好；苗木运输过程做好遮盖保护措施，如用草绳、麻布或草包包裹树干和树枝，保持湿润以减少水分蒸腾；在保持树木冠形和美观度前提下，进行疏枝摘叶。栽植后加强供水管理，通过吊液、喷水、遮阴等措施降低植物蒸腾量并保持土壤湿润。

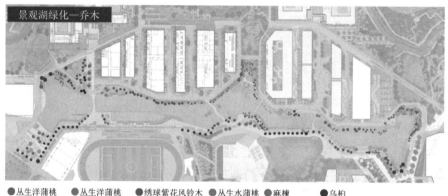

● 丛生洋蒲桃	● 丛生洋蒲桃	● 绣球紫花风铃木	● 丛生水蒲桃	● 麻楝	● 乌桕
● 保留现状乔木	● 保留现状乔木	● 广州樱	● 水蒲桃	● 丛生柚子树	● 丛生樟树
● 单杆铁冬青	● 单杆铁冬青	● 假萍婆	● 宫粉紫荆	● 宫粉紫荆	● 海红豆
● 丛生朴树	● 丛生朴树	● 香樟	● 霸王榈	● 四季桂	
● 落羽杉	● 落羽杉	● 丛生玉蕊	● 水石榕	● 四季桂	

图 24.7-15 景观湖绿化——乔木施工布置图

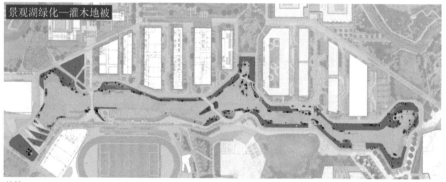

地被

1 马尼拉草	7 芦苇	13 狐尾天门冬	19 梭鱼草	25 睡莲
2 纸莎草	8 蒲苇	14 荷花	20 旱伞草	26 芦竹
3 粉花美人蕉	9 黄菖蒲	15 鸡爪槭	21 花叶芦竹	27 银叶郎德木
4 细叶芒	10 可爱花	16 双色野鸢尾	22 肾蕨	28 泽泻
5 小兔子狼尾草	11 水葱	17 香蒲	23 紫云杜鹃	29 千屈菜
6 巨花水竹叶	12 金红羽狼尾草	18 再力花	24 菱	30 白睡莲

31 矮蒲苇	
32 粉花翠芦利	
33 彩虹蕨	
34 红楼花	
35 鸟巢蕨	

灌木

❶ 烟火木	❺ 九节
❷ 粉纸扇	
❸ 角茎野牡丹	
❹ 美丽针葵	

图 24.7-16 景观湖绿化——灌木地被施工布置图

（4）景观湖区见黑

本项目校园室外铺装工程，是校园基础设施建设的重要组成部分，是校园进行形象交付的主要内容，形象交付包括道路、广场、停车场、运动场、休闲区等区域的地面铺装。"景观湖区见黑"即景观湖区域室外铺装施工，景观湖环湖铺装区域因处于园区中心主景观形象地带连通园区各区域铺装组团空间，施工进度影响意义重大。景观湖公共区域的环湖环铺装材料选用施工工艺简单、工期短、强度高、耐用性好且排水效果好的彩色透水混凝土、EPDM的慢跑道铺装和花岗岩的人行道铺装为主（图 24.7-17、图 24.7-18），施工工艺包括基层处理、找平层施工、铺装层施工和养护等步骤。在进行铺装工程时除根据区域的功能需求选择合适工艺外，还建议着重注意以下几点。

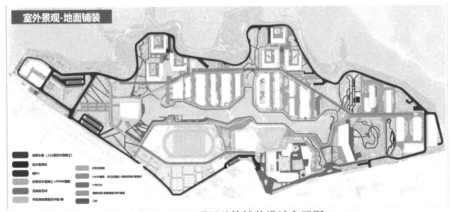

图 24.7-17　项目总体铺装设计布置图

图 24.7-18　景观湖铺装设计效果图

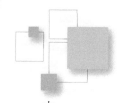

1）园林管线施工与预留预埋工作，在室外景观铺装开展的同时，在乔木种植与草坪铺设之间通常需要穿插进行园林管线的施工与预留预埋工作。这些园林管线包括但不限于给水排水系统、灌溉系统、照明系统、音响系统以及可能的弱电系统等，实施过程应进行地面开挖或标记线槽注意避免管线位置与乔木根系冲突。根据图纸要求预留足够的接口、检修口和穿线管等以便维护和升级，在草坪铺设前完成所有隐蔽工程的验收工作，确保管线施工质量，开挖的土壤回填夯实确保地面平整。

2）铺装排版与深化设计，铺装施工准备阶段对地面材料如花岗岩铺装、竹木铺装、透水砖铺装、仿石英砖铺装、压顶或收边材料铺装等需对缝平贴的材料进行布局和排版，以确保施工时的准确性和美观性从而减少返工返料影响进度推进。地面铺装材料排版注意整砖优先、视觉引导、对称与均衡的原则，初步排版后需经设计确认效果。涉及铺装深化设计节点，注意材料的切割、拼接、固定等技术明确，对特殊节点如转角、收口、与不同材料的交接处等进行特殊处理，确保施工质量和美观性。图纸中排版的方式在实际操作中还应根据现场实际情况灵活调整，注重细节处理和质量控制以确保最终铺贴效果。

3）铺装材料定样与进场验收，是室外景观工程中确保材料质量和施工进度顺利的重要环节。施工单位在进场后的30d内需出具材料定样计划，根据定样计划组织设计、设计管理和建设单位进行施工小样的定样，经设计小样的对比合格后签字封存作为大宗材料进场及材料报审的依据。

4）样板施工与铺装收边收口，施工单位需按照招标文件及项目的要求，对相关区域进行样板段（样板间）的施工，施工完成后拍照告知管理单位，后续将根据样板段（样板间）施工的情况组织设计单位、设计管理、建设单位和校方进行现场效果会签确认。室外铺装的收边收口不仅关系到整体的美观性，还直接影响到铺装的耐用性和安全性。常见的收边收口方式有压条收口、留缝收口、高低差式（错缝）收口、对撞（密缝）收口、打胶收口等。施工前注意材料仔细检查并按深化图纸示意的要求进行操作，施工后对收口处进行仔细检查，确保无遗漏和缺陷。

5）铺装质量控制与成品保护，室外铺装的质量控制包括材料质量控制和施工过程控制和成品质量检验。质量控制在材料进场前进行严格的质量检测，包括外观检查、尺寸测量、强度测试等，确保材料各项指标符合标准。施工过程控制包括铺设厚度与平整度、压实度、排水处理、接缝处理和弧形段处理等，注意砂浆找平，弹铺砖控制线、铺砖、勾缝、擦缝、养护等施工过程步骤，注意材料挑选确保色差和纹理整体美观，注意铺装材料内排水设施，如排水沟、雨水口衔接等，确保工程质量符合设计图纸要求。对于已完成的铺装面层，分隔围挡对完工区域进行围合保护，采用彩条布、防水布、土工布等材料进行覆盖保护，防止污染和损坏，对于有重物通过的地方需用钢板等材料进行加固保护。

24.7.4　总结思考

一个高效、合理的管理模式能够为工程进度的顺利推进提供有力保障，确保工程进度的顺利推进和按时完成。在工程项目管理中，应高度重视管理模式的选择和应用，它贯穿工程项目的整个生命周期，从项目策划、设计、施工到竣工验收等各个阶段。管理模式通过明确目标、科学规划、严格执行、合理调配资源、加强沟通与协调以及实施风险管理与应对等措施，对项目施工进度产生深远影响。

本项目室外景观工程基于施工总承包 + 平行发包的特殊模式，由多家单位合力施工建设，面临施工单位多，内容多，交叉多，工期紧，场地移交晚，施工作业面零散，工艺质量及效果要求高等特征，在项目管理模式上采用"全过程项目管理 + 工程监理"模式。

1. 实施的优点

项目管理采用"全过程项目管理 + 工程监理"这种相互补充和完善的模式全力推赶进度，室外景观工程在这一模式管理下充分利用大决策、大统筹的模式特点，确保项目的质量、成本、进度、风险和其他关键因素得到有效的控制和管理，从而组织协调项目各参建单位合力共赢，互助共利的特征优点确保工程项目的顺利实施，实现项目室外进度形象交付任务。

（1）全面高效的进度策划管理。全过程项目管理负责制定详细的进度计划，并考虑各种可能影响进度的因素。工程监理则根据现场实际情况，对进度计划进行监督和调整。两者协同工作，能够制定出更加合理、可行的进度计划，并确保其得到有效执行。

（2）全面监督的质量控制管理。工程监理作为质量的监督者和检查者，可以对项目的各个环节进行全面的监督和检查，确保施工过程符合相关标准和规范。全过程项目管理则通过整体把控，确保从项目策划到结束的每个阶段都达到质量要求。两者结合，能够形成更加严密的质量监控网络。

（3）全面识别的风险控制管理。全过程项目管理则通过制定风险管理计划，对项目中的潜在风险进行全面识别和评估，并制定相应的应对措施，降低项目失败的风险。工程监理能够识别施工中的潜在风险，通过现场巡视、抽样检测等手段，能够及时发现施工中的问题，并督促施工方进行整改并提出相应的预防措施。

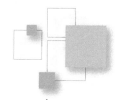

（4）全面动态的组织协调管理。在项目实施过程中，工程监理和全过程项目管理都需要密切关注进度情况，并根据实际情况进行动态调整，通过定期召开进度会议、分析进度偏差等方式。工程监理作为第三方监督者平衡项目各方的利益，全过程项目管理则通过合理的沟通和协调机制，解决项目中的冲突和问题，两者结合能够形成更加有效的沟通和协调机制，减少项目中的摩擦和阻力。

2. 实施的挑战

全过程项目管理通过对项目的全程监控和调整，确保项目的顺利进行和达成预期目标。工程监理则侧重于对工程项目实施过程的监督和指导，确保项目的质量、进度和成本控制在预期范围内。而事物都有对立面，管理模式也是，在室外景观工程进度建设中也因管理中存在的对立缺点使得项目进度推进艰难，具体体现在以下几点。

（1）管理复杂度高。全过程项目管理多个方面，管理复杂度较高，需要项目总负责人具备较高的综合素质和管理能力。工程监理也需要对工程施工的各个环节进行详细了解，才能有效地进行监督和指导，这也增加了管理的复杂度。有经验和专业知识或技能的项目管理人员向来都是行业的稀缺资源，人力资源不足或缺失，将可能导致管理决策无法执行落地，项目无法顺利实施。

（2）管理时间与成本压力。进度上项目建设需要在有限的时间和资源内完成，全过程项目管理和工程监理都面临着时间和成本的压力，需要各参建方短期内高度配合项目所需的人力、物力、财力等资源，确保资源在关键任务和阶段上的投入，避免在资源调配上的短缺和短视导致的进度延误。

（3）建设双方的支持与信任。是项目顺利推进的基石，是沟通与合作的基础。业主方的支持与信任使项目管理层沟通更加顺畅，合作更加紧密，及时发现工程进度推进中问题、解决问题，共同应对项目中的挑战和风险，增强团队凝聚力，提高项目执行效率。

3. 优化与提升

以本项目建设工程为例，通过室外景观建设工程作为切入点进行进度推进统筹策划，在项目实施过程中最终取得了良好的效果，也发现管理中存在的部分待解决优化的问题。项目进度目标的推进与项目管理其他目标间存在着紧密而复杂的关系，为工程进度的顺利推进，管理上应及时总结与提炼，最终实现工程管理中各目标的良性互动和共同发展。

（1）组织结构上重视发挥设计管理团队对施工现场的技术指导和风险提示作用，建立高效的信息交流平台。

1）要明确设计管理团队的角色与职责。本项目全过程咨询组织设计中配置了全专业设计管理团队协同解决现场技术问题，提供设计解读和变更建议。

2）设计人员施工阶段的驻场。定期地对施工现场进行巡查，识别潜在的设计实施风险并提前提出预警，设计驻场人员作为后端设计团队与施工现场之间的桥梁，能够促进双方的有效沟通，确保设计意图在施工中得到准确执行。

3）建立紧密的协作机制。由设计管理牵头定期组织现场技术协调会，讨论施工进展、技术难题及风险应对措施，直接了解施工情况及时发现问题并提供指导。

（2）管理工具上重视利用现代信息数字技术，对施工现场进行实时监控和数据分析，建立高效发现问题、反馈问题、解决问题机制，提高管理效率。

1）施工管理现场部署监控设备。如利用高清摄像技术、无人机技术、集成物联网技术等，对施工现场及设备、材料和环境的状态实现全天候无死角的视频监控，实时收集施工现场数据，进行通报、预警和性能评估。

2）BIM（建筑信息模型）技术的运用。植物、建筑、道路、水体等各个要素三维建模与可视化运用能直观地展示整个项目的布局和效果，协助业主和施工人员更好地理解设计意图，减少沟通障碍。利用 BIM 技术进行碰撞检测地下管线的冲突问题，避免施工中的问题和延误。

3）建立项目级别的数字管理平台。根据施工项目室外工程管理的特点和需求，建立相应的数据分析模型，如施工进度分析、成本分析、质量分析等，通过模型对实时数据进行处理和分析，发现潜在的问题和趋势，协助管理层提高决策效率。

（3）在项目管理总策划推进中，加强项目各阶段、各管理部门、各建设专业间互为因果的联动与配合。

项目统筹策划是一个复杂且系统的过程，园林景观工程作为项目室外穿衣戴帽形象代表，也是项目收尾收官工程，项目互为因果体现在：

1）项目各阶段间。设计阶段使用方或建设方在项目前期对项目方案效果决策时间过长，导致因施工图出图紧张遗留深化多，给施工建设阶段留下变更多、扯皮多风险。同样在招标采购阶段对室外界面划分复杂切割零散，给后续施工和维保带来管理上隐患。

2）各管理部门间。招标部门或造价咨询人员在图纸招标计价时需注意加强与施工图绘制部门人员的沟通交流，理解透彻设计表述避免漏量漏项风险，避免施工漏项造成工序倒置进度推进困难。

3）各建设专业间。在景观工程招标进场前，涉及建筑主体、幕墙、精装等专项工程进度滞后导致工作面无法按期交付，将极力压缩室外园林景观

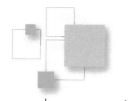

施工时间无法做出精品工程。

（4）全过程进度推进管理过程中，重视项目品质控制与高质量交付。在全过程进度推进管理过程中，既要确保项目的按时推进，同时也要确保达到既定的品质、效果标准，实现高质量交付。

1）明确项目品质目标标准。制定品质计划，组建品质管理团队，坚持项目室外景观工程的品质标准和要求。

2）加强材料定样与样板先行品质管理制度。通过对施工组织策划、样板管理、质量精细化管控，确保景观效果落地。

3）树立品质、品牌文化效应。根据项目实践经验和市场变化，持续优化品质管理流程和方法，通过培训、宣传等方式，增强团队成员的品质意识和责任感。

24.8 实践案例介绍——BIM 管理

24.8.1 需求分析及应用场景设计

项目工期紧，任务繁重，精细化管理程度高。在工期、质量、安全与投资等各方面均有明确可量化的目标。如工期目标为一标段于 2023 年 12 月交付，剩余标段建设内容于 2024 年 12 月交付。

因此，本项目在设计、招标、施工等多个阶段运用 BIM 技术，贯彻"模型为基准，质量为主线，管理为重点"的 BIM 应用方针；以"多源一模、一模到底、一模多用"为指导思想，将设计模型有效应用到施工及运维阶段，同时利用设计模型进行施工模拟、方案模拟等应用，并与数字化平台相结合，有效利用 BIM 及数字化建造技术协助现场管理，提高信息化管理水平。

1. 需求分析

（1）规模大、工期紧

总建筑面积约 56.2 万 m^2，为尽早交付使用，加快建设进程，工期紧张。如何确保项目实现优质、快速建造和交付，是项目需重点策划的难题之一。

针对规模大、工期紧的难题，项目利用 BIM 技术对整个项目施工过程进行"项目进度推演"，对施工过程中可能影响进度的重大、关键问题提前研判、深入研究。

（2）节点多、施工难

项目涉及高大支模、三组团坡道狭小空间、超厚板施工，多单位同时交叉作业等情况。施工难度大，安全风险高，穿插时间紧。

288

为应对该难题，项目利用 BIM 技术对高大支模部位进行"高大支模施工方案模拟"；对施工节点复杂、多单位重复交叉作业的部位进行施工工序模拟，例如三组团坡道部位进行"三组团坡道施工工序模拟"。项目通过方案模拟、工序模拟，进行三维可视化施工交底，提前分析、识别施工过程中可能存在的质量安全隐患，并制定保障措施，为项目质量安全管控提供有效手段、有力支持。

（3）单位多、协调难

项目划分为 3 个施工总承包标段，涉及基础、主体总承包、幕墙、精装、园林、智能化、实验室等总计 60 余家参建单位，其中涉及 BIM 技术应用的参建单位有 20 余家。管理方面需统一协调管理，避免施工混乱无序。施工图及 BIM 模型需统一管理，确保各单位最新施工图及 BIM 模型同步。

设计方面通过自主研发"设计 BIM 共享平台"实现设计 BIM 模型共享，协同工作，避免出现传递模型不统一的情况；同时，由于本项目是数字化试点项目，需要解决施工单位多，出现分散协作的问题，项目进行了"数字化平台"的研究和开发，以实现项目协同管理。

2. 应用场景设计

基于上述项目需求，为更好地推进项目 BIM 实施落地、推广数字化建造技术应用，结合项目具体情况及进度，提前策划 BIM 应用场景及完成节点，确保各应用场景在各阶段实施落地。项目通过 BIM 技术的可视化应对"规模大、工期紧"，可模拟应对"节点多、施工险"，可协调应对"单位多、协调难"，构建多维度的进度可视化推演、关键工序模拟、基于 BIM 的数字化管理平台等 23 项应用场景（图 24.8-1）。

周边环境协同分析	场地分析	光环境分析	风环境分析	设计BIM协同平台
数字平台化应用	项目进度推演	施工总平面布置策划	CIM土方算量	组团坡道工序模拟
高大支模方案模拟	机房设备运输模拟	机电安装深化设计	精装深化设计	幕墙深化设计

图 24.8-1 应用场景节选

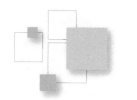
24.8.2　解决方案阐述及落地验证

根据项目需求，结合实际情况，从项目层级视角制定 BIM 应用目标、应用实施管理体系、应用内容，借助 BIM 技术、平台辅助项目发现、解决设计问题，应对管理痛点、施工难点，为项目建设推进提供高效工具。

1. 基于 BIM 的可视化

（1）基于 BIM 的方案分析

1）周边环境协同建设分析

通过 BIM+CIM 技术，将整个场地及各单体建筑模型导入 CIM 平台，基于模型呈现设计理念、设计方案，开展项目周边环境分析、建筑方案比选等试点工作，提高设计方案优化和确认效率（图 24.8-2）。

图 24.8-2　周边环境协同建设分析

2）场地分析

项目占地面积大，地形复杂，包含山体水体等自然地势，给设计带来了挑战，通过 BIM 技术搭建原始地形、设计方案场地模型，进行场地分析、土方平衡计算，为设计的分台策略提供了数据支撑，确定了各楼栋的正负零的绝对标高，使设计方案在最优的土方平衡设计中落地（图 24.8-3）

3）光环境分析

基于建筑模型，进行光性能模拟，分析场地光环境情况，进行日照分析，采光分析，风雨连廊太阳能光伏板分析。

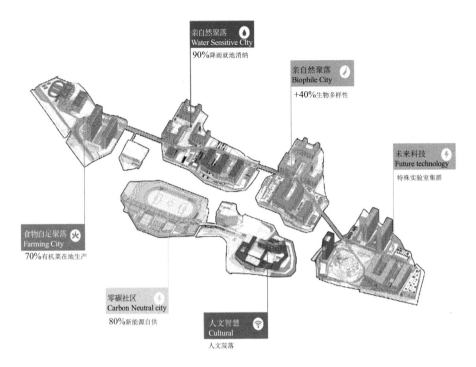

图 24.8-3　不同组团的先锋城市模式

通过模拟与优化，保证了项目满足日照及采光要求，并通过太阳能分析，确定了光伏发电板的安装区域（图 24.8-4）。

图 24.8-4　项目采光分析模拟

4）风环境分析

基于建筑模型，进行风性能模拟，分析场地风环境情况，进行室外风环境分析，室内通风分析，实验室污染物扩散分析。

通过模拟与优化，保证了项目满足通风要求，并通过污染物扩散分析，分析其对周边教学楼的影响，确保其满足设计要求，验证了动物实验室的有害气体排放不会影响周边建筑（图 24.8-5）。

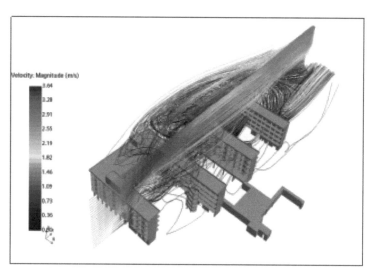

图 24.8-5　项目通风分析模拟

（2）基于 BIM 的进度策划

1）项目进度推演

项目整体进度推演：根据整个项目竣工节点排列施工总进度计划，利用 BIM 技术对整个项目的进度每个月的关键节点进行虚拟建造模拟，优化施工计划安排，在每周进度对标会议中与现场进度对比，在项目层级保证整个项目的施工关键节点顺利推进。项目管理人员能清晰地了解施工总进度计划与实际的差异，在项目级层及时采取相应有力纠偏措施，有效辅助项目组对施工进度的管理策划，有效节约工期 30 余天（图 24.8-6）。

图 24.8-6　全周期可视化进度计划呈现

标段进度推演：根据现场一标段施工总进度计划，利用 BIM 技术进行虚拟建造模拟，优化施工计划安排，使得现场施工更加有序高效的进行。避免一标段各单体各分部分项施工时间节点发生冲突，有效把控一标段在整个项目中施工进度。利用推演与现实对比，在发生进度偏差时，对单体及时采取相应有力纠偏措施，有效把控各栋单体的施工进度（图24.8-7）。

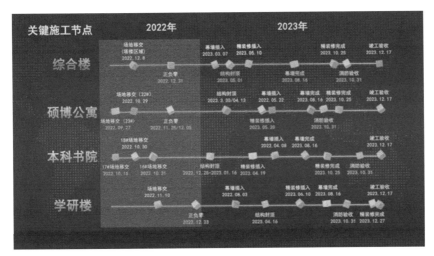

图24.8-7 标段可视化进度推演

25栋综合楼进度推演：25栋综合楼为一标段施工进度的关键路线的单体，根据25栋综合楼的现场施工总进度计划进行BIM虚拟建造模拟，在人、材、机方面进行策划，充分评估计划在关键路线人、材、机的投入是否合理，是否满足现场进度要求。有效验证进度计划的可行性及合理性，通过模拟与现实的人、材、机投入对比，有效把控在关键线路上的人、材、机投入。同时避免关键线路的各分部分项施工时间节点发生冲突，保证了施工进度，提高了项目施工质量，有效规避了施工中可能存在的安全风险（图24.8-8）。

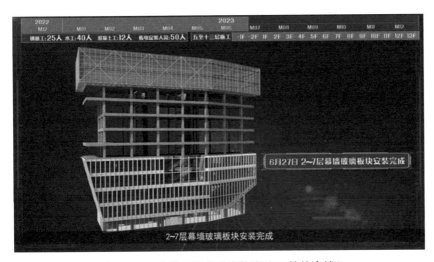

图24.8-8 单体可视化进度推演（25栋综合楼）

2）施工场地布置及安全文明可视化

利用 BIM 技术，建立各阶段的场地布置模型，进行现场布置模拟，对施工现场合理规划，模拟不同的施工场地布置方案，包括各种设备、材料的摆放位置，优化场地布置，提高施工效率（图 24.8-9）。

在 BIM 模型中集成安全文明施工的相关信息，例如安全通道、紧急疏散通道、安全警示标识等。通过可视化模拟，形成安全文明可视化视频，可以识别潜在的安全隐患，并及时采取措施预防事故发生。通过可视化展示论证方案的可行性、实用性。项目通过 BIM 可视化场景演示进行场地策划讨论、分析和决策，优化材料加工厂布置 2 处，减少因二次搬运产生费用，节约施工成本约 26 万元。

图 24.8-9　不同阶段的施工总平面布置

2. 基于 BIM 的可模拟

（1）基于 BIM 的方案论证

1）CIM 土方算量

利用国产化 CIM 平台，基于 Lidar 技术测绘出项目红线内区域的地形图，导入 CIM 平台进行土方填挖量计算。与常规方法相比，根据 CIM 法计算的工程填挖量将少运出土石约 15.2 万 m³，辅助项目提前预判填挖量，为项目策划提供数据支撑（图 24.8-10）。

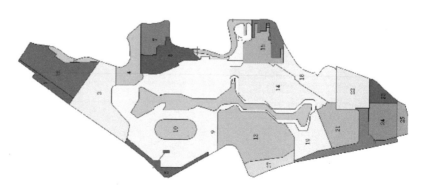

图 24.8-10　土方填挖量分区划分

2）三组团坡道施工方案模拟

利用 BIM 技术对施工复杂、工序穿插及多单位交叉作业区域进行施工工序模拟。更好协调该部位施工过程中的工序穿插，对该区域进行施工模拟，做可视化交底。

本工程三组团坡道由两个坡道组成，施工时与该区域挡土墙交叉重合，施工区域涉及挡土墙施工单位、坡道施工单位及防水施工单位等多个施工单位多次重复交叉施工。针对三组团坡道施工较为复杂的情况，项目利用 BIM 技术进行三维建模及三维可视化视频进行指导施工。

三组团坡道结构异型、复杂，如图 24.8-11 所示。在三组团坡道施工阶段，基于 BIM 三维模型及三维可视化施工模拟进行交叉施工作业流程及三维可视化交底，在保证整体流水施工、安全的情况下辅助优化施工方案，并进行施工段划分，如图 24.8-12 所示。其中，2-1 坡道施工段顶板与垂臂式挡土墙底板存在交叉共用情况，交叉共用长度约 9.9m，如图 24.8-13 所示。交叉部分结构板由主体施工单位施工，施工时进行预留钢筋给后续挡土墙底板施工。即三组团坡道结构模型与挡土墙结构模型合模后发现存在交叉和碰撞问题，针对此碰撞点的施工界面讨论，坡道施工单位负责坡道结构施工，与挡土墙交接的位置做好预留预埋，并与挡土墙施工单位充分沟通和交底；挡土墙施工单位负责挡土墙底板上部的结构施工，与坡道结构交接的位置，在挡土墙施工单位施工坡道顶板结构时，提前与坡道施工单位充分沟通和交底。

图 24.8-11　三组团坡道构造示意图

图 24.8-12　三组团坡道施工区段划分图

坡道施工单位接收挡土墙施工单位移交场地后，在原土面进行桩基施工，优先施工 2-1 施工段的 5 根灌注桩。挡土墙施工单位进行挡土墙区域开挖及施工，坡道施工单位同时按由低到高开展其余区域的灌注桩施工。挡土墙施工单位进行土方开挖及边坡支护喷锚，土方开挖过程中，坡道施工单位进行承台土方开挖。土方开挖过程中，严格按坡道、坡度开挖，严禁超挖。完成桩头破除及桩基检测后，防水单位进行 1-1、2-1、2-2 坡道垫层及防水施工，坡道施工单位进行底板及承台施工，坡道侧墙及顶板施工，防水施工单位进行侧墙及顶板防水施工，对 1-1 肥槽回填后挡土墙施工单位进行坡道交叉段的挡土墙施工，挡土墙施工单位进行顶板土方回填，防水施工单位进行 1-2、2-3 坡道垫层及防水施工，坡道施工单位进行坡道底板及承台施工，坡道侧墙施工，防水施工单位进行顶板防水施工，挡土墙施工单位进行土方回填，完成全部三组团坡道施工。

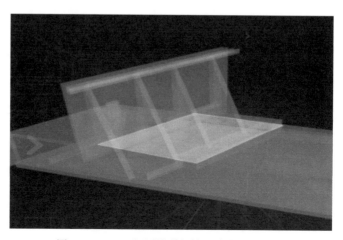

图 24.8-13　三组团坡道与挡土墙交叉示意图

通过利用 BIM 技术对三组团坡道进行三维可视化交底，提前解决图纸构造问题 2 处，避免施工过程中因图纸问题导致停工；解决施工过程中多个施工单位交叉施工工序混乱问题，共计节约工期 9d，并有效杜绝多个单位交叉施工带来的安全隐患。

3）超危大施工方案模拟

25 栋综合楼 3 ~ 7 层，15 ~ 25 轴外侧为逐层向外延伸悬挑结构，最大支模高度达 22.9m，为项目超危大施工内容之一。

该部位施工前采用 BIM 技术对该部位施工方案进行三维动画施工模拟，提前发现施工过程中可能存在的重大安全隐患，并利用三维模拟施工动画视频进行交底，可非常直观的展示高大支模施工各参数要求（图 24.8-14），以及施工过程中需重点关注的安全隐患。保证了超危大模板支撑体系施工安全、避免返工整改，有效缩短了施工周期，降低了施工成本，为现场超危大工程施工过程中质量安全提供支持和保障。

图 24.8-14　高大支模方案施工模拟

4）制冷机房设备运输模拟

为保证大型设备冷水机组顺利进入 19 栋学研楼制冷机房，对该机房最大尺寸的冷水机组进行运输模拟，确定设备运输的路线，预留运输孔洞；对运输路线进行净高分析，现场净高不足区域，调整运输通道的机电管线，对整个运输过程进行模拟和交底。

通过 BIM 技术对 19 栋学研楼制冷机房设备的运输模拟，提前解决了运输路线净高不足问题 2 处、提前预留运输孔洞 3 处，避免设备运输过程中因净高问题导致停工及设备损坏，有效杜绝了运输过程中的安全隐患（图 24.8-15）。

图 24.8-15　制冷机房设备运输路线分析模拟

（2）基于 BIM 的深化设计

1）全专业机电管综深化及净高分析

利用 BIM 技术对综合管线进行深化，优化原设计的管线排布，保证净高的前提下，管线整体美观、便于施工。施工前进行 BIM 交底，现场施工完成后进行 BIM 实模一致对比，确保 BIM 的落地性。极大地减少管线翻弯数量，有效提高成型后综合管线视觉效果，整齐、美观、大方；避免后期因管线碰撞、净高而进行二次拆改导致投资浪费。同时，为机电安装如期完成施工提供技术支持，保障项目进度顺利推进（图 24.8-16、图 24.8-17）。

图 24.8-16　全专业机电管综深化

项目名称	深圳理工大学建设工程项目						
记录单位	中建二局第三建筑工程有限公司	记录人	××	问题编号		实模是否一致	是
整合发出单位	中建二局第三建筑工程有限公司	发出人	××	拍照日期	202308024		
BIM深化图纸（图号、版本）	2020-440300-83-01-012632_XM20200755_22、23#SBGY_CS_MEP_F01-RF			标高楼层	2F	专业类别	管综
问题描述	经过现场勘查对比，与模型一致。			轴号/定位	22-B交22-4		
现场安装照片				BIM深化模型			
回复意见						回复人	
						回复日期	
复核意见						复核人	
						复核日期	

图 24.8-17　BIM "实模一致" 对比报告

2）机电设计方案优化

在施工深化阶段，利用 BIM 技术对综合管线进行不同管线方案深化，对不同方案管综进行净高分析、管综安装空间预留情况对比，在深化过程及时与设计沟通，确定最优管综方案，设计根据最优方案进行设计变更。

通过机电方案深化应用，加强了设计与施工的沟通，为现场机电安装提前扫清障碍，同时可以保证设计变更的准确性。为机电安装如期完成施工提供技术支持，保障进度顺利推进（图 24.8-18）。

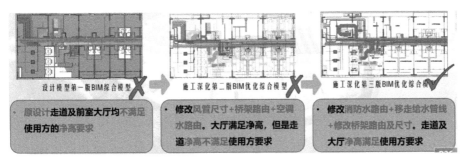

图 24.8-18　管综深化对比分析

3）支吊架深化设计

完成机电管线深化后，利用 BIM 技术对综合管线进行成品综合支吊架深化，确定综合支架的平面位置、支吊架形式，并进行支吊架受力验算，对平面及每个综合支架剖面进行出图，并在施工前完成支吊架施工交底，由三维导出二维施工图指导现场实际支吊架安装施工，有效提高成品支架的视觉效果，整体整齐、美观；避免后期因支吊架与管线碰撞导致二次拆改的投资浪费及工期延误，保障整体机电安装进度顺利推进（图24.8-19）。

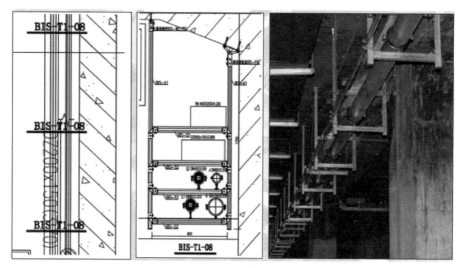

图 24.8-19　支吊架深化设计

4）制冷机房深化应用

制冷机房是负责提供制冷或空调服务的设备房间，是一个建筑的重要组成部分。利用BIM技术创建制冷机房的三维模型，包括制冷设备、空调设备、管道布置等元素，对制冷机房内的设备进行布置，确保设备之间的布局合理，便于维护和运行。通过BIM模型进行设备的可视化展示，帮助现场施工人员、业主直观了解机房内设备的布置，同时便于BIM技术人员与现场施工人员进行沟通。

本项目制冷机房设置在25栋综合楼地下一层及19栋学研楼地下一层，其中25栋综合楼地下一层的制冷机房为高效机房，为保证满足高效机房的技术要求，利用BIM技术创建机房模型，优化每一处的弯头及保证最少范围，减少能耗损失。19栋学研楼地下一层制冷机房为常规机房，机房可用空间相对狭小、紧凑。

为保证制冷机房内设备位置布置最优、空调管道排布最优、整体系统性能最优，以及机房施工的便利性，确保制冷机房内的设备、管道系统与建筑结构或其他系统之间没有冲突或及时发现并解决可能存在的冲突问题，避免在施工过程中引起延误和额外成本。运用BIM技术对整个机房空间内设备、阀门、附件、管线等进行二次深化设计，以达到最优的系统性能和最大化空间利用率（图24.8-20）。

图 24.8-20　高效机房 BIM 深化效果图

5）幕墙深化设计

利用 BIM 技术对单元式幕墙进行深化，解决空间各类构件位置关系、细节构造处异型构件造型的难题。发现图纸问题、实现关键材料的工程量统计，从而提高管理效率，确保项目工期，节约项目成本约 34 万元（图 24.8-21）。

图 24.8-21　幕墙构造复杂外立面深化设计

6）精装修深化设计

通过 BIM 建模，结合各专业模型进行碰撞检查，根据现场情况，优化墙地面铺装及吊顶末端点位布局，使铺装效果更美观，施工更便捷，通过 BIM 模型生成全景图二维码以供施工人员查看（图 24.8-22）。

图 24.8-22　精装修深化设计

3. 基于 BIM 的可协同

（1）基于 BIM 的管理体系

结合市级、署级 BIM 标准，依托"市署战略层、项目管理层、项目实施层"三个层级建立 BIM 管理及实施体系，从标准、制度、流程等多方面保障各参建单位 BIM 实施统一性（图 24.8-23）。

图 24.8-23　项目级 BIM 实施管理标准

秉持"多源一模、一模到底、一模多用"指导思想，本项目在施工阶段接收设计阶段 BIM 设计模型，并利用设计模型进行各专业的深化，避免传统设计过程中的信息丢失和误解问题，避免在施工阶段重复建模，浪费资源，提高数据的再利用率和价值，减少重复建模的工作量，促进项目各阶段之间的无缝衔接。

施工阶段的深化模型作为核心数据，同时为 CIM 平台、协同平台、数字化平台、运维平台等各类平台及应用提供准确的基础数据，通过信息共享、协作和多功能性来提高项目的效率和质量（图 24.8-24）。

图 24.8-24　模型应用流程

（2）基于 BIM 的协同管理

1）设计 BIM 协同平台

传统设计模式下，跨企业、跨专业协同设计存在协调难度大、沟通成本高、成果审查脱离设计流程等痛点，需借助协同平台实施精细化管理。本项目基于自研 iBIM 平台，实现了项目设计管理策划、跨企业多方协同、设计质量审查、设计进度管控、图纸审查意见闭环处理、设计成果文件数字化存档与提取，提升了 BIM 设计管理水平，保障设计成果质量（图 24.8-25）。

图 24.8-25　iBIM 协同管理平台

2）数字化管理平台

数字化管理平台可多单位协同作业，通过对各参建单位、各板块关键指标的抓取，建立项目级全域数据实时动态决策驾驶舱，让管理决策者获取项目整体信息的及时性与准确性极大提高，并提高项目管理决策的效率。

通过项目层级的全周期、年度网络图、甘特图、形象对比曲线、投资支

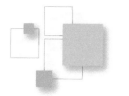

付曲线等实时动态数据，准确进行项目调度，应对项目规模大、工期紧等难题，为项目管理赋能（图24.8-26）。

图24.8-26　数字化管理平台

传统的项目管理模式，通常出现的问题有各单位之间存在极大信息壁垒；有大量报表填制工作，数据较为杂乱；沟通方式多为微信群，信息多沟通不畅。数字化平台，以优化项目管理效率和结果为目标，从根源上解决项目管理内容展示不直观、内容不规范、制度难落实、工作条线割裂、信息不对称等问题，实现更高水平的信息传递、协同、数据可视化和管控标准化，提高项目质量、安全、投资效益和进度管理效率。主要方面如下：

①投资支付管理

在传统项目管理中，投资管控难以实时反映投资支付情况，存在招标规划及资金计划编制的信息孤岛，使得投资支付数据汇总困难且数据来源难以追溯。

为解决这些问题，通过数字化管理平台拉通招采、合同、投资、支付之间的关联数据，提高招采部门与造价部门的工作协同效率与质量。通过实时生成投资支付曲线，对偏差数据进行高亮预警，从而为项目管理调度提供数据支撑。

②招采合同管理

在传统项目管理中，招采合同在于合同支付信息与财务信息之间的割裂，导致合同关键信息难以获取，进而影响到项目进度推进；合同签订情况难以控制，亦给项目进度带来不利影响。

为解决这些问题，通过数字化平台监控招采合同签订完成情况和招标委托完成情况；同时，将工程形象进度、投资支付计划数据与招采计划进行并联分析，以判断招采计划是否存在滞后。通过上述措施，可以及时了解招采进度情况，结合设计、清单进展，判断出是否存在滞后问题，从而推动项目进度。

③质量管理

传统质量管理方式无法有效留痕，管控动作依赖人力闭环，难以起到实质性约束。

为解决这些问题，可采取数字化手段结合 BIM 技术，通过移动端对各参建单位进行质量验收，并实现问题发起、整改、验收及闭环的全过程管理；配置第三方检查标准，以及现场常用的检查指标算法，自动出具检查报告，并按责任人实现问题整改和验证闭环；此外，质量验收能够与进度计划进行关联，实现计划节点、任务待办、验收反馈的系统关联逻辑和应用；同时质量验收能够驱动形象进度，与对应的图纸、BIM 模型进行关联，真实反映现场情况。通过上述数字化手段，有效地提高质量管理水平，确保项目顺利推进。

④文档协同管理

在传统项目文档管理中，项目体量大、图纸版本多，版本管理难度大，且格式兼容多样，导致参建方跨合同协同困难，易出现推诿扯皮现象，难以在同一频率开展工作。

为解决这些问题，基于项目层数字化平台建立资源中心，协同项目全寿命周期的关键信息，进行设计成果管理、图纸版本管理、文档管理。通过打破传统的"微信群"协调推进模式，让一体化的数据平台滋养参建各方，提高协同效率，加速工作进程。

⑤基于 BIM 的形象进度管理

在传统项目管理中，BIM 模型颗粒度和现场管理颗粒度通常是不匹配的，如 BIM 颗粒度太细，现场难以对应计划时间，如颗粒度太粗则体现不出现场管理逻辑。此外，模型部位和计划时间无法自动关联，需要手动操作，使用成本较高。

为解决这些问题，项目结合具体情况和管理需求，确定适宜的管理颗粒度，以层的结构维度作为管理对象，既满足现场应用需求，也满足数字化应用需求。同时，通过数字化平台实现楼栋结构和模型结构以及计划节点的自动对应，无须进行额外的操作，可让业务人员更加专注于验收工作和计划执行情况。

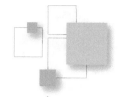

24.8.3 方案应用价值与效益说明

（1）优势展现

近年来，BIM 技术应用发展越来越成熟，在项目建设各阶段的应用方法也逐渐完善，但 BIM 技术应用落地性不强，主要原因则是单一的 BIM 咨询团队无法调动建设、咨询、施工等各方资源，无法统一思想，即便 BIM 技术在建设过程中的可视化展示、模拟建造能提高效率，但 BIM 技术应用和项目管理仍然会出现"两层皮"的现象。

全过程工程咨询模式下则不然，该模式下团队的统筹管理专业性、系统性可有效帮助 BIM 团队落实各项技术应用要求，设计、施工单位可以在全过程工程咨询团队建立的管控体系下正确开展各项工作，较传统管理模式有巨大的优势。

（2）组织设计

全过程工程咨询模式目的是解决 BIM 模型或应用与现场"两层皮"，那么在设计组织结构时，应强化和聚焦全过程工程咨询的统筹管理的作用，在施工阶段，我们可以尝试将综合、招标、造价及 BIM 等板块充分融合，并在统筹部门的要求下开展工作，强化 BIM 技术的应用则由统筹部负责要求全过程工程咨询团队的工程部落实，并在施工过程中检查与监督，以便 BIM 技术发挥更大作用，促进建设目标的实现。具体组织结构如图 24.8-27 所示。

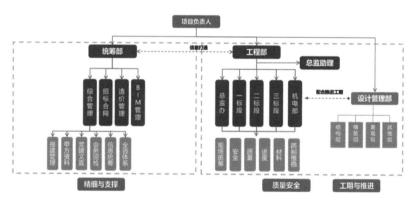

图 24.8-27　叠加效应下的组织结构设计

（3）要点分析

全过程工程咨询与 BIM 技术叠加，促进管理水平，重点在于：一是设计合理的全过程工程咨询组织结构，并与建设单位的组织结构充分融合；二是强化全过程工程咨询团队的统筹管理作用，打通部门内部与外部的信息，确保 BIM 技术在各参建单位得以应用；三是针对大型综合校园项目，应明确应用目标，确定应用体系，本书中介绍的可视化、可模拟、可协同是较为明确的工作方法与思路，是推进 BIM 技术与数字化项目管理结合的良好的工作途径。

（4）效益体现

通过 BIM 及数字化技术的应用，大大提升了项目的科技化、数字化管理水平，取得了较好的经济效益和社会效益，主要体现如下：

基于 BIM 的方案展示、全方位进度策划和推演，优化施工组织，项目一标段交付已实现工期减少 30d，二、三标段交付工期预计可减少至 90d；基于 BIM 的方案论证及 BIM 深化应用，解决并优化"错漏碰缺"问题多达 2000 条，若施工时平均每条处理的成本为 2 万元，直接的经济效益可以达到 4000 万元；建立 BIM 及数字化协同体系，实现"多源一模、一模到底、一模多用"应用理念，实现建设信息高度集成、分析和展示，减少了大量重复工作、信息孤岛效应等问题，有效提高了项目管理效率。

综上所述，通过分析全过程工程咨询模式的特点与 BIM 技术的优势，我们成功提出了一种基于 BIM 的全周期工程咨询解决方案。该方案以"可视化""可模拟""可协同"为核心，通过实际案例的剖析，详细阐述了 BIM 技术在大型综合校园建设中的应用方法，展示了其在提高项目管理效率、优化工期投资控制方面的显著效果。

工作方法

  深圳理工大学建设项目位于深圳市光明区，临近东莞市。项目东侧临山，西侧临路，场地内地势高低起伏，存在 110kV 高压线、林木、城市树木、山塘、坟地、各类地下管线等障碍物，周边与多条市政道路衔接，且在地块东北侧与地铁相邻。以上各类元素构成复杂的场地内外环境，对总体工期控制造成不利影响。本项目进度总控综合考虑各项影响因素，根据学校筹建的综合要求，结合理论知识，采用系统科学的方法开展工作，并已取得阶段性成效。下面内容将结合实践案例，详细描述在施工阶段如何进行本项目工期总控。

地块初始航拍图

25.1　任务清晰

25.1.1　明确任务目标

本项目工期总体目标是确保学校去筹设立，并在 2024 年 12 月底全部交付。经与使用方沟通，结合项目建设实际情况，将项目划分为三个标段建设并明确标段建设目标（图 25.1-1），计划一标段约 20 万 m² 于 2023 年 12 月先行交付配合学校去筹，剩余约 36 万 m² 最迟于 2024 年 12 月全部交付，其中二标段 2～6 栋体育组团、三标段 14 栋学研楼为满足学校使用需求，2024 年 8 月 31 日交付使用。

图 25.1-1　一、二、三标段的划分图

25.1.2　细化任务描述

（1）一标段先行交付须具备独立的功能运行条件，因此将满足学校正常开学的综合楼、硕博公寓（含食堂）、本科书院、学研楼及实验室纳入该标段范围内，全部先行交付（图 25.1-2）。

（2）剩余 36 万 m² 单体中的 2～6 栋体育组团、14 栋学研楼建筑与一标段办学息息相关，但与学校去筹关联度小，计划于 2024 年 9 月一标段办理开学时提前交付投入使用（图 25.1-3）。

（3）总体进度目标并不能孤立存在，质量、安全与管理创优工作是实现工期目标的基础保障，在进度总体控制的过程中应同步重视，根据项目总体进度目标，明确项目一级节点计划，见表 25.1-1。

图 25.1-2　一标段项目单体布置图

图 25.1-3　二、三标段项目两栋单体布置图

表 25.1–1　一标段一级节点（TA）

序号	节点级别	所属条线	单项工程/单位工程	事项名称	计划完成
1	1	报批报建	一标段施工总承包	施工许可证	已完成
2	1	招标采购	一标段	幕墙工程招标（已截标）	已完成
3	1	招标采购	一标段	高低压变配电一标	已完成
4	1	招标采购	一标段	智能化工程招标	已完成
5	1	招标采购	一标段	精装修工程招标	已完成
6	1	招标采购	一标段	消防电工程招标（由二标总包另行分包）	已完成
7	1	施工图设计	一标段	室外及园林景观招标	2023/5/4
8	1	施工图设计	一标段	幕墙工程施工图设计	已完成
9	1	施工图设计	一标段	高低压变配电工程施工图设计	2022/11/30
10	1	施工图设计	一标段	精装修工程施工图设计	2023/1/31
11	1	施工图设计	一标段	消防电工程施工图设计	2023/2/3
12	1	施工图设计	一标段	智能化工程施工图设计	2023/2/10
13	1	施工图设计	一标段	室外及园林景观施工图设计	2023/3/15
14	1	项目总控	25栋综合楼（地下1层（局部地下2层），地上13层）–18083.84m²	工作面移交给勘察单位	已完成
15	1	现场管理		主楼出 ±0.000	已完成
16	1	现场管理		（结构封顶）主楼完成13层桁架板	2023/5/1
17	1	现场管理		主楼完成花架	2023/5/9
18	1	现场管理		通市政电（D–D）	2023/7/30
19	1	现场管理		电梯转换（T–T）	2023/8/7
20	1	现场管理		幕墙闭水	2023/8/16
21	1	现场管理		通市政水	2023/8/30
22	1	项目总控	22栋23栋硕博公寓	工作面移交给勘察单位	已完成
23	1	现场管理		23栋、22栋主楼出 ±0.000	已完成
24	1	现场管理	23栋硕博公寓（地下1层，地上14层）–21617.70m²	结构封顶（主楼完成14层）	2023/5/1

序号	节点级别	所属条线	单项工程/单位工程	事项名称	计划完成
25	1	现场管理	22 栋硕博公寓（地下 1 层，地上 14 层）–20313.30m²	结构封顶（主楼完成14层）	2023/5/8
26	1	现场管理	22 栋 23 栋硕博公寓	外立面完工	2023/9/18
27	1	现场管理		通市政电（D–D）	2023/8/20
28	1	现场管理		电梯转换（T–T）	2023/8/8
29	1	现场管理		通市政水	2023/8/30
30	1	项目总控	19 栋学研楼（地下一层，地上 12 层）–59132.26m²	工作面移交给勘察单位	已完成
31	1	现场管理		主楼出 ±0.000	已完成
32	1	现场管理		结构封顶（主楼完成12层）	2023/6/12
33	1	现场管理		外立面完工	2023/10/13
34	1	现场管理		通市政电（D–D）	2023/8/19
35	1	现场管理		电梯转换（T–T）	2023/8/28
36	1	现场管理		通市政水	2023/8/30
37	1	项目总控	16 ~ 18 栋本科书院（局部地下室）	工作面移交给勘察单位	已完成
38	1	现场管理	16 栋本科书院（地上 5 层）–8107.65m²	主体结构 5 层（封顶）	2023/3/28
39	1	现场管理	17 栋本科书院（地上 5 层）–8109.94m²	主体结构 5 层（封顶）	2023/3/28
40	1	现场管理	18 栋本科书院（地上 5 层）–7933.67m²	主体结构 5 层（封顶）	2023/4/5
41	1	现场管理	16 ~ 18 栋本科书院（局部地下室）	通市政电（D–D）	2023/8/16
42	1	现场管理		电梯转换（T–T）	2023/8/7
43	1	现场管理		通市政水	2023/8/30
44	1	项目总控	20 栋重点实验室（地下 1 层，地上 5 层）–15709.45m²	工作面移交给勘察单位	已完成
45	1	现场管理		主楼出 ±0.000	2023/3/25
46	1	现场管理		主楼完成 5 层	2023/5/24
47	1	现场管理		通市政电（D–D）	2023/8/18
48	1	现场管理		电梯转换（T–T）	2023/8/17
49	1	现场管理		通市政水	2023/8/30

序号	节点级别	所属条线	单项工程/单位工程	事项名称	计划完成
50	1	项目总控	25 栋综合楼（地下 1 层（局部地下 2 层），地上 13 层）- 18083.84m²	工作面移交幕墙	2023/4/30
51	1	项目总控		工作面移交精装修	2023/6/10
52	1	项目总控	22-23 栋硕博公寓（地下 1 层，地上 14 层）	工作面移交幕墙	2023/4/30
53	1	项目总控		工作面移交精装修	2023/6/14
54	1	项目总控	19 栋学研楼（地下 1 层，地上 12 层）- 59132.26m²	工作面移交幕墙	2023/4/30
55	1	项目总控		工作面移交精装修	2023/7/21
56	1	项目总控	16 ~ 18 栋本科书院（地上 5 层）	工作面移交幕墙	2023/4/30
57	1	项目总控		工作面移交精装修	2023/4/30
58	1	项目总控	20 栋重点实验室（地下 1 层，地上 5 层）- 15709.45m²	工作面移交幕墙	2023/4/30
59	1	项目总控		工作面移交精装修	2023/4/11
60	1	项目总控	室外及园林景观	工作面移交室外及园林景观	2023/10/15
61	1	现场管理	精装修施工	精装修施工完成	2023/10/25
62	1	现场管理	一标段整体	消防验收	2023/10/31
63	1	现场管理	一标段整体	燃气验收	2023/11/30
64	1	现场管理	室外及园林景观	室外及园林景观工程	2023/12/10
65	1	现场管理	一标段整体	竣工验收	2023/12/17

25.1.3 工作任务分解

（1）对于项目前期的节点，如各项报批报建手续、设计、招标等节点，应根据总体节点目标倒排分解为里程碑或关键信息节点，在时间允许的情况下，尽可能给到施工图设计节点充足时间，确保图纸设计精细，避免施工阶段因图纸疏漏引发的设计完善类变更，影响施工阶段工期的控制。前期的里程碑和关键节点明确后，应由建设方项目负责人（或全咨 / 项目管理负责人）组织进一步分解至颗粒度可过程动态控制的执行节点，如表 25.1-2 所示。

（2）对于施工阶段的节点，则应根据节点库的要求将里程碑 / 关键节点

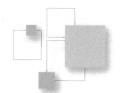

分解至一、二、三级节点，确保足够的颗粒度便于后续工作的对标。

表 25.1-2　一标段一、二、三级节点（部分节点分解展示）

序号	节点级别	所属条线	单项工程/单位工程	事项名称	计划完成
1	1	报批报建	一标段施工总承包	施工许可证	已完成
2	1	招标采购	一标段	幕墙工程招标（已截标）	已完成
3	1	招标采购	一标段	高低压变配电一标	已完成
3.1	2	招标采购		招标方案报中心招标会审议通过	已完成
3.2	2	招标采购		招标方案报署招标会审议通过	已完成
3.3	2	招标采购		造价咨询完成招标清单编制	已完成
3.4	2	招标采购		招标公告发布	已完成
3.5	2	招标采购		答疑补遗	已完成
3.6	2	招标采购		截标	已完成
3.7	2	招标采购		定标	已完成
4	1	招标采购	一标段	智能化工程招标	已完成
4.1	2	招标采购		招标方案报中心招标会审议通过	已完成
4.2	2	招标采购		招标方案报署招标会审议通过	已完成
4.3	2	招标采购		造价咨询完成招标挂网清单编制	已完成
4.4	2	招标采购		招标公告发布	已完成
4.5	2	招标采购		造价咨询完成招标答疑清单编制	已完成
4.6	2	招标采购		答疑补遗	已完成
4.7	2	招标采购		截标	已完成
4.8	2	招标采购		定标	已完成
5	1	招标采购	一标段	精装修工程招标	已完成
5.1	2	招标采购		招标方案报中心招标会审议通过	已完成
5.2	2	招标采购		招标方案报署招标会审议通过	已完成
5.3	2	招标采购		招标方案报署长办公会审议通过	已完成
5.4	2	招标采购		造价咨询完成招标挂网清单编制	已完成
5.5	2	招标采购		招标公告发布	已完成
5.6	2	招标采购		答疑补遗	已完成
5.7	2	招标采购		截标	已完成
5.8	2	招标采购		定标	已完成
6	1	招标采购	一标段	消防电工程招标（由二标总包另行分包）	已完成
7	1	施工图设计	一标段	室外及园林景观招标	2023/5/4

序号	节点级别	所属条线	单项工程/单位工程	事项名称	计划完成
8	1	施工图设计	一标段	幕墙工程施工图设计	已完成
9	1	施工图设计	一标段	高低压变配电工程施工图设计	2022/11/30
10	1	施工图设计		精装修工程施工图设计	2023/1/31
10.1	2	施工图设计	一标段	施工图设计单位提交一版最大精确度的精装修一标图纸	2023/1/10
10.2	2	施工图设计		施工图设计单位完成精装修一标招标图纸	2023/1/31
11	1	施工图设计	一标段	消防电工程施工图设计	2023/2/3
12	1	施工图设计	一标段	智能化工程施工图设计	2023/2/10
13	1	施工图设计	一标段	室外及园林景观施工图设计	2023/3/15
14	1	项目总控		工作面移交给勘察单位	已完成
15	1	现场管理		主楼出 ±0.000	已完成
15.1	2	现场管理		地下室负 2 层	已完成
15.2	2	现场管理		地下室负 1 层	已完成
16.1	2	现场管理		主楼完成 1 层框架	已完成
16.2	2	现场管理		主楼完成 2 层桁架板	已完成
16.3	2	现场管理		主楼完成 3 层桁架板	已完成
16.4	2	现场管理		主楼完成 4 层桁架板	已完成
16.5	2	现场管理	25 栋综合楼（地下 1 层（局部地下 2 层），地上 13 层）–18083.84m²	主楼完成 5 层桁架板	已完成
16.6	2	现场管理		主楼完成 6 层桁架板	2023/3/22
17.1	2	现场管理		主楼完成 7 层桁架板	2023/3/28
17.2	2	现场管理		主楼完成 8 层桁架板	2023/4/5
17.3	2	现场管理		主楼完成 9 层桁架板	2023/4/11
17.4	2	现场管理		主楼完成 10 层桁架板	2023/4/17
17.5	2	现场管理		主楼完成 11 层桁架板	2023/4/23
17.6	2	现场管理		主楼完成 12 层桁架板	2023/4/23
17.7	2	现场管理		（结构封顶）主楼完成 13 层桁架板	2023/5/1
17.8	2	现场管理		主楼完成花架	2023/5/9
18	1	现场管理		通市政电（D–D）	2023/7/30
19	1	现场管理		电梯转换（T–T）	2023/8/7
20	1	现场管理		幕墙闭水	2023/8/16
21	1	现场管理		通市政水	2023/8/30

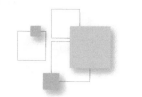

25.2 要求明确

本项目的总体目标、标段目标及关键里程碑节点明确并分解后，对这些任务的实现提出明确的要求，其中明确执行任务的组织结构、责任分配及任务明确的完成时间最为关键，进度总控过程中应充分策划并执行。

25.2.1 组织结构明确

项目采用全过程工程咨询模式建设，全过程工程咨询团队与建设单位管理团队在管理力量上充分融合，在管理层级上层次分明。在进度总控的过程中，项目按照专业配置人员实施网格化管理，责任到人（图 25.2-1）。

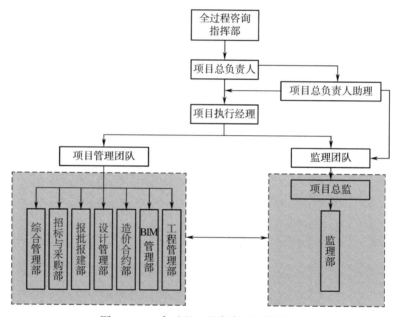

图 25.2-1　全过程工程咨询组织结构图

25.2.2 责任分配明确

根据已确定的组织结构，明确进度总控专业人员的工作任务。本项目将总体目标逐级分解直至工序节点颗粒度，细小的颗粒度犹如"军令"，是每一个肩负责任的管理人员必须守住的"阵地"。

25.2.3 时间节点明确

分解至每一个工序的任务应具备明确的时间点（表 25.2-1）。

表 25.2-1　工作任务分解表

序号	所属条线	事项名称	计划完成	项目组	全咨项管	其他单位
1	报批报建	基础工程涉铁安评	已完成	报建负责人	报建负责人	报建负责人
2	报批报建	考古文物勘探	已完成			
3	报批报建	山塘移交	已完成			
4	报批报建	红线外永久排洪渠建设	已完成			
5	报批报建	三标段施工方案报地铁安评	已完成			
6	招标采购	施工总承包二标招标	2023/2/23	招采负责人	招采负责人	招采负责人
7	招标采购	施工总承包三标招标	已完成			
8	招标采购	幕墙工程二标	2023/6/15			
9	招标采购	幕墙工程三标（含泛光照明）	2023/4/15			
10	招标采购	精装修工程三标	2023/7/15			
11	招标采购	精装修工程二标	2023/8/15			
12	施工图设计	施工总承包二标招标	2023/2/3	设计负责人	设计负责人	设计负责人
13	施工图设计	施工总承包三标招标	2022/12/25			
14	施工图设计	幕墙工程二标	2023/4/15			
15	施工图设计	幕墙工程三标（含泛光照明）	2023/5/15			
16	施工图设计	精装修工程三标	2023/5/15			
17	施工图设计	精装修工程二标	2023/6/15			
18	项目总控	二标工作面移交	2023/4/30	现场负责人	现场负责人	现场负责人
18.1	项目总控	除硕博公寓区域以外基坑完工	2023/4/20			
18.2	项目总控	硕博公寓基坑节前完成第一道对撑	2023/7/21			
19	项目总控	三标工作面移交	2023/4/20			
19.1	项目总控	5-2 号基坑完工	2023/3/15			
19.2	项目总控	5-1 号基坑完工	2023/3/15			

25.2.4　管理行为明确

对每个工期总控的管理人员，明确其管理行为的标准，如每日反馈作业面的人员数量，材料订货与到场的情况，工作任务完成对标等。

25.3　管理有序

25.3.1　建立总控进度计划

项目基于三个标段建立总控计划，总控计划由建设单位与全咨单位主

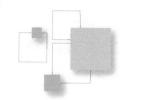

大型综合校园项目进度总控管理理论与操作指南

控，总控计划对应整个校园所有单体及室外的建设内容。各单位根据总控计划再建立标段、单体的进度计划，逐级分解细化。总控计划一般保留基准版本，作为后续持续进度对标与纠偏的基准。此外，总控计划明确的是形象进度，为进一步形象化展示现场进度的提前或滞后情况，总控计划会配上全周期、年度、季度或月度的投资计划进一步展示（图 25.3-1 ~ 图 25.3-4）。

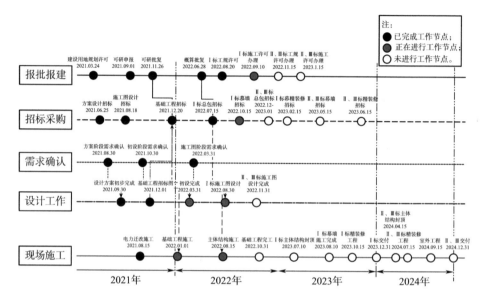

图 25.3-1　项目总体网络计划图

序号	工作名称	持续时间	开始时间	结束时间
1	初步设计	144（d）	2021年11月01日	2022年03月25日
2	初步设计初稿	111（d）	2021年11月01日	2022年02月20日
3	设计方案各方专家评审	9（d）	2022年02月26日	2022年03月01日
4	完成初步深化设计	24（d）	2022年03月01日	2022年03月25日
5	基坑土石方及一标段基础工程施工	303（d）	2022年01月01日	2022年10月31日
6	场地清表及平整场地	25（d）	2022年01月01日	2022年01月25日
7	边坡支护	248（d）	2022年01月25日	2022年09月30日
8	土方外运及堆置	303（d）	2022年01月01日	2022年10月31日
9	一标段基础工程施工	102（d）	2022年06月10日	2022年09月20日
10	概算申报及批复	106（d）	2022年03月10日	2022年06月24日
11	概算编制	36（d）	2022年03月10日	2022年04月15日
12	概算审核与确认	15（d）	2022年04月15日	2022年04月30日
13	概算申报	31（d）	2022年05月01日	2022年06月01日
14	概算批复	23（d）	2022年06月01日	2022年06月24日
15	一标段主体施工图设计	126（d）	2022年03月26日	2022年07月30日
16	一标段建设工程规划许可证	31（d）	2022年07月20日	2022年08月20日
17	消防报审	21（d）	2022年07月20日	2022年08月15日
18	施工图设计定稿	10（d）	2022年07月20日	2022年07月30日
19	一标段施工总包单位招标完成	38（d）	2022年06月06日	2022年07月14日
20	合同签订	46（d）	2022年07月01日	2022年08月15日
21	管理人员进场	9（d）	2022年08月01日	2022年08月10日
22	项目总体策划	15（d）	2022年08月10日	2022年08月25日
23	施工组织设计的提交	8（d）	2022年08月22日	2022年08月30日
24	一标段建筑工程施工许可证	30（d）	2022年08月31日	2022年09月30日
25	图纸会审、设计交底	26（d）	2022年09月05日	2022年10月01日
26	品牌报审及样本确认	25（d）	2022年09月15日	2022年10月10日
27	一标段地下室主体结构完工	151（d）	2022年08月01日	2022年12月30日

图 25.3-2　项目年度甘特图

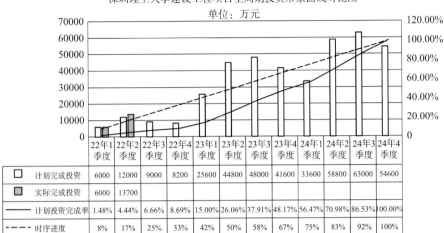

图 25.3-3　项目全周期投资曲线

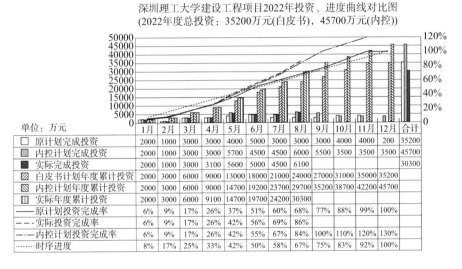

图 25.3-4　项目年度投资曲线

25.3.2　实施网格化的管理

本项目规模大、单体多，项目在进度总控过程中实施网格化管控。网格化管控可以按专业或物理区域进行划分。在项目一标段建设过程中建立的"1+9+N"体系是根据专业网格化进行划分，如表 25.3-1 所示。2023 年一标段在攻坚克难的过程效果显著。为配合 2024 年 9 月正式开学，在二、三标段室外工程推进期间，按物理区域实施网格化划分，将大小不一的室外区域（铺装与景观）划分给专业能力不同的管理人员，是确保进度的重要保证（表 25.3-2、图 25.3-1 二、三标段室外工程区域的划分图）。

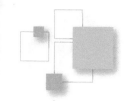

表 25.3-1　一标段"1+9+N"的作战体系表

序号	节点等级	节点目标	建设单位责任人	全咨单位责任人	施工单位责任人
总	一级	一标完工	中心调研员项目主任	项目负责人	总包一标公司领导总包一标项目经理
1	二级	主体结构	项目副主任（土建）	项目总监	总包一标项目经理
1.1	三级	（一标）16～18栋本科书院	土建工程师	一标执行一标总代	总包一标生产经理
1.2	三级	（一标）19栋学研楼、20栋实验室	项目副主任（土建）	一标执行监理工程师	总包一标生产经理
1.3	三级	（一标）22栋、23栋硕博公寓	项目副主任（土建）	一标执行监理工程师	总包一标生产经理
1.4	三级	（一标）25栋综合楼	土建工程师	一标执行监理工程师	总包一标生产经理
2	二级	幕墙工程	项目副主任（土建）	项目总监	幕墙一标项目经理
2.1	三级	（一标）16～18栋本科书院幕墙施工	土建工程师	幕墙执行监理工程师	幕墙一标施工员
2.2	三级	（一标）19栋学研楼幕墙施工	项目副主任（土建）	幕墙执行监理工程师	幕墙一标施工员
2.3	三级	（一标）20栋实验室幕墙施工	项目副主任（土建）	幕墙执行监理工程师	幕墙一标施工员
2.4	三级	（一标）22栋、23栋硕博公寓幕墙施工	项目副主任（土建）	幕墙执行监理工程师	幕墙一标施工员
2.5	三级	（一标）25栋综合楼幕墙施工	土建工程师	幕墙执行监理工程师	幕墙一标施工员
3	二级	装饰装修	项目副主任（土建）	项目总监	精装修一标项目经理
3.1	三级	（一标）16～18栋本科书院精装施工	土建工程师	精装修执行监理工程师	精装修一标施工员
3.2	三级	（一标）19栋学研楼、20栋实验室精装施工	土建工程师	精装修执行监理工程师	精装修一标施工员
3.3	三级	（一标）22栋、23栋硕博公寓精装施工	土建工程师	精装修执行监理工程师	精装修一标施工员
3.4	三级	（一标）25栋综合楼精装施工	土建工程师	精装修执行监理工程师	精装修一标施工员
4	二级	机电安装（暖通）	水暖工程师	机电总监	总包一标项目经理总包一标机电负责人
4.1	三级	冷却塔施工回填完成	土建工程师	二标执行二标总代	总包二标项目经理总包二标机电负责人

序号	节点等级	节点目标	建设单位责任人	全咨单位责任人	施工单位责任人
4.2	三级	暖通安装完成	水暖工程师	机电执行监理工程师	总包一标机电负责人
5	二级	机电安装（给水排水）	水暖工程师	机电总监	总包一标项目经理 总包一标机电负责人
5.1	三级	给水排水安装完成	水暖工程师	机电执行监理工程师	总包一标机电负责人
5.2	三级	室外给水排水工程施工完成	水暖工程师	机电执行监理工程师	总包一标机电负责人
5.3	三级	三标范围内给水排水系统	水暖工程师	机电执行监理工程师	总包三标项目经理 总包三标机电负责人
6	二级	机电安装（电气及电梯）	机电工程师	机电总监	总包一标项目经理 总包一标机电负责人
6.1	三级	一标段消防弱电施工完成	土建工程师	二标执行二标总代	总包二标项目经理 总包二标机电负责人
6.2	三级	变配电	土建工程师	三标执行三标总代	总包三标生产经理
6.3	三级	一标段消防弱电安装	机电工程师	机电执行监理工程师	总包一标机电负责人
6.4	三级	2号公共开关房、2号开闭所、5号、7号、8号、9号、10号变电所	机电工程师	机电执行机电总监	总包一标机电负责人 总包三标机电负责人
6.5	三级	电梯安装	机电工程师	机电执行机电总监	电梯负责人
6.6	三级	一标段光伏工作面移交	土建工程师	二标执行二标总代	总包一标项目经理
6.7	三级	一标段光伏发电安装	机电工程师	机电执行监理工程师	总包二标项目经理 总包二标机电负责人
6.8	三级	一标段地下室地坪完成	土建工程师	二标执行二标总代	总包二标项目经理 总包二标机电负责人
6.9	三级	一标充电桩施工完成	机电工程师	机电执行监理工程师	总包一标机电负责人
6.10	三级	智能化安装	机电工程师	机电执行监理工程师	智能化一标项目经理 智能化二标项目经理
7	二级	室外工程	项目副主任（土建）	项目总监	总包一标项目经理
7.1	三级	管廊前室	土建工程师	三标执行三标总代	总包三标生产经理
7.2	三级	组团坡道及挡墙、连廊桩	土建工程师	一标执行基础标执行监理工程师	总包一标生产经理 基础标生产经理

序号	节点等级	节点目标	建设单位责任人	全咨单位责任人	施工单位责任人
7.3	三级	土方平衡	土建工程师	一标执行 基础标执行 监理工程师	基础标生产经理
7.4	三级	25栋南侧 挡墙及大平台	土建工程师	一标执行 基础标执行 监理工程师	总包一标生产经理 基础标生产经理
7.5	三级	连廊施工	土建工程师	一标执行 基础标执行 监理工程师	总包一标生产经理 基础标生产经理
7.6	三级	涉及一标水利施工	土建工程师	二标执行 二标总代	总包二标生产经理
7.7	三级	景观工程	土建工程师	一标执行 监理工程师	景观一标项目经理
8	二级	报批报建	土建工程师	报批报建专员	总报一标项目经理 精装修一标项目经理 电梯项目经理
8.1	三级	（一标段） 精装修施工许可	土建工程师	报批报建专员	精装修一标资料员
8.2	三级	（一标段） 电梯施工许可	土建工程师	报批报建专员	电梯项目经理
8.3	三级	（一标段）建设工程消防验收或备案抽查	土建工程师	报批报建专员	总包一包技术总工
8.4	三级	（一标段）雷电防护装置竣工验收	土建工程师	报批报建专员	总包一包技术总工
8.5	三级	（一标段）对水土保持设施验收材料的报备	土建工程师	报批报建专员	总包一包技术总工
8.6	三级	（一标段）建设工程规划条件核实合格证核发	土建工程师	报批报建专员	总包一包技术总工
8.7	三级	（一标段）深圳市建设工程竣工验收备案	土建工程师	报批报建专员	总包一包技术总工
8.8	三级	（一标段）民用建筑节能专项验收	土建工程师	报批报建专员	总包一包技术总工
9	二级	设计管理	项目副主任 （设计）	设计管理负责人 建筑专业负责人	—
9.1	三级	深化设计确认	项目副主任 （设计）	建筑专业负责人 项目总监	—
9.2	三级	样板区确认	项目副主任 （设计）	建筑专业负责人 项目总监	—
9.3	三级	景观设计样板确认	项目副主任 （设计）	建筑专业负责人 项目总监	—
9.4	三级	变更图纸确认	项目副主任 （设计）	建筑专业负责人 项目总监	—

表 25.3-2　二、三标段室外工程网格化的表格

标段 / 区域 / 网格化	建设方	全咨（土建）	全咨（机电）	全咨（设计）	施工总承包单位	精装修单位	景观单位
总负责人							
区域①（景观湖）							
区域②（连廊）							
区域③⑥⑦⑧（对应北广场、体育组团西、图书馆南北、体育馆西）							
文科（管理区）、森斯（中部廊道）							
区域④⑨（对应15栋南侧、学研楼周边、本科书院、文科周边）							

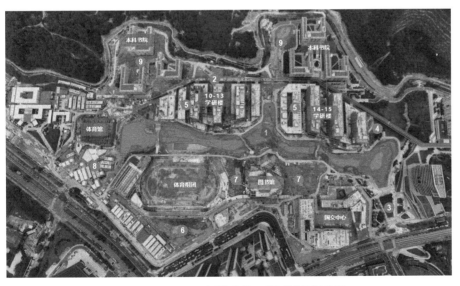

图 25.3-5　二、三标段室外工程区域的划分图

25.3.3　强调质量安全平衡

　　质量安全的管理与进度总控矛盾，质量安全出现事故，工期推进将功亏一篑。项目在质量与安全管理建立相应的管理机制，以配合进度总控，如图 25.3-6 ~ 图 25.3-8 所示。

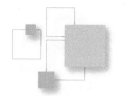

质量控制机制

01 材料进场验收机制
严格执行署《材料、设备到货验收管理办法》对进场材料、设备进行验收,按时完善及闭合工务署管理平台及e工务材料信息化管理。

02 第三方巡查机制
严格执行《深圳市建筑工务署第三方巡查质量评估实施细则》,督促施工单位落实第三方巡查问题整改。

03 第三方检测机制
委托具备检测资质的第三方检测机构对工程实体的质量进行检测,并签订检测合同,现场检测过程实施影像记录。

04 样板管理机制
参照广东省住房城乡建设厅下发的《广东省房屋建筑工程质量样板引路工作指引(试行)》以及《深圳市建筑工务署项目管理手册》组织实施。

05 质量检查机制
根据《工程管理中心组群工作实施细则》项目组群质量严格落实月度、季度交叉、专项检查机制,保障深圳工项目质量目标。

06 质量预警机制
当工程出现重大质量风险或发生重大质量事故时,启动质量预警。

07 "6σ"精益管理机制
从定义-度量-分析-设计-验证五个环节,通过PDCA循环,精益现场质量管理。

08 数字化质量管控机制
通过数字化建造,优化施工工艺,克服质量缺陷,实现质量管理目标。

图 25.3-6 质量管控机制

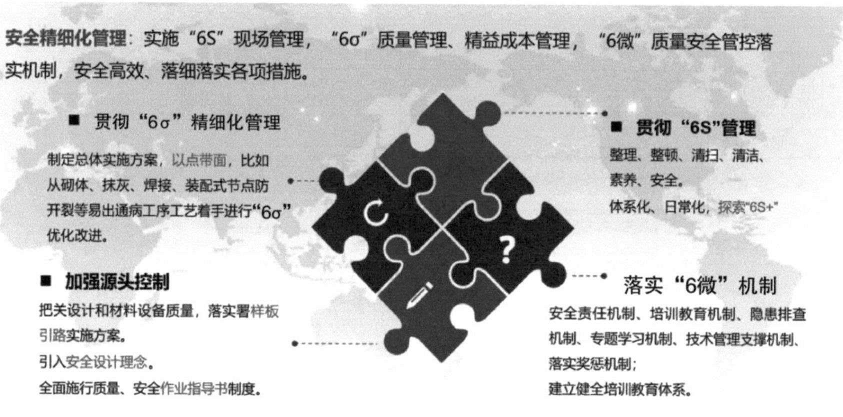

安全精细化管理:实施"6S"现场管理,"6σ"质量管理、精益成本管理,"6微"质量安全管控落实机制,安全高效、落细落实各项措施。

■ 贯彻"6σ"精细化管理
制定总体实施方案,以点带面,比如从砌体、抹灰、焊接、装配式节点防开裂等易出通病工序工艺着手进行"6σ"优化改进。

■ 加强源头控制
把关设计和材料设备质量,落实署样板引路实施方案。
引入安全设计理念。
全面施行质量、安全作业指导书制度。

■ 贯彻"6S"管理
整理、整顿、清扫、清洁、素养、安全。
体系化、日常化,探索"6S+"

■ 落实"6微"机制
安全责任机制、培训教育机制、隐患排查机制、专题学习机制、技术管理支撑机制、落实奖惩机制;
建立健全培训教育体系。

图 25.3-7 安全管控机制

四队一制、网格化清单化管理

落实项目网格化管理,责任到人的要求,分区划分责任。成立"四队一制"管理体系,即"重大隐患整改队、6S专项管理队、违章作业纠查队、技术审核把关队、楼栋长制度",并每周组织召开四队一制管理例会。责任到人保进度,明确楼栋长、楼层长,务必落实管理人员和施工员数量和质量,全力推动施工进度。

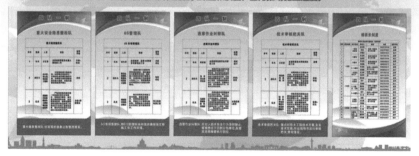

图 25.3-8 "四队一制"融合清单化管理

25.3.4　沟通协作与工具应用

本项目工期紧张，参与的单位众多，高效的沟通协作与信息共享机制需建立。项目的即时沟通对微信群进行分层级建立并命名，对不同群的管理提出明确的要求。此外，本项目搭建数字化项目管理平台，建立重要文件存档目录树，所有参建单位在共同的平台根据各自的权限，共享信息，如图25.3-9所示。

序号	整合后群名称	群主	管理员	管理群要求
项目工程微信群管理方案				
统筹部监管群				
1	【理工A】业主管理群		管理员	
2	【理工B】会议通知群		管理员	
3	【理工C】对外资料群		管理员	
4	【理工D】迎检接待群	署领导/领导1/领导2	管理员	1.进群需确认；2.名称要求单位+全称；3.禁止无关内容及闲聊。
5	【理工F】创优数字群		管理员	
6	【理工G】招标管理群		管理员	
7	【理工H】变更管理群		管理员	
8	【理工I】结算管理群		管理员	
9	【理工J】业主造价群		管理员	
10	【理工K】施工BIM总群		管理员	
11	【理工】管理执行核心群		管理员	管理内部群：1.进群需确认；2.名称要求全称；3.禁止无关内容及闲聊。
12	【理工】管理行政内部群		管理员	
13	【理工】管理工程监理群		管理员	
14	【理工】管理联合体群		管理员	
/	其他各类群（部门、专项）	仅做工作交流，不纳入统管及备案		
工程部直管群（统筹部监管）				
1	【理工01】重点推进群		管理员	
2	【理工02】项目核心群		管理员	
3	【理工03a】一标设计施工沟通群		管理员	
4	【理工03b】二标设计施工沟通群		管理员	
5	【理工03c】三标设计施工沟通群		管理员	
6	【理工04】一标收尾群		管理员	
7	【理工05】二标总包群		管理员	
8	【理工06】二标精装群		管理员	
9	【理工07】二标室外群	领导1/领导2	管理员	1.进群需确认；2.名称要求单位+全称；3.禁止无关内容及闲聊。
10	【理工08】三标总包群		管理员	
11	【理工09】三标精装群		管理员	
12	【理工10】三标室外群		管理员	
13	【理工11】项目机电群		管理员	
14	【理工12】项目材料群		管理员	
15	【理工13】项目质量群		管理员	
16	【理工14】项目安全群		管理员	
17	【理工15】项目资料群		管理员	
18	【理工16】动物实验室群		管理员	
19	【理工17】项目安委会群		管理员	
20	【理工18】项目维稳群		管理员	
21	【理工20】室外专项群		管理员	
/	现场其他各类群	仅做工作交流，不纳入统管及备案		

图 25.3-9　微信群管理

微信群管理实行以下原则：

（1）审批建群原则，需添加微信群部门或单位，依工作需求向群管理部门提出申请，说明用途、准入范围、建立时间及群管理责任人，经审批同意后建立。

（2）规范群名原则，按《项目工程微信群管理方案》名称统一命名，新增添微信群按方案既定命名原则执行。

（3）建台账备查原则，建立《微信工作群管理台账》，注明群名称、群主、管理员、成员单位、管理群要求等。

（4）订立群责任管理员原则，专项工作群落实日常工作消息管理；落实群内实名、注明单位、职务，不得擅自拉入或退群；监督群内信息发布情况，对发布违规或涉密内容及时提醒、管理。

（5）事毕即解散原则，及时解放临时群，对一些非必要群或可合并群进行管理和维护。

数字化管理平台是一个针对工程的项目管理的数字管理工具，该平台目标将传统的建筑业和数字化进行整合，实现项目管理的数据采集、实时上传、智能分析，并规范管理内容、流程和作业工序，加快项目管理标准化进程，从而实现项目管理的精细化。数字化平台的资源中心，用于管理平台的项目文件资源，实现工程资料的网络化存储，可随时随地通过浏览器查阅项目资料，实现资料快速查找，如图25.3-10所示。支持文件或文件夹的上传与下载，可以通过链接的方式进行文件的分享，能对文件进行批量删除和模糊查询，可以统计文件夹里的文件数量并且能对文件进行权限管理，如图25.3-11所示。

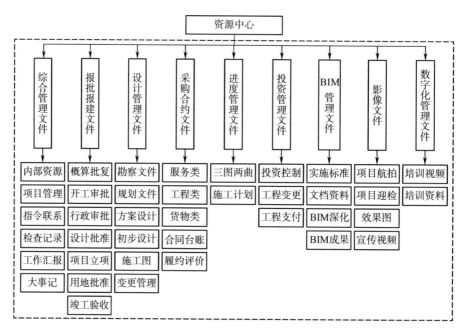

图25.3-10　数字化平台文件归档目录

图 25.3-11　数字化平台展示

25.3.5　风险分析与应对策略

本项目涉及了在第 25 章提到的所有风险，针对各类风险，管理团队均提出针对性的应对措施。以"材料供应不足"为例，管理方不宜盲目信任参建单位提供的材料订货与供货的计划或信息，进度总控应实施精细化管控，建设单位与全咨单位材料管理专员应建立详细台账，并在必要时刻与厂家对接沟通，背靠背核实材料供货情况并第一时间预控风险，如表 25.3-3 所示。

表 25.3-3　深圳理工大学项目装饰二标段——材料跟踪表（园林）

序号	材料编号	样板名称	总量（m²）	累计进场（m²）	剩余量（m²）	物料图片	设计原样板
一	石材						
1	ST-02	自然面芝麻灰花岗岩	260	0	260		
2	ST-03	荔枝面芝麻黑花岗岩	1128	998	130		
3	ST-04	荔枝面芝麻灰花岗岩	6872	6500	372		

序号	材料编号	样板名称	总量（m²）	累计进场（m²）	剩余量（m²）	物料图片	设计原样板
4	ST-05	荔枝面芝麻白花岗岩	730	730	0		
5		荔枝面黄金麻	1675	1322	353		
二	透水砖						
1	ST-09	仿荔枝面芝麻灰花岗岩透水砖	4698	0	4698		
2	ST-10	仿荔枝面芝麻黑花岗岩透水砖	1942	0	1942		
3	ST-11	仿荔枝面芝麻白花岗岩透水砖	6716	0	6716		
三	石英砖、仿古砖						
1	ST-16	仿芝麻灰石英砖	9600	5736.6	3863.4		
2	ST-30	自然浅色系仿木纹砖	2100	2100	0		
四	混凝土						
1	ST-23	浅灰色透水混凝土	156	126	30		
2	ST-24	浅黄色透水混凝土（已改为彩色沥青）	4400	1100	3300		

序号	材料编号	样板名称	总量（m²）	累计进场（m²）	剩余量（m²）	物料图片	设计原样板
五	砾石						
1	ST-35	灰色砾石	21m³	0	21m³		
六	其他						
1	ST-25	浅黄色EPDM（已改为彩色沥青）	2900	0	2900		
2	ST-33	黑色细胞锁盘	120	0	120		
3	ST-20	淡灰色露骨料铺装	560	0	560		
4	ST-38	魔奇	60	0	60		
5	ST-32	原色拉丝不锈钢收边条	8200m	2470m	5730m		

项目精细化管控推动建设进度，全咨项目部根据现场情况对室内装修、外立面、园林绿化等专业的关键材料进行统计梳理，明确进场时间，对材料的下单、排产及到场情况进行跟踪记录，避免因为材料到场滞后影响现场进度。当材料下单或排产等进度滞后时，立即启动预警程序，对责任单位进行约谈，确保材料按计划进场。

25.3.6　团队培训与共同成长

为持续稳定开展进度总控，团队的不断学习与成长是确保管理不断创优的基础。本项目各项工作任务紧张，团队成员工作任务重，一般选取固定时间的晚上开展各类培训。培训包括共同识图或遴选团队中优秀的管理者就进度目标、需要解决的技术难题、管理要求开展丰富的培训工作，打造优质团队推进工期（图 25.3-12、图 25.3-13）。

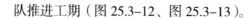

新进场单位交底清单				
交底形式	交底会议			
交底单位	所有参建单位			
交底成果	1. 签到 2. 拍照 3. 会议记录 4. 参会人员签署交底承诺书 （承诺内容：1. 了解交底内容；2. 按照交底内容内部宣贯；3. 后续人员变动也会及时进行人员宣贯）			
交底内容				
序号	内容	板块		备注
1	工务署概况	1. 工务署成立背景 2. 工务署组织机构 3. 工务署项目组织架构等		
2	核心管理理念	1. 远景目标： 愿景：坚持"零伤害"的安全愿景和"消除质量通病"的质量愿景。 目标：实现"零死亡"的安全目标和"杜绝结构隐患、结构和功能缺陷"的质量目标。 2. 三条底线 3. 四化： （1）项目责任机制化：六微机制+四队一制 （2）工程管控系统化：第三方质量安全实施细则、重大质量安全隐患判定则、履约评价管理办法 （3）质量安全管理精细化：9个"100%"+e工务app；灾害性天气风险防范四个清单"；施工可视化作业指导书和岗位安全分析制度 （4）引导服务常态化：工务学习APP，产业工人培训。 4. 六个统筹 5. 9个100% 6. 四队一制 7. 不良行为记录 8. 其他管理理念		
3	具体工作管理理念			
3.1	质量	1. 质量管理分级管控机制 2. 第三方质量巡查评价考核体系 3. 第三方质量检查评价流程 4. 奖惩制度和履约评价保障		
3.2	安全	1. 第三方安全巡查 2. 不良行为相关条款 3. 危大工程 4. 重大安全隐患判定导则 5. 应急机制保障 6. 安全文明标准化手册		
3.3	材料设备管理	1. 材料设备管理制度 2. 材料设备第三方巡查 3. 材料设备监理单位管理行为检查		
3.4	变更管理	1. 变更分类 2. 变更原因分级及审批流程		
3.5	进度管理	1. "三图两曲线"工期管控体系 2. 进度计划平台维护		
3.6	档案信息化	1. 工务署管理平台 2. 廉政预警分类 3. 变更类 4. 材料设备类 5. 其他类：工程进度款支付异常、实名制考勤异常 6. EIM档案平台 7. 信息化应用管理		

图 25.3-12　新进场单位培训交底清单

项目2024年上半年培训计划					
序号	课程类别	目的与性质	培训主题		计划日期
1	沙龙讨论 （分享+讨论）	统筹部、工程部： 1. 内部学习清单 2. 急需提升的能力 3. 工作方式方法进行熟悉及学习 围绕部门工作开展展开，旨在工作素质与能力培养	统筹部	公文写作	2024年2月
2				档案与信息化管理培训	2024年2月
3				对外资料报送	2024年3月
4			工程部	先进个人分享工作方式方法	2024年3月
5				设计交底-深化设计-材料定样培训	2024年3月
6				新进场单位交底清单管理	2024年4月
7				材料设备管理培训	2024年4月
8	业务培训 （授课+问答）	提炼建设项目实施阶段重点管理模块，提升业务能力	项目统筹管理	管理理念及体系解读目标策划	2024年4月
9			项目现场管理	从安全、质量解读现场管理	2024年5月
10			项目招标策划	招标内容及界面交底培训	2024年5月
11			项目造价管理	工程变更与签证管理培训	2024年6月
12			项目BIM管理	BIM工作机制，分享优秀的工作方式方法	2024年6月

图 25.3-13　项目培训学习计划

25.4 层级分明

25.4.1 管理层级

项目采用全过程工程咨询模式，建设方在组织上与全咨单位融合，并分为决策层、执行层与实施层，决策层由建设方指挥长、项目主任及全咨单位项目指挥长、项目经理共同构成，执行层则由建设方与全咨方各部门主管构成，实施层则是由各专业实操人员构成；在信息沟通与决策方面，实现层级对等，不同层级的管理人员处理事务的权限不同，每个层级处理每个层级的事项，避免事项交叉，力争高效推进项目（图25.4-1）。

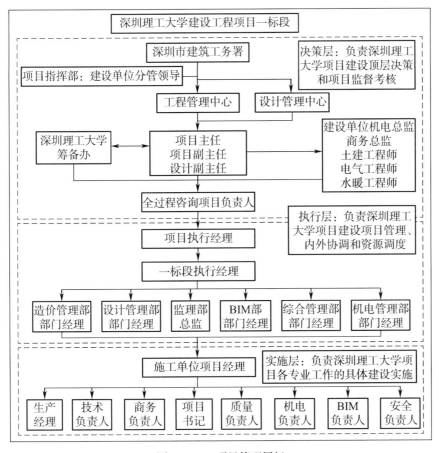

图 25.4-1 项目管理层级

25.4.2 计划层级

建设单位与全咨单位共同制定总控计划，各参建单位按照总控计划分解至一、二、三级节点计划，不同层级的管理人员管控计划的颗粒度不同，确保每个事项均能被有序推进。

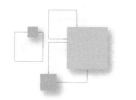

25.4.3 体系层级

制定进度总控三级控制清单，不同层级的人员、计划与清单对应，层次明晰，推进高效。根据项目总体目标，分层级编制网络计划图，依次编制项目网络计划图（一级，图 25.4-2）标段网络计划图（二级，图 25.4-3），楼栋网络计划图（三级，图 25.4-4），再根据各层级网络计划图，编制对应甘特图及矩阵图（图 25.4-5 及图 25.4-6），进一步加强对现场施工进度的把控。

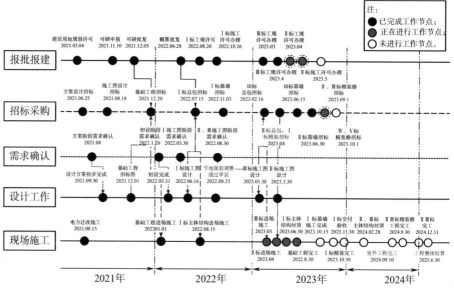

图 25.4-2　项目网络计划图（一级）

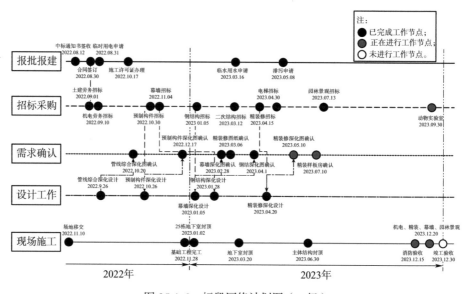

图 25.4-3　标段网络计划图（二级）

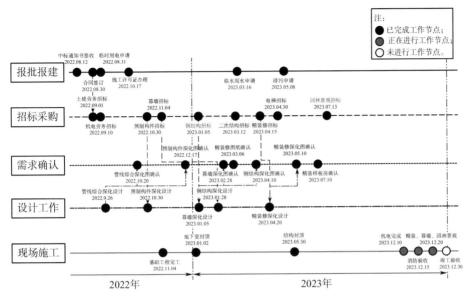

图 25.4-4　楼栋网络计划图（三级）

注:1.无色填充为一级节点，橙色为关键节点；
2.编制要考虑天气、各种会影响工进度的原因。

序号	工作名称	持续时间	开始时间	结束时间
1	场地移交	39天	2022年09月26日	2022年11月04日
2	地下室结构施工	68天	2022年10月26日	2023年01月02日
3	塔式起重机安装	263天	2022年11月16日	2023年08月06日
4	主体结构施工	147天	2023年01月03日	2023年05月30日
5	幕墙工程施工	295天	2023年02月28日	2023年12月20日
6	通风空调安装	275天	2023年03月10日	2023年12月10日
7	二次结构施工	144天	2023年03月15日	2023年08月06日
8	室外电梯安拆	205天	2023年03月25日	2023年10月16日
9	室内初装修(含五金安装等)	178天	2023年04月15日	2023年10月10日
10	给水排水施工	235天	2023年04月19日	2023年12月10日
11	建筑电气施工	235天	2023年04月19日	2023年12月10日
12	外架拆除	107天	2023年04月20日	2023年08月05日
13	精装修施工	163天	2023年05月21日	2023年10月31日
14	电梯工程	122天	2023年06月01日	2023年09月30日
15	屋面工程	101天	2023年08月01日	2023年11月10日
16	室外工程施工	81天	2023年09月10日	2023年11月30日
17	园林景观施工	91天	2023年09月20日	2023年12月20日
18	消防验收	14天	2023年12月01日	2023年12月15日
19	竣工验收	10天	2023年12月20日	2023年12月30日

图 25.4-5　楼栋进度计划甘特图（三级）

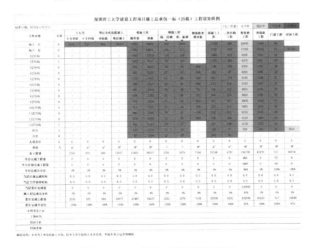

图 25.4-6　楼栋工程量矩阵图

25.4.4 推进层级

本项目对进度总体推进的策略简洁高效，具体为按双周进度推进，周对标，日调度、夜巡场的时间层次开展。为保障进度推进，每双周召开除进度以外各类事务的推进会，确保质量、安全及投资各类管控有序开展，对进度推进形成保障（图 25.4-7 ~ 图 25.4-10）。

图 25.4-7　综合事务调度会议

1　本期健康度分数（总包）

总包单位

中建二局三：70.00分 ↑20%（57.90分）中建科工：76.44分 ↑21%（63.24分）上海宝冶：80.67分 ↑31%（61.06分）

本期总包评分均有大幅上升，主要原因为现场质量、安全、材料设备情况有所改善，"四队一制"落实得到较大提升。

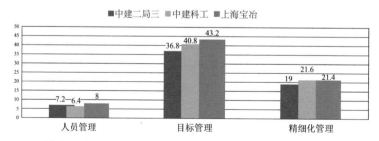

图 25.4-8　综合调度会议汇报（对各单位质量安全、人员管理等进行评价要求）

深圳理工大学建设工程

项目日报（基础工程）

工程名称	深圳理工大学建设工程		日期	2022年11月11日　星期五		
建设单位	深圳市建筑工务署工程管理中心		监理单位	上海建科工程咨询有限公司		
施工单位	中国建筑第四工程局有限公司		施工阶段	基础阶段		
天气情况	☑晴 □阴 □雨 □暴雨 气温：23°~29°　风力：3~4级		项目白名单（人）		300	
合同内容	合同金额（万元）	合同工期（d）	开工日期（d）	开工累计（d）	现场管理人员（人）	施工动态（阶段）
专业承包合同	41508.9850	303	2022.1.1	314	40	基础施工阶段
机械设备、材料投入情况						
渣土车		挖掘机		旋挖钻机		研判分析
45		8台		9#基坑1台		目前现场机械满足进度需求
验收材料	钢筋		/		研判分析	
数量	31.75t		/		现场材料质量合格，已送检	

	现场施工进度情况
总体施工进度情况	本合同包含土石方、基坑支护、边坡支护及桩基工程，计划完工时间为2022年10月31日，总体施工进度情况如下： 1. 基坑土石方开挖及外运：共计105万m³，累计完成97.3万m³，占比92.73%；今日完成1530万m³。 2. 基坑支护工程： （1）旋挖灌注桩：共计1403根，累计完成1403根，占比100%。 （2）土钉：共计3724根，累计完成2845根，占比76.4%。 （3）锚索：共计1192根，累计完成1077根，占比90.35%，今日完成30根。 （4）挂网喷锚：共计3648m，累计完成3575m，占比97.04%，今日完成40m。 （5）冠梁：共计2544m，累计完成1411m，占比51.69%。 3. 边坡支护： （1）修坡：共计1342m，累计完成1233m，占比91.88%。 （2）护角梁：共计1342m，累计完成1153m，占比86%。 （3）锚杆：共计548根，累计完成351根，占比64%。 （4）格构梁：共计358m，累计完成358m，占比100%。 （5）旋挖灌注桩：共计45根，累计完成45根，占比100%。 （6）冠梁：共计90m，累计完成80m，占比89%。 （7）挡土墙：共计450m，累计完成110m，占比24.44%。

第 1 页 共 5 页

图 25.4-9　项目每日日报

中国科学院深圳理工大学
项 目 周 报

2022 年 10 月 24 日-2022 年 10 月 30 日

（项目周报 第 65 期）

图 25.4-10　项目每周周报

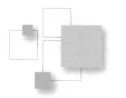
25.5　实施监控

25.5.1　密集调度

　　本项目工期异常紧张，需实施密集调度，调度原则为：日调度、周对标、双周总结推进。自 2023 年 10 月 6 日起（即一标段交付前 2 个月），开始夜间巡场，夜间巡场由建设单位指挥长、项目主任、全咨单位项目经理、总监、各施工单位指挥长、项目经理构成，指挥长确保资源投入，项目经理负责施工组织实施，解决物理与系统界面上各类组织与技术问题（图 25.5-1 ~ 图 25.5-3）。

　　进度控制：项目积极相应市署管理方式，将三图两曲线落地实施；项目每日出具项目日报，每周出具项目周报，每月出具项目月报，充分融合三图两曲线理念；按照署中心的指示，以三图两曲线的科学统筹手法，加快投资与形象进度，做到"以日保周，以周保月，以月保季，以季保年"。打造工务署三图两曲线标杆项目。

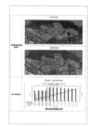

图 25.5-1　项目进度控制方法

图 25.5-2　项目每日夜间巡场

图 25.5-3　每日夜间巡场总结会

25.5.2　实时对标

在密集调度的机制下，全咨单位统筹组织开展实施对标，对标的"标"为基准版施工总控计划及分解后的实施计划，对形象进度与投资额多维度对比，分析施工单位滞后的工期及后续需要增加的资源投入强度。

25.5.3　清单工具

密集调度与实施对标采用清单开展，如夜间巡场的销项清单、每周的重点任务对标清单，如表 25.5-1 所示。为进一步发挥施工总承包单位的统筹作用，本项目采用工程量矩阵图每日监控进展，实施统筹调度。

表 25.5-1　每日夜间巡场销项清单（局部展示）

序号	巡场事项	事项描述	要求完成时间	责任单位	进度研判	备注
1		15 栋学研楼玻璃和铝板安装完成	2024.8.20	华辉装饰	预警	23 日完成
2		12 栋学研楼玻璃和铝板安装完成	2024.8.20	华辉装饰	预警	23 日完成
3		12 栋和 15 栋的首层、二层和三层拉网	2024.8.24	华辉装饰	滞后	沿湖路面拉网资金和生产，需专人驻场

337

第七篇　典型案例研究

序号	巡场事项	事项描述	要求完成时间	责任单位	进度研判	备注
4		14栋周边铺装完成时间（除南侧外）	2024.8.23	晶宫装饰	滞后	施工人员数量不足，滞后约2d
5		14栋南侧铺装硬化	2024.8.25	晶宫装饰	滞后	滞后约2d
6		绿植和碎石块	2024.8.22	上海园林	正常进展	待晶宫明日铺装后，上海园林25日收口完成
7		堆土塑型	2024.8.24	上海园林	正常进展	东北院下发变更
8		中部廊道防水毯铺装、栈桥、土方外运	2024.8.25	森斯	预警	
9		台阶铺装	2024.8.23	深装	滞后	正在铺贴，人员不足
10		台阶花池盖板和花安装	2024.8.28	绿雅	正常进展	宝冶已完成，绿雅28日上花池

25.5.4　数字手段

采用数字化工具，实时监控现场总控进度，自动分析并预警可能滞后的项目，提高效率，降低管理人员的工作压力（图 25.5-4）。

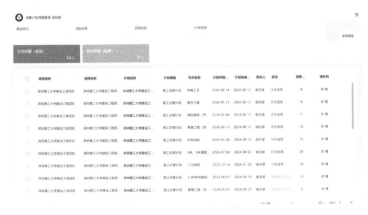

图 25.5-4　进度计划预警管理

25.6　奖罚分明

25.6.1　明确标准

根据总控计划将每月的重要施工任务提取，辨识关键任务与非关键任务，并赋予不同的权重标准，对参建单位进行量化的考核打分。

根据进度目标分解过程考核节点，进行过程对标评分。

25.6.2　依托制度

本项目制度主要为季度的履约，同评价与即时的不良行为记录，制度简述如下：

《深圳市建筑工务署不良行为记录处理办法》第三十八条【季度履约评价】"责任单位存在以下履约评价不合格情形的，视情形分别给予以下处理措施：

（一）同一单位同一季度有两份合同季度履约评价不合格的，给予三个月书面严重警告。

（二）同一单位同一季度有三份及以上合同季度履约评价不合格的，给予六个月书面严重警告。

（三）同一份合同连续两个季度履约评价不合格的，给予六个月书面严重警告。

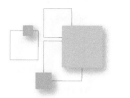

（四）在一个评价年度内，同一份合同任意两个季度履约评价不合格的，给予六个月书面严重警告。

（五）在一个评价年度内，同一份合同任意三个季度履约评价不合格的，一年内拒绝其参与工务署工程投标。"

25.6.3 建立联系

建立考核打分与履约评价及不良行为之间的关联。根据项目进度及节点要求，制定考核不合格惩罚措施，关键时间节点的考核与履约评价及不良行为记录相挂钩，对于不合格的单位进行约谈、履约评价不合格、书面警告等处罚，激励施工单位按时完成节点目标，如图 25.6-1 所示。

考核标准：总分=关键线路×70% + 其他×30%		
考核节点	合格分数线	不合格惩罚措施
2022年11月15日	85	函至项目部警示，约谈总包经理
2022年11月30日	90	函至合同单位，下发书面警告函
2022年12月15日	92	函至合同单位，约谈合同单位总经理
2022年12月31日	94	函至合同单位，第四季度履约评价不合格
2023年1月15日	96	函至合同单位，下发书面严重警告，停标三个月处罚

图 25.6-1　考核标准及惩罚措施

25.6.4 奖罚闭环

作为管理者，对违反工作制度的坚决落实处罚，对考核结果达标的单位，予以奖励（图 25.6-2）。

I 标总承包11.15节点考核评分（中建二局三）								
考核分项	11.15节点计划	完成情况说明	分项总分	分配分值	完成比例	实际完成分值	权重	权重得分	总分
关键线路	25栋塔楼区域地下室底板完成	承台开挖及垫层施工，底板还未开始	100	20	45%	9	0.7	6.3	60.93
	22栋地下室底板完成50%	承台开挖及垫层施工，底板还未开始		20	50%	10		7	
	23栋地下室区底板全部完成	已完成		15	100%	15		10.5	
	16栋基础及底板完成60%	承台开挖，底板还未开始		15	45%	6.75		4.725	
	17栋基础及首层底板完成	承台钢筋绑扎，底板还未开始		15	55%	8.25		5.775	
	18栋基础及底板完成100%	承台开挖，底板还未开始		15	45%	6.75		4.725	
一般线路	25栋裙楼地下室区域基础及底板施工完成	底板钢筋绑扎	100	40	60%	24	0.3	7.2	
	纯地下室区域结构施工完成	正常		20	90%	18		5.4	
	16~18栋、22栋、23栋、25栋塔式起重机安装完成	部分塔式起重机已安装		10	70%	7		2.1	
	组织人员架构要求建立健全（现场生产管理人员及机电团队）	80%		30	80%	24		7.2	

本次考核低于85分，不合格，按考核节点要求将函至项目部警示,约谈总包经理

图 25.6-2　考核不合格进行约谈